PLANNING OF TIANFU NEW AREA

—Theoretical and Practical Exploration of Ecological and Rational Planning

天府新区规划

——生态理性规划理论与实践探索

邱 建 曾九利 等 ◎ 著

中国建筑工业出版社

图书在版编目（CIP）数据

天府新区规划：生态理性规划理论与实践探索 =
PLANNING OF TIANFU NEW AREA：Theoretical and
Practical Exploration of Ecological and Rational
Planning / 邱建等著 . —北京：中国建筑工业出版社，
2021.4
ISBN 978-7-112-26081-2

Ⅰ.①天…　Ⅱ.①邱…　Ⅲ.①城市规划—研究—四川
Ⅳ.① TU984.271

中国版本图书馆 CIP 数据核字（2021）第 071820 号

本书是对天府新区规划为期 10 年的实践总结和理论提炼，由三篇共十一章构成。其中，第一篇是基础理论探讨，由两章构成：第一章梳理了国内外城市新区相关规划理论与实践成果，回顾了天府新区设立的历史背景及战略定位；第二章对生态理性规划理论进行了学术探究，对其概念的学理演绎、内涵定义、规划原则、规划方法及理论与实践意义进行了解析。第二篇是技术实践总结，包括第三至第十章，分别从天府新区选址论证、规模确定、生态保护、布局结构、空间组织、产城单元、支撑体系、文化传承等方面总结了规划思路与路径方法，对生态理性规划理论进行了全过程实践验证。第三篇即第十一章，是规划成效分析，归纳提炼出天府新区的规划理论创新及阶段性实践成效。

本书可供城市管理者、政策制定者参考，可为规划师、建筑师、风景园林师、工程师和技术人员提供工作案例，也可作为城乡规划、建筑学、风景园林及土木工程、生态环境保护、交通运输、历史文化、产业政策、旅游管理等学科专业领域师生的教学用书。

责任编辑：陈　桦　杨　琪
责任校对：党　蕾

天府新区规划
——生态理性规划理论与实践探索
PLANNING OF TIANFU NEW AREA
——Theoretical and Practical Exploration of Ecological and Rational Planning
邱　建　曾九利　等 ◎ 著
＊
中国建筑工业出版社出版、发行（北京海淀三里河路 9 号）
各地新华书店、建筑书店经销
北京雅盈中佳图文设计公司制版
临西县阅读时光印刷有限公司印刷
＊
开本：787 毫米 ×1092 毫米　1/16　印张：23　字数：419 千字
2021 年 4 月第一版　2021 年 4 月第一次印刷
定价：**188.00** 元
ISBN 978-7-112-26081-2
　　　　（37613）

谨以此著

献给：参与天府新区规划建设的决策者、科技工作者、规划设计者、建设者及市民群众。

本著作得到以下基金资助：

1. 国家自然科学基金面上项目："三生"空间耦合机理及规划方法研究——以四川地震灾区为例，项目批准号：51678487。

2. 四川省科技计划重点研发项目：公园城市的韧性协同规划设计研究及示范，项目批准号：2020YFS0054。

3. 国家自然科学基金面上项目：成渝地区城市重大疫情传播与脆弱性空间耦合机理及规划应用研究，项目批准号：52078423。

规划学界对城市规划学科本质及理论方法的辨析和探索从未停止。回望历史，从霍华德的田园城市理想开始，到雅典宪章对城市规划社会任务的明确；从简·雅各布斯提出城市规划到底在为谁服务的尖锐问题，到大卫·哈维对现代资本主义社会的深刻批判，都是对"规划单一决定论"的反思，反映了对城市规划"理性"的追求。改革开放 40 年以来，我国城市建设取得了举世瞩目的成就，但也面临着因发展不平衡和不充分所带来的一系列问题与困扰。如何创造一套适合国情的城市规划理论方法体系来解决城市发展中的问题，一直是所有中国规划人思考的重点。进入新时代，城市规划思想方法必须变革，必须针对经济、社会、生态所面临的可持续发展问题，以生态文明的建构为目标导向，以创新引领的新发展理念为基本动力，尊重城市发展基本规律，以实现我国城镇化"后半场"的多元协调发展。基于此，我以"新时代规划与生态理性内核"为题，在中国城市规划 2017 年年会（东莞）上作了主旨报告，呼吁新城市规划要以生态复杂系统的理性作为内核，以逐步解决城市发展"不平衡不充分"问题。

最近，应邱建教授之邀为其《天府新区规划——生态理性规划理论与实践探索》专著作序，得知他们在国家级新区天府新区规划建设中自始至终践行生态理性规划理念，并从哲学的层面、历史的维度对生态理性规划开展研究，提出概念定义和规划设计原则与方法，并结合天府新区规划建设对生态理性规划理论予以全过程的规划实践验证，成效显著，这着实令我振奋不已！

邱建教授是我多年的学友，在负责四川汶川、芦山两次地震灾后重建规划设计的技术组织、方案审查和实施技术工作的同时，带领学科团队持之以恒开展重建规划设计科学探索。他们在汶川地震十周年之际出版了《震后城乡重建规划理论与实践》专著，我为其写序，个人认为该著"对推进我国城乡规划事业发展将起到积极作用，也会为世界城市应对地震巨灾提供中国的规划经验"。汶川地震灾后重建主体工作完成后，四川省委、省政府作出规划建设天府新区的重大战略部署，邱建教授又被委以重任，承担了天府新区规划设计技术组织和实施管理职责，他在国内外长期积累的专业知识、学术功底再次应用于国家重大发展战略。

通读《天府新区规划——生态理性规划理论与实践探索》书稿，值得充分肯定和推荐的是：邱建教授团队在组织省内专家开展天府新区前期规划论证时就秉承生态优先、科学理性思想，特别是坚持将一马平川的成都平原良田沃土留给子孙后代，选址南部和东部丘陵、台地地区规划建设新区，此建议得到省委省政府的采纳，体现了规划科技工作者的职业精神与历史责任担当。

该著适应新时代的要求，聚焦生态理性规划方法探索，是生态文明背景下的城市规划理论方法的创新和城市发展模式的创新，对城市规划技术实践向更深刻、更严谨、更切合实际的方向发展具有重要意义。具体体现在：通过土地、环境、水资源等多要素承载能力叠加的短板控制，理性确定天府新区的城市规模；遵循突出生态价值、保护优先的原则，探讨相对理想的生态空间模式；以"山、水、田、林、湖"为生态本底条件，维系自然格局并建立生态网络系统；运用产城融合理念，采取大分散、小集中的思路，形成"组合型城市"布局形态；采取"化整为零"的规划路径，构建职住平衡的产城单元；突出绿色发展路径、恪守城市安全底线，建设"绿色城市""韧性城市"；深入发掘优秀人居文化传统，传承和体现地域历史文化，将现代文明建立在传统的自然生态本底上，营造人文与自然和谐、都市与生态共融、现代与传统呼应的公园城市环境。

我多次去四川，参与了成都诸多规划领域重大战略研究，见证了天府新区在生态理性规划理论指导下，经过10余年的建设，已呈现出生态环境最美、投资基础最好、发展潜力最大的发展态势。2018年2月，总书记在天府新区视察时指出，天府新区是"一带一路"建设和长江经济带发展的重要节点，一定要规划好建设好，特别是要突出公园城市特点，把生态价值考虑进去，努力打造新的增长极，建设内陆开放经济高地，这即是对天府新区生态理性规划理念及其成效的高度肯定。

世纪之初，邱建教授留学归国后扎根四川，直接服务于国家西部大开发战略，在城乡规划设计的学科建设、教学科研和实施管理一线躬身耕耘、孜孜不辍，以其学者、教育者和管理者的多重角色，在人才培养、学术研究和规划管理等方面取得

突出成就。这一著作是他率领团队对天府新区决策者胆略、规划设计者才华、科技
人员智慧的全面总结；是他及其团队集规划设计、教学科研、政策制定、管理实施
于一体探索的学术归纳和理论提炼，其科学性得到实践检验。我相信，在生态文明
建设背景下，本著将为新时代丰富城市规划思想方法、探讨可持续发展营城模式提
供理论支撑与实践范式。

中国工程院院士

德国国家科学工程院院士

瑞典皇家工程科学院院士

同济大学教授、副校长

2021 年 1 月

　　城镇化是现代化的必由之路，是我国最大的内需潜力和发展动能所在。改革开放以来，中华民族经历了人类历史上规模最为宏大的城镇化历程，城镇人口从 1.70 亿增加到 8.48 亿，城镇化率达到 60.60%。与此同时，过度强调物质建设、空间扩张而忽视承载能力和人居环境的高消耗、低效益的粗放式城镇化发展模式已难以为继。

　　面对"百年未有之大变局"，坚持人与自然和谐共生，坚持推动构建人类命运共同体，事关中华民族永续发展。在生态文明建设背景下，对于规划行业发展而言，如何尊重自然，科学探索人地关系，推动城市持续健康发展？如何遵循城市发展规律，理性布局城市生产、生活、生态空间，推动城市高质量发展？是每个规划从业人员必须深入思考和有效应对的时代课题。

　　天府新区规划建设者对这项课题交出了属于自己的答卷！

　　城市新区是城镇化发展的重要载体，国家级新区是承担国家重大发展和改革开放战略任务的综合功能区。2011 年 7 月中旬，四川省委省政府组织了天府新区总体规划专家论证会，邀请了包括 6 位院士在内的国（境）内外一流规划设计大师，我有幸主持了此次会议。记得参会专家在规划区域现场详细踏勘的基础上，深入论证了规划方案，对方案提出的很多创新性思路和路径予以充分肯定，对避让良田沃土选址丘陵山地建设新区以保障粮食安全、先划定三分之二的生态用地再构建"一城六区"格局以避免城市"粘连""摊大饼"、建立职住平衡的"产城一体单元"结构以缓解特大城市交通拥堵等规划方法和举措大加赞赏。

　　天府新区着眼长远发展，立足新区实际，把理性要求贯穿城市规划建设全过程。在规划前期阶段，组织开展了跨学科的专家论证研究，确定了生态优先、科学理性的工作思路；在规划编制阶段，充分吸纳包括上述论证会专家在内的多层级、多领域、多部门意见建议，集体智慧被融入最终规划成果；在建设过程中，依法实施规划管理，保障了规划成果的落地落实。

时隔十年，天府新区已从沟壑纵横之地巨变成一座区位优势明显、交通设施完备、产业基础雄厚、人才资源丰富、极具发展活力的国际化现代新城，成为公园城市的"首提地"和"先行区"。当前，正聚焦生态价值，加快建设践行新发展理念的公园城市示范区。天府新区以规划为引领，实践成效获得规划行业的高度关注、社会各界的高度评价。

邱建教授学术造诣深厚、实践经验丰富。作为规划编制组织的技术负责人和实施管理者，他参与了天府新区从立项论证到规划选址、从概念构思到规划编制、从政策制定到项目实施的全过程，并将自己的学科知识和专业积累运用到规划工作的每个环节。更难能可贵的是：他还从教学、科研、管理的多重视角，带领参与单位规划人员和学术团队坚持记录新区规划建设管理过程，总结实践经验，开展科学研究，将规划理论付诸实施的同时修正既有理论，在实践过程中归纳提炼出生态理性规划理论，并在实际应用中不断验证其有效性。专著《天府新区规划——生态理性规划理论与实践探索》所呈现的理论与实践成果，即是他们为期十年创新性活动的高度概括和集中展现。

该著通过阐释新区背景、规划选址、用地规模、城市布局、城市结构、文化传承和人居环境等规划内容及方法，总结出天府新区规划的理论框架和实践路径，使读者深刻感受并清晰理解到天府新区建设取得突出成就的内在逻辑及示范意义。其中，既有对生态文明思想的深邃思考，也有践行这一思想的规划方法运用；既有对科学理性思维的哲学解读，也有依据这一思维的规划案例支撑；据此，既有对生态理性规划的思辨过程，也有应用这一理论的规划实践检验。这些理论探讨与实践探索，不仅丰富了城乡规划学术内涵，其经济社会效益和生态环境价值十分显著，体现在：对成都市公园城市示范区建设具有指导意义；对成渝地区双城经济圈高品质生活宜居地建设及高质量发展具有示范效应；对推进城镇化向集约高效、环境友好、形态适宜、生态宜居的新型城镇化转型具有借鉴价值；同时对新时代规划行业进步也具有促进作用。

唐凯

中国城市规划协会会长

住房和城乡建设部原总规划师

　　党的十九大将生态文明建设提升到关系中华民族永续发展根本大计的高度，十九届五中全会提出要坚持绿水青山就是金山银山理念，坚持尊重自然、顺应自然、保护自然，坚持节约优先、保护优先、自然恢复为主，守住自然生态安全边界，构建生态文明体系，促进经济社会发展全面绿色转型，建设人与自然和谐共生的现代化。这意味着，中国的城市发展进入了生态文明的新时代、高质量发展的新阶段，需要我们深入贯彻新发展理念，寻求以生态优先、绿色发展为导向的规划新路径。

　　四川天府新区对规划新路径进行了富有成效的探索，其规划建设成就得到了政府、市民和学术界的普遍认同。2018 年 4 月，习近平总书记在深入推动长江经济带发展座谈会讲道："我去四川调研时，看到天府新区生态环境很好，要取得这样的成效是需要总体谋划、久久为功的。"

　　邱建教授负责组织了四川天府新区的规划技术编制工作，并参与了天府新区的规划实施管理过程。他总结归纳了天府新区的规划建设经验，牵头撰写的《天府新区规划——生态理性规划理论与实践探索》著作，回答了城市新区如何探寻符合自身发展实际的可持续发展模式问题，其提炼出的生态理性规划理论在天府新区规划实践中得到有效验证，可为新时代规划工作提供参考借鉴。

　　在规划理念创新上，天府新区坚持生态优先、绿色发展，探索生态文明时代背景下的发展模式。通过资源承载能力短板限制下的城市规模、相对理想的生态环境空间模式、以自然为本底的生态格局及生态网络等策略，突出绿色发展理念、恪守城市安全底线，将现代文明与自然生态本底相融，构建人与自然和谐、现代与传统呼应的人居环境。

　　在理论创新上，构建了生态理性与城乡规划相结合的理论基础。通过梳理国内外理性规划、生态规划的内涵及发展脉络，将生态理性思维应用于城乡规划学科，提出了包括生态理性规划概念、原则和方法在内的理论体系，克服了传统城市规划价值观过度注重功能技术的倾向，丰富了城乡规划的理论内涵。

在技术创新上，坚持多元理性、系统思维，形成了生态理性维度下的城市新区规划方法。通过对新区规划选址、城市规模预测、生态环境保护、空间形态构建、产城融合布局、产城一体单元、设施支撑体系和地域文化传承等八个方面生态理性规划方法的探索，为规划层面引领天府新区建设世界一流城市奠定了坚实的技术基础，这对其他城市的规划技术路径选择有重要参考价值。

在实践创新上，坚持一切从实际出发，创新总结"管用、好用"的规划实践经验。通过总结开放创新的产业发展、亲水亲绿的空间技术、外联内畅的综合交通、统筹支撑的重大设施、全面融合的城乡发展、智慧科学的规划管控以及各片区的建设成效等方面的实践，生动展示了天府新区近年来的发展成果和强劲发展势头，全面呈现了规划的推进时序、实施重点和过程管理等成功经验。

基于"真刀真枪"摸索出来的天府新区规划理论与实践成果大都可参考、可复制，现已在国内其他新区规划建设中得到广泛借鉴。如承载能力短板控制的城市规模预测评价、基于职住平衡的产城一体单元设计的规划理论与技术方法已经在雄安新区等规划中得到应用，并取得较好成效。天道酬勤，《天府新区规划——生态理性规划理论与实践探索》专著的面世，是邱建教授及其团队扎根西部、潜心研究所收获的又一重要学术成就。我相信，专著的面世将有利于促进规划界同行更好地践行生态文明理念、研究城市发展规律、创新规划理论与技术方法，从而探寻属于新时代的城乡规划新路径。

中国城市规划学会理事长

住房和城乡建设部规划司原司长

2021 年 2 月 19 日

　　随着改革开放，我国"综合国力进入世界前列，国际地位空前提升，中华民族正以崭新姿态屹立于世界的东方"，[①] 伟大成就彪炳史册，经验积累弥足珍贵。国家级新区由国务院批准设立，是承担国家重大发展和改革开放战略任务的综合功能区，[②] 无疑是改革开放伟业的有力"见证者"。四川省成都天府新区总体规划于2011年11月由四川省人民政府批复，[③] 2014年10月国务院批复同意设立四川天府新区，天府新区正式成为国家级新区。[④] 习近平总书记于2018年2月11日现场视察天府新区时充分肯定其规划理念，认为总体规划思路清晰、目标明确，具有世界眼光和国际视野，其后讲道："我去四川调研时，看到天府新区生态环境很好，要取得这样的成效是需要总体谋划、久久为功的……。"[⑤]

　　为纪念改革开放40周年，我2018年撰文回顾了城市新区特别是国家级新区的探索、成长和壮大历程，重温了天府新区诞生之过程并整理总结其规划理念，[⑥] 在此基础上结合近期思考，代为本书前言。

　　40年前，肩负改革开放重任的深圳被"圈"为我国改革开放的窗口和试验场，以特区身份凭空出世。白纸绘宏图、沧海变桑田，如今深圳已是一座人口1343万、GDP总量超过2.69万亿元的现代化超大城市，[⑦] 与改革开放前沿地城市广州等一道，支撑起强大的珠江三角洲经济版图，成为世界经济增长的典范，创造出世界城市发

① 徐斌 . 纪念改革开放 40 周年 中国改革为什么能成功 [M]. 北京：世界图书出版公司，2018.
② 国家发展和改革委员会 . 国家级新区发展报告（2017）[M]. 北京：中国计划出版社，2016.
③ 四川省人民政府 . 关于四川省成都天府新区总体规划的批复 川府函〔2011〕240 号 .2011.
④ 国务院 . 关于同意设立四川天府新区的批复 国函〔2014〕133 号 . 2014.
⑤ 习近平 . 在深入推动长江经济带发展座谈会上的讲话 [M]. 北京：人民出版社，2018.
⑥ 邱建 . 献礼改革开放 40 周年——四川天府新区规划之回顾 [J]. 西部人居环境学刊，2018（06）：1-7.
⑦ 深圳市统计局，国家统计局深圳调查队 . 深圳市 2019 年国民经济和社会发展统计公报 [R/OL]. 深圳市人民政府门户，[2020-4-15]. http://www.sz.gov.cn/cn/xxgk/zfxxgj/tjsj/tjgb/content/post_7801447.html.

展史和现代化史上的奇迹。

1990 年，党中央国务院在总结深圳改革开放经验的基础上，做出了开发开放上海浦东的战略决定，国务院于 1992 年 10 月批复设立上海市浦东新区，建设浦东新区成为 20 世纪 90 年代国家重大发展战略，标志着我国改革开放进入一个新的阶段。到 2019 年，浦东新区的 GDP 已由 60 亿元跃升到 1.27 万亿元，以全国 1/8000 的面积创造了 1/80 的国内生产总值。[①]

进入 21 世纪后，党中央国务院从我国经济社会发展全局出发，作出了加快天津滨海新区开发开放的重大战略决策，国务院于 2006 年对滨海新区改革开放作出了全面部署。昔日盐碱荒滩上建设的滨海新区发生了翻天覆地的变化，常住人口达 300 万，GDP 达 7053 亿元，[②] 作为北方对外开放的门户，正在成为带动京津冀区域经济发展的增长极，被誉为"中国经济的第三增长极"。

深圳特区是在南国边陲小渔村上规划建设新区并迅速崛起成为现代化国际大都市的国家实验，是为探索社会主义市场经济而建设的全新城市，从区域经济规划的角度讲，属于特殊形式的新区。浦东新区、滨海新区则是依托大上海、大天津规划建设国家级新区，对长三角、京津冀经济区乃至全国经济社会发展起到示范拉动作用。[③]

深圳特区、浦东新区和滨海新区实践证明，国家级新区无一例外是应时代背景而生，针对一定开放区域及服务范围，在国家层面就发展路径的选择和转型模式进行探索、提供经验、开展示范，其规划定位体现并聚焦了国家发展战略意图。

为贯彻中国现代化建设"两个大局"战略思想，党中央国务院于世纪之交作出了西部大开发重大战略决策，这是面向新世纪全面推进社会主义现代化建设的重大战略部署，强调"实施西部大开发战略、加快中西部地区发展，关系经济发展、民族团结、社会稳定，关系地区协调发展和最终实现共同富裕，是实现第三步战略目标的重大举措"。[④] 新世纪头十年后期，面对世情国情的深刻变化，中央从关系改革开放和现代化建设全局出发，提出以科学发展为主题的时代要求，将实施新一轮西

---

① 刘士安，李泓冰，谢卫群. 三十年开发开放果实丰硕，而今瞄准更高层次更高水平——浦东勇担使命再出发 [N]. 人民日报，2020–11–17（1）.
② 陈建强，刘茜. 滨海新区：盐碱荒滩到改革前沿 [C/OL]. [2018–10–9]. 光明网 http://news.cctv.com/2018/10/09/ARTImRap4XCmsw03mxDcQiY1181009.shtml.
③ 朱孟珏，周春山. 改革开放以来我国城市新区开发的演变历程、特征及机制研究 [J]. 现代城市研究，2012，27（9）：80–85.
④ 中央财经领导小组办公室. 中共中央关于制定国民经济和社会发展第十个五年计划的建议 [EB/OL].（2000–10–11）[2018–11–10]. http://cpc.people.com.cn/GB/64162/71380/71382/71386/4837946.html.

部大开发作为推动科学发展、加快转变经济发展方式以及促进区域经济社会协调发展的重要战略部署。[①]

四川（当年包含重庆）是我国改革的策源地之一，1997 年重庆成为直辖市之后，著名经济学家、原四川省社会科学院副院长林凌教授组织数十位川渝专家以《成渝经济区发展思路研究》为题目，在国家发展改革委员会"十一五"规划前期研究招标项目中中标，在完成的研究成果中正式提出了成渝经济区概念、范围、功能定位、双核特征及对西部经济增长作用等观点和建议，受到中央重视。[②] 国家发展和改革委员会（以下简称"国家发展改革委"）、住房和城乡建设部（以下简称"住房城乡建设部"）运用各方研究成果，在实施国家"十一五"规划开局之年牵头四川省、重庆市政府着手研究成渝地区发展战略，启动了《成渝经济区区域规划》《成渝城镇群协调发展规划》的编制工作，并分别于 2011 年 5 月和 2010 年 11 月获批。国务院批复的《成渝经济区区域规划》辨识到：成渝地区自然禀赋优良、产业基础较好、城镇分布密集、交通体系完整、人力资源丰富，是"我国重要的人口、城镇、产业集聚区"，规划赋予该地区"引领西部地区加快发展、提升内陆开放水平、增强国家综合实力的重要支撑"的职责，确立其"在我国经济社会发展中具有重要的战略地位"。随着这一战略的深入落实，成渝经济区在带动西部地区发展、促进全国区域协调中发展了愈加重要的作用，在更大范围内成为辐射南亚、连接中亚、对接欧洲的前沿阵地，并被寄希望成为中国经济的第四增长极，其建设发展正式上升为国家发展战略。[③] 由此，一个依次由地处祖国"南、东、北、西"的"珠三角""长三角""京津冀""成渝"构成的"钻石结构"型四大区域经济发展格局正在逐步形成。

在《成渝经济区区域规划》《成渝城镇群协调发展规划》两个规划编制论证过程中，为了优化产业空间布局结构，借鉴国家新区特别是浦东新区和滨海新区的经验，规划人员一直在寻找能够成为新的经济增长极的战略性城市新区，并着手新区布局论证工作。2010 年 5 月，国务院批准设立重庆两江新区，在政策层面比照浦东新区和滨海新区；[④] 2010 年 6 月 18 日，第三个国家级新区两江新区正式挂牌成立。

在同步研究四川空间发展战略过程中，2008 年 5 月 12 日汶川特大地震突如其来，四川省中心工作立刻转到救灾及灾后恢复重建中。2010 年灾后重建工作步入正轨并

① 国务院 . 国务院关于西部大开发"十二五"规划的批复 国函〔2012〕8 号 .2012.
② 林凌 . 共建繁荣：成渝经济区发展思路研究报告——面向未来的七点策略和行动计划[M]. 北京：经济科学出版社，2005.
③ 国务院 . 关于成渝经济区区域规划的批复 国函〔2011〕48 号 .2011.
④ 国务院 . 关于同意设立重庆两江新区的批复 国函〔2010〕36 号 .2010.

初见成效，如何将地震造成的损失降到最低程度，恢复灾区生产生活秩序、提升全省经济发展动能，成为四川省亟待解决的突出问题。为此，四川省域新的经济增长极和战略性城市新区布局论证再度提上研究人员和决策者的工作议程。省委省政府要求研究成都或省域其他特别区块，通过规划并集中西部大开发政策，拓展出具有发展优势的大空间，聚焦国家发展战略规划建设新区成为四川省的初步设想。

四川省社会科学院副院长盛毅研究员曾配合林凌教授提出成渝经济区概念，2010 年 7 月初，他向四川省省委省政府上报了《重庆"两江新区"设立对我省的影响分析》研究报告。省委省政府高度重视，并结合报告提出的"将攀西和川南设立为国家资源综合开发利用示范区"建议，要求研究成都或省域其他特别区块，通过规划并集中西部大开发政策，拓展出具有发展优势的大空间。当月底，省政府召集省级相关部门和科研机构专家召开了"拓展我省优势发展空间"专题务虚会，大家纷纷发表意见建议：有专家从提升优势产业发展的角度出发，倾向于盛毅研究员报告提出的观点，认为攀（枝花）西（昌）地区的钒钛产业一直领跑全国，钒钛资源经济具有战略意义，攀西地区安宁河流域布局新区，可以建设产业特色突出的城市新区；也有专家从城镇群支撑的角度提出建议，认为川南是全国城镇群相当密集的区域之一，基础条件好，建设城市新区可促进川南城镇群的整体发展，在成都、重庆之外建设形成成渝经济区"第三极"；还有专家根据内江与自贡城市中心之间不足40km 的地理特征，直接建议选址在两市几何中心建新区，构建成渝经济区"三足鼎立"的经济发展结构；更多专家倾向于依托成都建设城市新区，通过提高成都的城市能级参与国家和国际层面的竞争。尽管观点不尽相同，但有一个共识，即必须结合西部大开发优化四川空间发展布局，辨识出有特色的区块，设立新区，通过集中规划建设上升为国家战略。由此形成了聚焦国家发展战略规划建设新区的设想。[1]

随着《成渝经济区区域规划》《成渝城镇群协调发展规划》进入后期编制阶段，在成都建设新区以实现增强成都、重庆引领成渝地区发展能力的国家战略意图逐渐达成共识，天府新区的概念也随之形成，并在获批的《成渝城镇群协调发展规划》中首次进入国家层面规划，[2] 国务院批复的《成渝经济区区域规划》进一步提出依托中心城市、长江黄金水道和主要陆路交通干线，形成以成都、重庆为核心的"双核

---

[1] 由于工作原因，我有机会参与《成渝经济区区域规划》编制的论证和讨论，并代表四川方参加了《成渝城镇群协调发展规划》编制组织、协调工作。参加这次专题务虚会后，就与后来的天府新区结下了不解之缘，并被任命为天府新区规划建设领导小组规划委员会（该机构随后更名为天府新区规划建设委员会规划小组）办公室副主任，全程负责主持天府新区规划的技术组织和实施管理工作。

[2] 住房和城乡建设部，重庆市人民政府，四川省人民政府. 成渝城镇群协调发展规划. 2010.

五带"空间格局，特别要求"规划建设天府新区"。这表明天府新区的设立，初衷即是与两江新区共同强化成都、重庆对外开放的门户城市的双"引擎"功能，使之充分发挥引领区域发展的核心作用，有力支撑并落实成渝经济区区域发展国家战略。

由此，天府新区有四点基本定位：一是内陆开放门户，即内陆世界级城市、城镇群对外开放的支撑平台；二是国家新的经济增长极，引领西部发展的重要经济中心；三是区域辐射中心，即西部经济发展高地，辐射大西南、带动大西部；四是科学发展示范，即探索新的发展模式，体现科学发展的示范型新区。

上述定位决定了不能将天府新区简单地建成一个诸如经济技术开发区、高新技术产业开发区的巨型"园区"，也不能单纯建设缺乏产业支撑、仅在物质形态上拓展的城市，而是要实实在在通过"产城一体"的科学规划，使产业支撑城市、城市承载产业，实现现代产业、现代生活、现代都市"三位一体"协调发展。为此，天府新区规划在诸多领域改革创新，其中，践行生态文明理念得到切实落实，并贯穿于新区选址、规模预测、城市布局、城市结构、人居环境等整个规划过程。

决定依托成都规划建设天府新区决策后，选址在成都哪里？自然成为所有工作开展的前提条件。^{③-⑥}

为此，四川省政府领导率领四川省发展和改革委员会、四川省住房和城乡建设厅、四川省自然资源厅等省级部门会同成都市多次现场踏勘，反复研究选址工作涉及的诸多问题。按照一般规律，在符合城市总体规划所确定的城市发展方向的原则下，新区选址一是考虑城镇群发展优势区域、二是利用现有产业支撑、三是结合交通等基础设施条件、四是场地要有相应资源环境承载能力、五是有利于形成良好的生态环境格局，避免"城市病"、六是建设成本具有比较优势。对成都东、南、西、北四个发展方向进行分析后发现：成都平原城镇群中成德绵经济走廊发展相对成熟，成都地处该经济走廊南部，北部地势平坦，地理条件优越，基本建设成本较低，在论证初期，倾向性意见很快集中在成都北向选址规划建设天府新区。

天府新区选址事关重大，除了有利于尽快启动、尽快见效外，更要能够经受历史检验，实现可持续发展。为此，省政府要求省级相关部门进一步对新区选址进行

① 国务院.关于成渝经济区区域规划的批复 国函〔2011〕48 号.2011.
② 四川省人民政府.关于四川省成都天府新区总体规划的批复 川府函〔2011〕240 号.2011.
③ 下面关于天府新区选址、用地规模、城市布局、城市结构、人居环境等内容，纳入了笔者撰写的《天府新区的设立背景、选址论证与规划定位》和《四川天府新区规划的主要理念》两篇论文相关内容。
④ 邱建.天府新区的设立背景、选址论证与规划定位[J].四川建筑，2013（1）：4-7.
⑤ 邱建.四川天府新区规划的主要理念[J].城市规划，2014（12）：84-89.
⑥ 四川省人民政府.关于四川省成都天府新区总体规划的批复 川府函〔2011〕240 号.2011.

论证研究，使这一重大决策更加科学。

省政府领导特别要求省住房和建设厅收集国外相关城市新区规划建设情况，我受命组织专家集中研究，很快形成了《国外城市新区发展实践的几个著名案例简介》报告。[①] 随后又受命从专业的角度对天府新区选址进行思考，提出建议，我再次组织专家开展调研、深入研究，提交了《关于天府新区选址方案的建议》报告。[②] 该报告在吸纳已建城市新区经验的基础上，更加注重结合成都平原实际情况，关注四川农业大省省情，尤其是秦代修建完工的都江堰水利灌溉工程，灌溉面积居全国之首，成都平原因此形成举世闻名的自流灌溉系统，自古就被誉为"水旱从人，不知饥馑，时无荒年"的"天府之国"，是西部最富饶的平原，历来是我国最重要的粮仓之一。时至今日，14亿多中国人的饭碗主要装自己的粮食，仍然是治国安邦的头等大事，为此作出应有贡献，是成都平原应尽之责、应有之义。据此，报告特别提出严格保护耕地和基本农田、坚决避让良田沃土的建议，并与时任省发改委主任的想法不谋而合，共同向领导报告后得到采纳，成为天府新区选址及随后开展城市总体规划的首要原则。

在选址决策过程中，成都西部地处都江堰灌区源头，优质良田集中，属成都市水源和生态保护区域，首先加以排除；北部区位条件优越，符合新区选址一般规律，尽管前期意见倾向于选址在此，但这里是良田沃土集中区，同时，一马平川的地形条件也难以阻止与成都中心城区连片"摊大饼"式发展，随之加以排除。

成都东向位于成渝经济发展走廊，交通条件较好，具有相应产业基础，拥有国家级经济技术开发区，龙泉山以东空间拓展余地较大，基本不占用良田沃土，龙泉山还可以成为阻碍成都市区"摊大饼"式发展的天然隔离屏障，具备建设生态宜居城市条件。但该地区当时属于资阳市所辖的简阳县级市，地形地质条件较差，建设成本和投资成本较高，地方经济发展阶段难以支撑新区建设，故不宜全部作为新区选址。

成都南部地区拥有双流机场以及多条铁路、高速路和快速路，国家级高新技术开发区位于其中，高新技术产业和现代服务业具有较强竞争力，新区建设可利用丘陵地区，占用基本农田较少。但该方向也可能与成都中心城区连片"摊大饼"式发展，需要科学地规划引导。

经多方案比较论证，综合南部和东部方案的优势确定天府新区的规划选址范围，

---

① 四川省住房和城乡建设厅课题组.国外城市新区发展实践的几个著名案例简介.2010.
② 四川省住房和城乡建设厅课题组.关于天府新区选址方案的建议.2010.

包括成都市的高新区南区、龙泉驿区、双流县、新津县、简阳市，眉山市的彭山县、仁寿县，共涉及 3 市 7 县（市、区）37 个乡镇（街道办事处），总面积 1578km²。[①]

由此可见，天府新区选址引导城市向东向南山地、浅丘和台地发展，控制成都建设用地往西、往北平原地区进一步扩展，尽最大努力保护了都江堰精华灌区，避让了成都平原的良田沃土，并且拓展空间充足，生态环境承载能力相对较大。

规划了 1578km²，新区究竟建多大？

仅从经济学"投入—产出"因素考虑，1578km² 规划范围内城市建设用地规模越大，短期内获得的直接经济回报越多。天府新区坚持以资源约束为前提条件、以承载能力为发展限制、以资源短板为用地控制的生态规划理念，选取土地承载能力、生态承载能力、水资源承载能力等多要素叠加，通过短板控制，合理确定天府新区的城市规模。

在土地承载能力评价方面，根据现行行业标准《城乡用地评定标准》CJJ 132—2009 技术要求，[②] 结合天府新区实际用地条件，通过对工程地质、地形、水文气象、自然生态和人为影响等多要素叠加开展适宜性评价，以此确定天府新区的土地承载能力。适宜建设用地和可建设用地共 921km²（分别为 832km² 和 89km²），可承载人口 950 万左右。

针对生态承载能力，通过水土流失敏感性、生境敏感性、酸雨敏感性、城市热岛敏感性四个要素的叠加综合评价，进一步把天府新区划分为四级敏感区：高度敏感、中等敏感、轻度敏感和不敏感，分别为 285、269、379、645km²，其中，中度、轻度敏感和不敏感区总面积约为 1024km²，表明天府新区范围内总体生态承载力较高，可承载人口超过 1000 万。[③]

天府新区规划范围属于缺水地区，水资源承载能力评价至关重要。分析表明：到 2020 年可供水量为 13 亿 m³，能支撑建设规模 550km²，在高等节水水平下能支撑人口 620 万人，如采用引大济岷调水工程等区域调水工程，则新区水资源承载力将有较大提升。[④]

研究结果显示：天府新区在诸多承载能力因子中，水资源支撑能力最小。基于短板控制原则，同时考虑到城市发展的不确定性，2030 年城市人口规模控制在

① 四川省人民政府. 关于四川省成都天府新区总体规划的批复　川府函〔2011〕240 号. 2011.
② CJJ 132—2009 城乡用地评定标准 [S]. 北京：中国建筑工业出版社，2009.
③ 四川省环境保护厅. 天府新区生态环境保护专题研究报告. 2010.
④ 四川省水利厅. 天府新区水资源承载能力初步研究报告. 2010.

600 万 ~ 650 万，建设用地规模为 650km²。①

有了 650km² 建设用地，如何在 1578 km² 的规划范围内落地安排？

为了取得投资最省、见效最快的效果，传统思路极有可能将 650km² 建设用地沿成都现有建成区道路等基础设施直接向外拓展。天府新区杜绝了这种"摊大饼"式的规划布局方式，遵循了突出生态价值、保护优先的原则，通过梳理已有建设用地，探讨相对理想的生态环境空间模式，如辨识出超大城市所必备的通风廊道空间，划定区域生态空间边界，并优先将其作为非建设的生态用地予以刚性保护。

按照突出生态功能价值、优先保护生态空间的理念，以"山、水、田、林、湖"为生态本底条件，规划构建出"三山、四河、两湖"的自然格局，形成"一带两楔九廊多网"的生态网络，整体上保证了天府新区良好的生态格局。例如，位于天府新城和龙泉区之间区域、南侧文化休闲生态功能区域被优先划定为非城市建设用地范围，并被规划为两个大型楔形生态服务绿带，作为超大城市的巨型"通风口"进行刚性管控，在总体格局上为建设具有高品质的天府新区人居环境创造了条件。②

优先规划刚性保护的生态空间之后，形成了"零星"的建设用地供选择。由于场地尺度巨大，规划因势利导地运用产城融合理念，采取大分散、小集中的思路，构建出"组合型城市"布局形态，即"一带两翼、一城六区"的天府新区空间结构，各片区均有特色鲜明的主导产业定位，片区间功能互补、联系便捷，遏制了城市连片"摊大饼"，防止产生"城市病"。

如何从规划入手预防交通拥堵等大"城市病"？

天府新区本身具有特大城市人口规模，加上成都老城区人口，将形成超大城市，极易造成交通拥堵、环境污染等大"城市病"。为此，在天府新区总体规划阶段就创新思路，采取"化整为零"的规划路径，通过构建产城单元的规划方法，力求达到职住平衡，以防患于未然。

具体而言，除两湖一山国际旅游文化功能区外，天府新区"一城六区"中各区（城）规划建设用地面积均在 50 ~ 160km² 之间，相当于中等城市或Ⅱ型大城市规模，在此结构下，规划进一步将 650km² 建设用地划分为 35 个产城一体单元，每个单元 20km² 左右，即Ⅰ型小城市规模。各单元具有相对完整的生产、生活及生态功能，通过有机、低碳、高效的方式组织城市各项功能空间，布局相应产业，相对独立承

---

① 实施过程中，考虑到区域调水工程近期难以实现，2015 年将两个规模相应调减为 500 万人和 580km²。
② 针对天府新区以外周边地区开发冲动大、存在无序建设风险、可能影响天府新区生态格局和环境质量的趋势，2015 版规划调整中在 1578km² 规划范围外新增 1100km² 的协调管控区，对龙泉山、牧马山余脉生态屏障及龙泉湖、三岔湖和黑龙滩水源地等敏感地区加强规划管控。

担城市各项职能,60%以上的居民在本单元就业,并提供Ⅰ型小城市应该具备的教育、医疗、体育、文化和商业、金融等配套服务。

产城一体单元规划结构旨在居住人口就近就业,生产生活协调发展,在更小空间范围实现产城融合理念,单元内部交通主要依靠步行和非机动车,极大地减少了私人使用机动通勤和跨片区交通出行的必要性,在源头上控制交通拥堵和机动车尾气排放污染,具有功能复合、职住平衡、绿色交通、配套完善、布局融合的特征。

针对新建特大新城,如何构筑良好的人居环境?

天府新区地貌特征丰富,总体生态环境良好,规划范围内用地条件以台地、丘陵为主。通过前述刚性保护生态空间,"一带两翼、一城六区"空间结构形成的"组合型城市"布局形态,在整体规划格局上形成了良好生态本底,为构筑优越的人居环境提供了条件。

值得强调的是,成都平原是蜀文明的发祥地,历史遗存富集。天府新区规划深入发掘优秀人居文化传统,传承和体现地域历史文化。例如,运用大地景观规划设计方法,以两楔生态服务区为依托,充分利用天然植被,尊重自然田园环境并与之和谐共存,保护非建设用地内极具特色的村庄、林盘及其优美的周边环境格局,维持原有宜人尺度、乡土气息和文化氛围,集中连片体现田园风光,继承成都平原农业景观特征,将现代文明建立在传统的自然生态本底上,构建人文与生态和谐、都市与自然共融、现代与传统呼应的人居环境。

成都具有乐观包容的文化传统和优雅闲适的生活态度,规划充分尊重这一历史形成的独特城市特质。例如,在650km²建设用地内尽力为市民安排户外活动空间,绿地与广场用地占到16%(2015年调整为17%),在这些用地里高标准配置公园绿地、水面、城市广场等休闲空间,保证居民能"500m见公共绿地,1000m见公共水体",即使在高楼林立的CBD地段公共空间规划中,也为市民提供了地域气息浓郁的喝茶、看戏等休闲环境。

天府新区规划编制过程坚持广开言路、广纳良言、广集良策。规划伊始,除规划选址外,省级各部门还按照省委省政府的要求,结合各自职能迅速组织相关领域专家,就天府新区发展定位及策略、产业发展与布局、交通与土地利用协调、水资源承载能力、生态环境保护等方面开展了专题研究,正式形成了10个专题研究报告。四川省住房和城乡建设厅首先召集成都市规划局、四川省城乡规划设计研究院和成都市规划设计研究院等单位同行专家赴深圳、上海、天津、厦门等地开展广泛新区调研,对天府新区规划重大问题展开研讨,产生诸多真知灼见,如上述生态空间保护优先、"组合型城市"布局形态、产城一体单元结构等规划理念，正是在这一轮轮头脑风暴中逐渐产生的。

在上述重大问题达到基本共识、空间格局基本形成的基础上，四川省住房和城乡建设厅又牵头组织中国城市规划设计研究院、四川省城乡规划设计研究院和成都市规划设计研究院形成联合体（中规院时任院长李晓江既挂帅又出征），大家综合运用多部门、多领域前期成果，按照法定要求共同编制完成四川天府新区总体规划纲要。四川省政府组织了国内外知名专家咨询论证会，邀请国内周干峙、邹德慈、何华武等院士和来自美国、德国、法国及我国台湾地区、我国香港地区等地共16位著名专家学者就纲要成果开展技术咨询，会后还在北京请教清华大学吴良镛先生，吴先生提出了宝贵的书面建议，过程中专门赴省人大、省政协听取意见，同时广泛征求了公众意见，这些建议意见都被充分吸收、采纳在规划规划内容中。规划建设委员会规划组还组织省级相关部门和成都、眉山、资阳三市人民政府，分别编制完成了天府新区专项规划、分区规划、控制性详细规划、重点地区城市设计，形成了天府新区规划体系。

2011年11月四川省人民政府批复四川天府新区总体规划后，我即带领四川省住房和城乡建设厅规划处和成都市规划设计研究院同仁开始总结规划实践经验；2014年10月国务院批复同意设立四川天府新区前后，又有几个国家级新区获批，新区间交流逐渐频繁。为了取长补短、相互借鉴，整理出天府新区规划交流资料显得非常必要，加之我一直在高校从事城乡规划、建筑学、风景园林等相关学科专业的教学科研工作，在交流过程中萌发出从学术角度来归纳、提炼天府新区规划理论与实践成果的想法，并得到四川省住房和城乡建设厅相关处室及成都市规划管理局、中国城市规划设计研究院、成都市规划设计研究院、四川省城乡规划设计研究院（四川省城乡规划编制研究中心）[①]和西南交通大学等规划管理机关、研究设计机构与高校的支持，由此，我组织这些单位的相关领导和设计人员组成书稿编写委员会（见前言后）。

我首先以前期撰写的《天府新区的设立背景、选址论证与规划定位》、《四川天府新区规划的主要理念》和《天府新区现代城市空间构建形态研究》三篇学术论文为基础，构思出写作思路，草拟了书稿大纲，并与编写组同事一道反复研究讨论、不断修改完善、形成基本共识，然后后分工负责草拟书稿各部分内容。

---

① 该机构在2018年机改后被划分为四川省城乡建设研究院和四川省空间规划设计研究院两个单位。

成都市规划院设计研究院原院长曾九利同志安排院技术骨干组成写作组主体，承担了主要撰写任务，杨潇副院长负责落实统筹统稿工作；中国城市规划设计研究院刘继华等对针对天府新区总体规划实施评估结果进行了整理，主要更新内容纳入书稿；我指导西南交通大学博士研究生唐由海、罗锦、张毅、李婧等开展了相关基础理论研究，为生态理性规划的学术提炼奠定了理论基础；写作组还多次回访相关单位和部门，实时掌握规划实施效果，验证规划理论的技术可行性。在整个构思和写作过程中，我组织大家多次讨论、反复修改、数易其稿，历时10年后于近期定稿。

书稿各章的主要写作人员分别为：第一章，邱建、罗锦；第二章，邱建、唐由海、张毅、李婧、杨潇；第三章，邱建、罗锦、陈果；第四章，邱建、陈果、李婧；第五章，邱建、李婧、杨潇；第六章，邱建、曾九利、杨潇；第七章，邱建、曾九利、杨潇；第八章，邱建、曾九利、李磊；第九章，邱建、曾九利、吴善荀；第十章，邱建、杨潇、张毅；第十一章，邱建、刘继华、杨潇。此外，原四川省住房和城乡建设厅规划处陈涛、张欣、杨振宇等同志先后参与书稿组织工作；朱勇、牟秋参与了文字和图片的整理工作。

在此，我要特别感谢各位四川省领导和四川省住房和城乡建设厅领导的信任，安排我主持天府新区规划技术编制与实施管理工作，让我有机会将自己前期的专业积累特别是在欧美留学时学习到的规划设计知识应用于国家发展战略，并发挥相应作用，在此过程中，我还学习到各位领导的战略思维、领导艺术及国内外专家的专业才智，自己的工作能力和学术水平也得到进一步提高；衷心感谢编写单位同仁和写作组同事，本著是大家潜心研究、集思广益、共同努力的结果。本著的研究和出版得到国家自然科学基金面上项目（批准号：51678487、52078423）及四川省科技计划重点研发项目（批准号：2020YFS0054）的资助，在此一并致谢！

回眸波澜壮阔的改革开放历程，从特殊形式的城市新区深圳开始，国家级新区为改革开放先行先试、探路领航、积累经验，在诸如珠三角、长三角、京津冀、成渝等跨区域经济发展中起到"龙头"作用，取得的成就举世瞩目；天府新区规划得到各级领导的肯定，同行专家的认可，兄弟省市的关注，市民群众的点赞，作为一名规划"局中人"和组织者，我与所有规划建设者一样，深受鼓舞和激励。

书稿付梓之时，正值成渝地区双城经济圈建设作为重大区域发展战略纳入国家"十四五"规划，成渝地区将成为带动全国高质量发展的重要增长极和新的动力源，天府新区和两江新区被赋予共同打造内陆开放门户的重要任务。其中，高品质生活宜居地是其重要建设任务。我们努力从学术和技术视角总结提炼天府新区规划的核心理念与实践成果，期望能够有助于在新时代国家新发展格局形成过程中为践行新理念，特别是生态文明理念提供鲜活的规划实践案例；有助于牢记天府新区所肩负的战略使命及承载的亿万巴蜀儿女千年愿景；同时有助于铭记天府新区决策者的胆略、科学家的才智、规划师的才华以及老百姓的参与，因为天府新区规划成果，是大家集体智慧的结晶。

天府新区规划涉及经济社会发展的诸多领域，其成效还将在规划实施过程中不断接受检验。搁笔之际，掩卷而思：天府新区规划从选址论证到规模确定、从生态保护到空间落地、从产城融合到支撑体系、从文化保护到安全防灾，回顾同步开展的地震灾后城乡重建规划理论与实践研究，均体现出以人的空间需求为出发点和落脚点的规划设计内在逻辑。加之多年的教学科研和管理实践经历，深深领悟到："人本"价值观既是人居环境科学恒定不移的核心依托，也是规划价值取向的初心所在，同时是设计创作取之不竭的灵感之源，据此初步形成"人本空间设计论"的思想基础和大致轮廓，这也是我和我的团队正在开展的一项学术探索，希望在改革开放进入新时代、西部大开发转入新格局的背景下能够为城乡规划建设理论与实践带来新的思考和有益借鉴。

作者经历有限、学识不足，书中纰漏、不足之处在所难免，恳望领导、规划设计同行和读者不吝赐教！另外，书中所参考的图表和文献资料，都尽力详尽标注在文中及参考文献处，在此对原作者表示诚挚的谢意！如有疏漏，敬请指出以便补遗！

邱建

2020 年 11 月于西南交大锦园

本书编写委员会

主 编 单 位：四川省住房和城乡建设厅

副主编单位：成都市规划管理局

　　　　　　成都市规划设计研究院

　　　　　　中国城市规划设计研究院

　　　　　　四川省城乡规划编制研究中心

主　　任：邱　建

副 主 任：张　樵、陈　涛、胡　滨、李晓江、曾九利、高黄根、刘继华

编　　委：（以姓氏笔画为序）

　　　　　邓生文、李　磊、杨　潇、吴　凯、吴善苟、何莹琨、沈莉芳、

　　　　　张　菁、陈　果、陈　岩、岳　波、荀春兵、贾刘强、黄　伟、

　　　　　彭小雷、樊　川

03
PART
第三篇
规划成效

第一篇

理论探讨

01
PART

天府新区规划建设是四川省落实国家发展战略并结合省情所进行的重大实践活动，需要城市规划理论予以指导。通过对城市分散发展、集中发展、精明增长理论和花园城市、生态城市、韧性城市规划理论以及生态规划、理性规划等理论的系统梳理、归纳整理、吸收应用，无论在战略层面还是实施层面，都为天府新区规划实践提供了理论基础。

　　时代是思想之母，实践是理论之源。天府新区规划的实践过程，也是"实战"检验现有城市规划理论的过程，需要及时总结天府新区规划实践的经验教训，在实践探索的基础上开展理论创新。本著提炼的生态理性规划理论，即基于天府新区规划实践，为丰富和完善城市规划理论而进行的探索。为此，首先对天府新区设立的背景及基本情况加以回顾和介绍。

CHAPTER 01 | 第一章

新区设立的宏观背景

四川天府新区作为国家级新区，是在落实国家西部大开发宏观发展战略的背景下设立的。本章在对国外城市新区规划的典型案例，以及改革开放以来我国城市新区发展演化进程分析，特别是在大规模综合性国家级新区设立的大背景理解基础上，重点对天府新区设立背景、战略定位、角色担当等进行概述。

第一节 国外城市新区概述 ①

城市新区是城市持续发展的重要空间载体。成功建设的城市新区，不仅能体现一个城市经济的发展活力，使之成为经济发展的新增长极，而且对于推动产业优化升级，提升区域创新能力，增强对周边区域的辐射带动作用，促进区域经济协调和城乡统筹发展都具有重要作用 ②。全面把握城市空间拓展规律，积极借鉴国内国家级新区和国外典型城市新区发展建设的经验，对于四川天府新区的科学选址以及进一步的科学建设都具有重要启示意义。

国外城市新区的建设比国内提前了近半个世纪，在这些新区规划建设实践案例中，主要有以下几种模式：

一、依托旧城，共荣共兴——法国拉德芳斯区新区

巴黎拉德芳斯新城是新区紧密依托旧城发展的典型代表。1958 年，为了提供更加充裕的办公空间，缓解老城区的交通和人口规模压力，保护原有的历史建筑和城市风貌，巴黎市政府决定将商业区、居住区、公务区和大学区分开，将商务区迁到

---

① 四川省住房和城乡建设厅课题组 . 国外城市新区发展实践的几个著名案例简介 [R].010-09.
② 邱建 . 天府新区的设立背景、选址论证与规划定位 [J]. 四川建筑，2013, 33（01）: 4-6, 9.

周边郊区，在拉德芳斯区规划建设现代化的城市副中心，占地约750hm²，规划建设写字楼250万m²。拉德芳斯采用分步开发模式，计划在30年内，将其建设成居住、工作和娱乐等活动配套设施齐全的现代化商务中心。

拉德芳斯位于巴黎市的西北部，属于巴黎上塞纳河畔塞纳省皮托市、库伯瓦市和楠泰尔市的交界处。新城坐落在巴黎城市主轴线的西端，虽然有塞纳河与旧城相隔，但基本属于连片发展（图1-1）。

图1-1　拉德芳斯区位示意图

图片来源：百度百科.

https：//baike.baidu.com/item/%E6%8B%89%E5%BE%B7%E8%8A%B3%E6%96%AF.

经过几十年的开发建设，拉德芳斯区已成为世界最具影响力的商务中心区之一，被誉为"巴黎曼哈顿"。区域内已入驻企业总数超过1600家，包括190多家世界著名跨国公司、法国最大的5家银行及近200家金融机构，其中工作于商务区的人员数量超过15万。拉德芳斯的建成，成功疏解了巴黎市区巨大的人口压力，最大程度保护了老城的历史风貌，创造了现代化的生活图景，为巴黎城市发展注入了新的活力。

同时，拉德芳斯城发展与实际建设中，产生了很多成功的经验，如突出城市规划的前瞻性、增强交通组织的合理性、凸显建筑设计的创新性、确保环境功能的完善性，使之成为独立运行的新城区等。除此之外，拉德芳斯建设发展的主要经验有：

第一，与大巴黎地区间的关系既独立又统一，相辅相成。通过对外疏解城市功能，巴黎从客观上降低了市区的人口密度，缓解了交通压力，也减轻了城市教育、医疗和社区等公共配套设施的沉重负担。藉由交通网络的有序组织，建筑设计的巧妙构思，景观创意的相互衬映，使新旧城区相互呼应、有机相连，文脉互通却又相对独立自成一统。这是一条既独立又统一、相互补充、相互竞争的新区建设道路，不失为城市新区建设的样板。

第二，便捷的交通体系保证区域办公功能运行效率增强。早在建设初期，拉德芳斯就制定了人车分流的交通规则，并以此为基础大力发展公共交通。经过 10 余年的建设，拉德芳斯区实现了地铁的开通和区内快速铁路通车，实现从巴黎市中心区到拉德芳斯新区总用时不超过 5min。现阶段，拉德芳斯区已形成由高架交通、地面交通和地下交通组成的三位一体交通系统，这也使得拉德芳斯成为欧洲最大的公交换乘中心之一，每日运输通勤者达 35 万人，近 80% 的人选择公共交通进出拉德芳斯，基本实现公交优先的建设目标（图 1-2）。

第三，宜人的配套设施布置策略促进综合服务功能的提升。1970 年，区域快速铁路通车后，在铁路节点周边建成小型购物中心。到 20 世纪 80 年代，新区建成当时在欧洲范围内建筑规模最大的购物中心，总面积超过 10 万 m^2，除此之外新区内

图 1-2　巴黎眺望拉德芳斯

图片来源：邱建　拍摄

分布多家大型会展中心，满足企业展览、会务需要，曾举办七国高峰会议。而各小区内也有各类食品店、小商店和超市等，为企业职工和居民提供日常购物服务。通过完善的商业配套，拉德芳斯成为以商务办公为主，集居住、会展、购物、旅游等功能为一体的综合商务区。

第四，优越的生态景观环境和文化环境的组织进一步丰富拉德芳斯的内涵。在规划与建设过程中，拉德芳斯一方面重视城市景观营造，坚持新旧城间的协调性和保持建筑的多样性，另一方面还重视保护生态环境和绿色建设，积极确保写字楼、住宅的合理密度，现阶段新区绿地用地规模超过 $67hm^2$，经过艺术创新和统筹设计，能为新区打造和谐、舒适的居住生活环境奠定坚实基础。此外，文化设施建设也是发展拉德芳斯的重要基础工作之一，在确保硬件条件的同时，新区积极开展文化展览和艺术表演等文化活动，有效提高了拉德芳斯的城市品位，丰富了文化内涵，促进了"人气"的聚集（图1-3）。

图1-3　拉德芳斯大拱门

图片来源：邱建　拍摄

二、借力旧城，多极布局——日本筑波科学城

日本筑波科学城属茨城县，位于东京东北约 60km 处的筑波山西南麓台地上，北依筑波山，东临霞浦湖，地势平坦，水源充足，自然和地理条件优越，面积 284.07km²，包括筑波城和 Kukizaki 镇，属于 Joso 高地的一部分。科学城现有人口 20 余万，其中科教人员、大学生等约占 44%（图 1-4）。

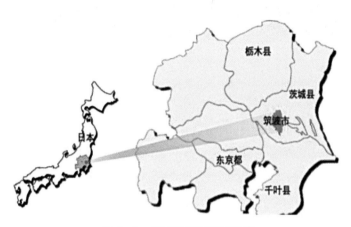

图 1-4　筑波科学城区位示意

图片来源：新京智库．从教训到经验，日本筑波科学城曾经做错了什么？[EB/OL].[2019-10-11]. https://mp.weixin.qq.com/s?src=11&timestamp=1597022633&ver=2513&signature=v 4PMb9-gnrT1dYBRVKAav2H7qMzL-3cuZ-JEg0Ya-zlLfWmx*AsuCOcdn1Hlmj1FBA- oRC2xxhA1TVVHuQGalifQDfELHjsfcJcDv1SyplxHfMBckPaKaMtjrrxxA0WO&new=1.

筑波科学城的建设是为了缓解东京的空间压力，是实现城市发展由"单极"向"多极"转变战略的一环，也是国家首都整体建设计划的一部分。筑波科学城是日本政府倡导科技发展政策的积极成果，通过国家支持、政策鼓励和高额建设投资，促使由东京迁出的众多国家科研机构落地于此，因此科学城内集中了数十个高级研究机构和两所大学，包括日本电子技术领域最大研究基地——电子技术综合研究所、新型国立综合大学——筑波大学，以及具有国际影响的筑波高能物理研究所等，以研究基础雄厚、人才众多、设备精良著称。人口职业结构中，科技人员、大学生及其家属构成科学城人口主体，其次是相关服务人员。日本筑波科学城成为促使"科学城"作为科学工业园区的一种典型案例，日本筑波科学城在世界范围内得到了广泛的推广，在科技园区建设中起到了先导示范作用（图 1-5）。

图 1-5　筑波科学城城市风貌

图片来源：佛山鑫苑城 . 产城解读 | 探寻日本筑波科学城的产城融合之道 [EB/OL].[2019-12-17].
https：//mp.weixin.qq.com/s?src=11&timestamp=1597022633&ver=2513&signature=IfLpKO6hd
OLg-7IOURYGTyRcKasg-3aB5nErixjOn06jzCrwaDmAsO7Is0qPu8wyP99uDDWp3lx8pwV7Tx*
EBIAJl4aEvP2PmW7UKopGOOq1nbSfWUT429dig5RDSudD&new=1.

筑波科学城的规划建设有以下特点：

第一，筑波科学城与东京都市区交通快速便捷。2005 年 8 月，全长 58.3km，连
接科学城与东京秋叶原的城市高速轨道 TX（Tsukuba Express）正式开通，从此单程
只需约 45min，为居民的便捷出行提供了有力支撑（图 1-6）。

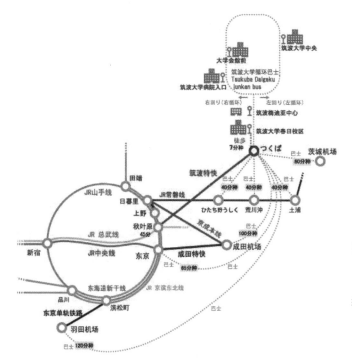

图 1-6　筑波科学城与东京之
间交通联系示意图

图片来源：汉艺国际 . 日本特
辑——不走寻常路，筑波大学首创
日本学群制度 [EB/OL]. [2016-
11-11]. https：//www.sohu.
com/a/118720231_503413.

第二，道路设计体现新城空间特色。筑波城市空间特色之一是干线道路格局规划，与以往新城道路多采用"方格网"结构不同，为解决方块网道路格局呆板、单调、缺乏变化等问题，筑波科学城将部分路段设计为45°的道路。当时这个方案引起较大争议，但其与统筹步行道路与机动车使之各行其道，以及通过设置曲线型的道路来限制机动车车速从而提高交通安全性等策略，均体现了新城积极创新和大力尝试。市区内部引入"人车分离"的理念，修建了一条步行者专用道，沿途设置种类丰富的文教及商业设施，使自行车使用者与行人在连续且充满变化的街道景观中，体验到无穷的乐趣。

第三，城市建筑丰富多彩。在规划建设过程中，新区积极推进区域内各种科研机构、城市公共和商业设施的主体建筑的个性化目标，依托景观社区营造为代表的环保方针政策框架，采取色彩丰富、空间灵活、具有艺术性的建筑设计。从矶崎新设计的"筑波中心"开始，祯文彦、菊竹清训、伊东丰雄、谷口吉生等建筑大师的作品，40年间相继在新区范围内陆续建成。

第四，由"国家兴建"走向"自主营建"。基于对自然环境保护与城市生活便利性改善的目标的追求，筑波科学城逐渐转变并最终形成了独特的新城文化，从"国家计划兴建"即由国家主导实现科学城的从无到有的新城建设路径，逐步过渡到"地域自主营建"即居民积极参与规划建设的优化协调的新城综合管理。

三、隔离旧城，独立发展——韩国高阳新区

韩国的高阳市是这一发展类型的典型代表。高阳市是首尔市的卫星城，位于韩国京畿道的中西部，越过北汉山山脉向首尔西部跳跃发展，属于首尔市的卫星城（图1-7）。

图 1-7 高阳市区位示意

图片来源：MEDICAL KOREA.[Woman's Clinic] Grace Hospital Women's Hospital[EB/OL]. https：//www.koreamedical.or.kr/en/gmeditour-hospital/grace-hospital-womens-hospital/.

高阳市距离首尔只有 30min 车程，辖区面积 267.31km²，人口 92.4 万。市内共有 4 万多家企业，是韩国新兴工业基地，也是花卉产业最发达地区，每三年举办一次世界花卉博览会，每年举行一届韩国高阳花卉展示。市内有韩国最大会展中心 KINTEX，每年承揽国际国内众多展会。依托首尔，高阳市配备了众多的文化娱乐设施，第三产业非常发达（图 1-8）。

图 1-8　高阳市城市风貌

图片来源：TECHERATI.South Korea to build IoT smart city model in Goyang[EB/OL]. [2016-07-04].https：//techerati.com/the-stack-archive/iot/2016/07/04/south-korea-to-build-iot-smart-city-model-in-goyang/.

道路交通方面，通过首尔至文山的铁路、首尔到日山新市区的电铁，国道统一路、地方道自由路将高阳市与首尔和周边城市连接起来，这些交通设施为高阳服务产业发展奠定了基础。经过高水平的城市建设，高阳市区的环境十分优美，成为韩国对外交往的窗口及世界十大活力城市。

四、拓展旧城，产业兴市——美国硅谷

硅谷位于美国加利福尼亚州北部，坐落于旧金山湾区南部狭长的圣塔克拉拉谷地，覆盖圣塔克拉拉、圣何塞和佛瑞蒙市。硅谷核心区面积约 800km²，人口约 280 万，是有 7000 多家高科技企业的高科技产业集群（图 1-9）。

硅谷产生于 1938 年的斯坦福大学，20 世纪 50 年代，斯坦福大学提供 1000 英亩土地创建工业园区，大学和企业紧密合作，集聚了全世界约 22 万工程师，平均

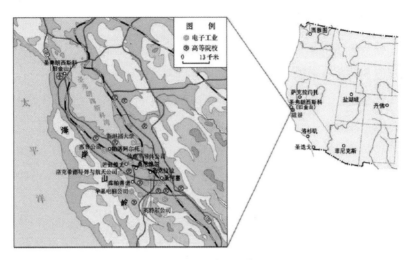

图 1-9　硅谷区位

图片来源：汽车预言家 .[连线硅谷] 重庆小康创始人之子的美国"造车变身术"[EB/OL].
https：//www.sohu.com/a/226856920_183181，2018-03-31.

每天开办 11 家科技公司，平均每 5 天有 1 家公司上市，全球 100 强高新技术企业中，硅谷占了 20 多家。2017 年硅谷人均 GDP 为 128308 美元，排名世界第二。号称"硅谷首府"的圣何塞坐落于硅谷的南部，20 世纪 50 年代这里是人口不足 10 万的小城，随着硅谷的兴起，该市人口激增，2017 年已超过 102 万人，面积超过 3400km²，超过旧金山成为美国第 11 大城市（图 1-10）。

图 1-10　位于硅谷的苹果公司总部大厦

图片来源：international director.SILICON VALLEY UNDER PRESSURE：WILL TECHNOLOGY REMAIN THE LEADING SECTOR OVER THE LONG-TERM?[EB/OL].[2018-10-2]. https：//internationaldirector.com/technology/silicon-valley-under-pressure-will-technology-remain-the-leading-sector-over-the-long-term/.

对外交通便捷高效。硅谷毗邻旧金山和洛杉矶，靠近旧金山国际机场和洛杉矶国际机场，在圣何塞市还有圣何塞国际大型机场，航空条件便利。此外还有 US-101 高速公路等便利的公路运输条件。

产业集群化、规模化程度高。硅谷主要发展以电子信息为主体的高科技产业。圣何塞市除电子工业外，宇航设备和导弹制造业也很发达。同时，圣何塞也是世界上最大的干果包装和水果罐头生产中心之一。圣何塞的西北郊有旧金山湾最大的综合游乐园——大美国乐园，可与迪士尼媲美。以 US-101 高速公路为串联，沿路的市镇布局大量知名科技企业。

产业发展带动城市发展。硅谷 39 个城市都有自己特色的产业领域，产、城、人的融合带来有机可持续发展，不仅形成要素完善的产业生态圈，也同样具备完善的商业和生活配套。尤其从法律服务、物业、市场推销、专业管理等形成的服务体系使得其他从业者能专注、热情地关注自己从事的事业，使得每一个城市形成自己内生的动力系统。此外，在教育、智力、人才、技术、科研资源等方面注重各城市之间资源平衡分配，从而使该硅谷超越其他众多城市成为美国新的经济活力片区。

第二节　国内国家级新区概述

一、发展历程

中华人民共和国成立以来，经过第一个和第二个"五年计划"的集中力量工业化建设，在初步建立起社会主义工业化的同时，哈尔滨、沈阳、长春、齐齐哈尔、西安、鞍山、武汉、成都、洛阳、包头、抚顺、吉林、大同等城市建成了相对独立的工业区，城市规模急剧增长。20 世纪 60 年代中期启动的"三线建设"，对国家生产力布局进行了由东向西转移的战略大调整，在四川、贵州、云南、陕西、甘肃、宁夏、青海等"三线建设"省区布局了数量众多的工业和国防项目，大批位于东部大城市的工厂与人才进入西部，在城市和乡镇形成众多独立的工业区和工业镇，极大地扩大了城镇空间，为西部地区城镇建设和工业化做出了历史性贡献。

城市新区规划建设是城市发展到一定阶段为了增强承载能力、拓展发展空间的必然选择。20 世纪 80 年代初，我国开始设立经济特区，立足于城市建设，是城市新区的雏形。例如，作为城市新区特殊形态的深圳，经过 40 年的沧海桑田，已由一个小渔村建设成为现代化超大城市。

国家级新区是承担国家重大发展和改革开放战略任务的综合功能区，由国务院批准设立。[①] 从真正意义上来说，国家级新区产生的标志，是 20 世纪 90 年代初浦东新区的设立，并在随后从沿海走向内陆。经过 27 年的发展，截至 2019 年 8 月，共有 19 个国家级新区，成为体现国家战略方针、推动国家经济转型、优化国土空间格局、创新城市规划建设模式的重要抓手。

伴随着改革开放进程，不同时期、不同区域设立的国家级新区面临的政策背景和承载的历史使命及规划导向不尽相同（表 1-1）。进入新时代后，国家级新区以创新为引领，在功能上寻求新的突破点，在先行先试上探索新的示范，被赋予了更为重大的战略使命。

改革开放以来我国城市新区发展表 表 1-1

时间阶段	1978 年 ~20 世纪90 年代初期	20 世纪 90 年代 ~21 世纪初期	21 世纪初期 ~2013 年	2013 年以来
政策背景	改革开放、率先发展	南巡讲话、WTO、开发区建设	反思开发区、高新区建设，以城市群为核心，促进中西部协调发展	"一带一路"、全面推进对外开放、区域协调发展、京津冀一体化、长江经济带、粤港澳大湾区
规划导向	窗口、先行先试	长三角城市群	关注产业结构、土地开发、管理体制机制、	生态优先、绿色发展、城市群
典型案例	深圳特区	浦东新区	滨海新区、两江新区、兰州新区、舟山群岛新区	雄安新区、天府新区、两江新区、西咸新区、南沙新区

注：根据徐静，汤爽爽，黄贤金.我国国家级城市新区的规划导向及启示 [J]. 现代城市研究，2015（02）.整理深化而得。

二、实践探索

19 个国家级新区规划总面积达 48196km²，其中，陆地面积 22396km²，海域面积 25800km²，常住人口约 2800 万。根据国家发展改革委发布的《国家级新区发展报告（2019）》，2018 年国家级新区（18 个,不含雄安新区）地区生产总值总和约 4.25 万亿元,约占全国经济比重的 4.7%,其中,新区对国内生产总值增长贡献率约为 5.6%,较去年约提高 1.5%,[②] 为改革开放增添了动力，成为中国经济增长的重要引擎。

---

① 国家发展和改革委员会 . 国家级新区发展报告 2017[M]. 北京：中国计划出版社，2018.
② 国家发展和改革委员会 . 国家级新区发展报告 2018[M]. 北京：中国计划出版社，2018.

下面对设立最早的 3 个国家级新区进行概要介绍。

（一）浦东新区

20 世纪 90 年代伊始，面积只有 350km² 的浦东新区常住人口 140 万，国民生产总值仅为 60 亿元。28 年后，浦东新区的面积已达 1400 余 km²，常住人口超过 550 万，国民生产总值近 10000 亿。[①] 浦东新区已成为上海行政范围内面积最广、经济体量最大、人口最多的行政区。

为了顺应全球发展趋势，落实国家战略要求，承载上海核心目标，同时重点满足市民需求，在全国范围内率先实现创新转型，浦东新区制定的规划功能定位为：中国改革开放的示范区，上海"五个中心"的核心承载区，全球科技创新的策源地，世界级文化交流和旅游度假目的地，彰显卓越全球城市吸引力、创造力、竞争力的标杆区域。浦东新区是上海中心城区跨越黄浦江向东拓展的重要区域，是构筑上海市域空间格局的重要极核。

在 20 多年的开发建设中，在空间布局上，浦东新区规划始终坚持"轴带引领、多心组团"，积极融入全市发展格局，形成"一主、一新、一轴、三廊、四圈"的总体空间结构。核心功能上看，重要金融机构及相关基础设施在浦东集聚，大多科学设施和重点科技公共服务平台主要集中在浦东，国际航运枢纽港的功能绝大部分在浦东落地。从制度创新上看，浦东拥有自贸试验区、张江国家自主创新示范区和国家综合配套改革试验区多重叠加优势，在金融创新、政府职能转变、科技创新、城乡一体化、投资贸易等方面都进行了先行先试、率先突破（图 1-11）。

（二）滨海新区

天津滨海新区位于天津东部沿海，常住人口总数约 300 万，规划面积 2270km²，海岸线总长 153km，区域内包含 5 个国家级开发区和 21 个街镇，是国家自主创新示范区、全国综合配套改革试验区以及北方首个自由贸易试验区。

党的十六届五中全会确定将滨海新区开发开放正式纳入国家发展战略；2006 年 5 月，国务院颁布《国务院关于推进天津滨海新区开发开放有关问题的意见》国发〔2006〕20 号文，批准滨海新区为全国综合配套改革试验区，提出从实际出发，先行试验一些重大的改革开放措施，同时明确了新区功能定位和发展目标，即：依托

[①] 上海市浦东新区人民政府，上海规划和自然资源局.上海市浦东新区总体规划暨土地利用总体规划（2017—2035）报告（草案公示稿）.2018.

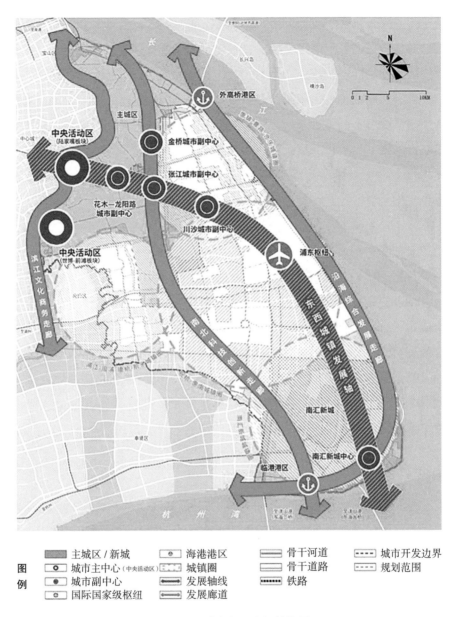

图 1-11 浦东新区空间结构图

图片来源：上海市浦东新区总体规划暨土地利用总体规划（2017—2035）

京津冀、服务环渤海、辐射"三北"、面向东北亚，努力建设成为我国北方对外开放的门户、高水平的现代制造业和研发转化基地、北方国际航运中心和国际物流中心，逐步成为经济繁荣、社会和谐、环境优美的宜居生态型新城区。①

① 国务院办公厅 . 国务院关于推进天津滨海新区开发开放有关问题的意见 . [EB/OL]. [2006-06-05]. http：//www.gov.cn/zwgk/2006-06/05/content_300640. htm.

基于此，滨海新区开展了丰富的创新建设活动。在组织架构上，2009年底，滨海新区行政区根据国务院的批复成立，组建了区级领导机构，设置了全国同类行政区中部门最少、人员最精简的工作部门；2013年9月，启动实施新一轮管理体制改革，按照"大部制、扁平化、强基层"的要求，进一步构建了"行政区统领，功能区支撑，街镇整体提升"的管理架构。[①] 在区域协同上，滨海新区积极融入京津冀协同发展战略，围绕"抓项目、聚人气、优功能"三大方向；在营商环境上，滨海新区持续优化营商环境，精准承接北京非首都功能疏解。[②] 在产业合作上，共建京津两地，共建滨海—中关村科技园；在规划建设上，将城市建设用地规模从1200km^{2}缩减至900km^2。

滨海新区在"一城双港、三片四区"的空间结构和"东西南北中"的产业布局在逐步落实期间，探索出"标志区才是合理城市布局的根本"的结论，因此提出以中央商务区为起点与核心，借助由中央大道和海河交叉形成的十字形轴线，扩展城市公共服务功能和景观体系的覆盖范围。产业方面则是优化提升中央商务区产业办公、综合服务功能，大力推进总部商务、高端会展、文化创意、旅游休闲，打造创新活力与多元独特并举的标志区；同时强化标志区与两翼地区的资源对接和港、产、城的互动融合，构筑高质化、高新化、高端化的产业体系格局（图1-12）。

（三）两江新区

重庆两江新区位于重庆主城区，长江以北、嘉陵江以东，包括江北区、北碚区、渝北区3个行政区部分区域，规划总面积1200km^2，其中可用于开发的用地面积约550km^2，常住人口240万。2010年6月18日，重庆两江新区正式挂牌成立，成为中国内陆首个国家级新区，并在之后的发展中有效发挥推进重庆成为"一带一路"与长江经济带连接点，以及西部大开发战略支点的枢纽和中心的目标，新区的定位为内陆国际物流枢纽、口岸高地和内陆开放高地。

根据《重庆两江新区总体规划（2011—2020）》战略布局和功能定位，两江新区产业布局总体为"一心四带"："一心"即以江北嘴为主体的金融商务中心，主要集聚银行、证券、保险等区域总部，各类新型金融机构，金融及大宗商品交易市场，"四

---

① 天津市滨海新区人民政府. 区情介绍 [EB/OL]. [2020-08-03]. http：//tjbh.gov.cn/channels/6254.html.
② 毛振华，新华社. 天津滨海新区搭建五大载体平台，深度融入京津冀协同发展大潮 [EB/OL]. [2019-07-29]. https：//www.thepaper.cn/newsDetail_forward_4032448.

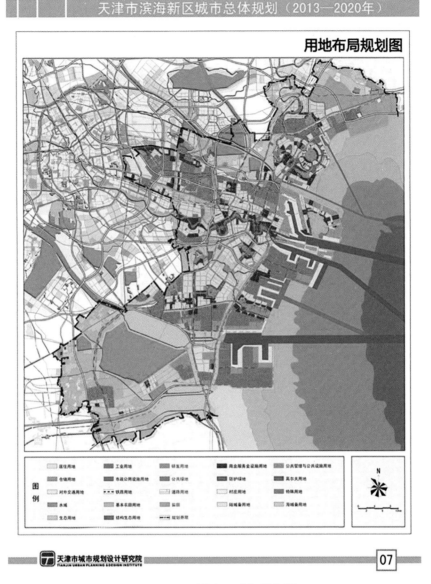

图 1-12　滨海新区空间结构图

图片来源：滨海新区城市总体规划（2013—2020）

带"即重点布局总部经济、会展旅游、文化创意、服务外包等产业的都市功能产业带，重点布局加工贸易、保税贸易、现代物流、临空经济的物流加工产业带，重点布局电子信息、生物医药、新材料、机器人、科技研发服务等高新技术产业的高新技术产业带，重点布局汽车、高端装备、通用航空、节能环保等先进制造业的先进制造产业带（图 1-13）。

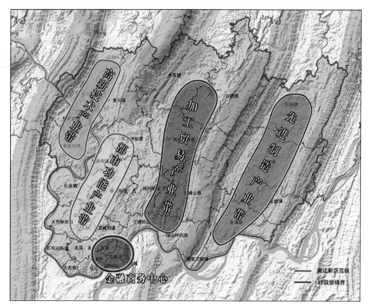

图 1-13　两江新区总体规划布局图

图片来源：重庆两江新区官网

http：//ljt.liangjiang.gov.cn/service/detail/1248

两江新区总体规划从功能构建、开发方式、建设模式三个方面，阐述了在新区快速发展过程中产生的不确定性，提出了在实施多主体驱动战略时应注意的建设主体问题。例如，在开发方式方面，剖析两江新区"一体两翼"的空间格局，以推进五大战略功能落实为目标，明确"快速推进与战略预留相结合"的新区发展策略，最终落实为 32 处战略预控区，为快速推进的新区建设保障了清晰有效的空间管控思路，成为新区实现战略性空间构建和产城融合发展的有力保障。

三、实践分析

在 40 年的改革开放过程中，以深圳、浦东、滨海三个新区建设为核心的区域战略有力支撑了我国沿海的全面开放。在 2010 年，成渝区域发展战略以两江新区为抓手，开启了我国西部大开发的新征程。随着我国经济发展格局的变化，新区建设以"四两拨千斤"的态势，撬动了整个区域经济的发展，形成了南（深圳）东（上海）北（天津）西（重庆）的改革试验区，新区建设成为国家区域战略的抓手和体现（表 1-2）。

新区功能发展表　　　　　　　　　　　　　　　　表1-2

	深圳 1980	浦东 1990	滨海新区 2006	两江新区 2010
时代背景	改革开放，探索社会主义市场经济	沿海全面开放，外向型经济	沿海全面开放，外向型经济，振兴东北	内陆开放，启动内需，西部大开发
路径选择	夹缝中求生存，选择"产业第一"的发展策略，立足于打造高端制造业基地，走培育孵化本土企业的自主创新之路	作为区域中独一无二的中心城市，重点培育更趋独立的高端环节，瞄准国际前沿胜于对接区域	处于背离区域主要联系方向末端，在京津冀地区具有打造高端产业基地的唯一性	创新、文化和消费引领，冲击高端产业，再工业化，社会和经济协调发展
对外开放	外资利用、区域门户，面向东南亚	外资利用，区域门户，打造国际交往平台，面向世界	区域门户，面向东亚	内陆地区对外开放的重要门户
中心服务	辐射珠三角，深港合作	引领长三角	助推京津冀，辐射大东北	长江上游地区金融中心和创新中心，带动成渝，辐射大西部
转型示范	经济体制转型示范，产业升级示范	对外开放模式转型，冲击尖端示范	城市发展模式转型（生态城）	统筹城乡综合配套改革实验区的先行区，科学发展的示范窗口

来源：四川省成都天府新区总体规划（2010—2030）国家级新区规划建设经验专题研究

（一）战略功能

国家新区作为一个阶段实现国家区域战略的抓手，在战略功能确定上往往基于产业发展的时代背景，瞄准高端，与时俱进。

深圳特区设立于20世纪80年代，我国刚刚经历过"十年浩劫"，党的十一届三中全会把国家推向了改革开放时代，当时世界工业的全球化分工开始形成，加工和贸易需求大，国内百业待兴，产业基础薄弱，拥有丰富廉价的劳动力资源、土地资源。在此背景下深圳加快建设以发展对外加工等劳动密集型和对外贸易为主的外向型经济特区。

浦东新区开发始于20世纪90年代，当时我国经济体制改革目标是建设社会主义市场经济体制，邓小平同志南巡明确提出要加快改革开放的要求，从经济发展速度和对外开放程度来看，相对于珠三角城市，上海经济发展较慢，经济开放也主要着眼于国内，伴随着苏南模式与温州模式的乡镇企业发展，长三角已经具备了一定的产业基础。在国际上，全球化分工协作的趋势愈加明显，劳动力密集产业的发展瓶颈逐步显现，伴随着信息技术的推广应用，新一轮产业升级及高新技术产业开始推进。基于此，浦东开发定位于以外向型经济为主，建立现代工业基地和金融、贸易、科技文化、信息中心，将经济发展、金融中心、贸易中心、航运中心作为功能发展的核心，以此整合区域资源，引领区域发展。

滨海新区设立于2000年后，我国改革开放进入深化阶段，从单纯追求经济数量到追求经济发展质量。当时国内产业发展经过发展积累，具备了较为雄厚的工业基础和创新资源。从国际来看，以创新和技术驱动的尖端制造成为产业发展的重点。基于国内外的发展背景，滨海新区定位于建设我国北方对外开放的门户，高水平现代制造业和研发转化基地，北方国际航运中心和国际物流中心，将现代制造、科技创新、航运中心、物流中心作为核心战略功能。

总体来看，从20世纪80年代的深圳特区、20世纪90年代的浦东新区到21世纪初的滨海新区和两江新区，在战略功能的确定上具有强化门户与中心职能，整合区域区外资源，引领区域发展的共性。

深圳特区是新中国的第一个经济特区，选择发展加工贸易为主的外向型经济，吸引外资，促进和带动了整个珠三角的快速发展。上海浦东新区积极发展高新技术产业和金融贸易等现代服务业，服务区域经济的增长，推动了长三角地区的崛起。滨海新区则选择以发展先进制造为主的技术密集型产业，带头促进了京津冀地区的发展。2010年成立的两江新区则以先进制造和现代服务业为主导，借助重庆的产业基础，推动重庆及区域的快速发展。

（二）新老城区

除了深圳特区外，国家级新区与老城的关系表现为两个方面：一是疏解老城，承接诸如产业、居住、行政、教育等传统城市功能外溢；二是集聚高端功能，发展契合时代背景的前沿产业，引领区域发展。

从上述三个新区的功能发展来看，金融中心和物流中心多位于新区，便于服务新区产业拓展功能；交通上，新区着重服务新区产业发展的物流中心的建设，而老区则承担更多的区域客流和物流中心。

在新区与老城功能分工上，老城往往强化传统城市职能，包括商贸、科技、历史文化、文化创意、休闲娱乐、居住等城市功能；新区重点发展以产业功能区为主导的产业新城，以战略新兴产业、先进制造业为核心，发展科技研发、金融、生产服务、物流、生活服务等高端服务业，同时根据发展需求与资源本底，发展国家交往、高端消费等功能（表1-3）。

新区与老城的关系表   表 1-3

浦东新区	老城	CBD、消费中心、教育文化中心、贸易中心
	新区	CBD、金融中心、航运中心、贸易中心、创新中心
滨海新区	老城	CBD、消费中心、教育文化中心
	新区	CBD、金融中心、物流中心、产业基地、创新中心
两江新区	老城	CBD、消费中心、教育文化中心、物流中心
	新区	CBD、金融中心、创新中心、产业基地、物流中心

来源：四川省成都天府新区总体规划（2010—2030）国家级新区规划建设经验专题研究

（三）问题思考

如果从城市新区的雏形开始考察，深圳、浦东、滨海、两江等特区和国家级新区为 40 余年的改革开放先行先试、探路领航、积累经验，在诸如珠三角、长三角、京津冀、成渝等跨区域经济发展中起到实质性引领作用，取得了举世瞩目的成就。但是，国家级新区的发展仍然面临诸多挑战，如产业集聚度不高，"造血"功能不足，"产城分离"问题较为突出；政府主导开发、市场作用发挥不足等，正如国家发展改革委等部门于 2015 年在《关于促进国家级新区健康发展的指导意见》发改地区〔2015〕778 号文中指出："部分新区仍不同程度存在着规划执行不严、土地等资源节约集约利用程度不高、产业竞争力不强、体制机制创新不足等问题"。2016 年《中共中央国务院关于进一步加强城市规划建设管理工作的若干意见》也明确"严控各类开发区和城市新区设立"。国家级新区的批复速度随之减缓，客观上要求国家级新区从增加数量向提高质量转变，从扩大规模到提升品质转型。

通过上述国内外城市新区介绍及实践案例的简要回顾，针对国家级新区面临的转型发展重任，有三个问题值得思考。

第一，关于节约集约、绿色发展问题。我国幅员辽阔、人口众多，森林、矿产、水、耕地等资源的人均水平都与世界平均水平存在较大差距。改革开放 40 余年来，粗放式、扩张式发展在快速积累财富的同时，也带来资源的过度消耗和环境的严重透支，资源、环境现状不容乐观。经济学家吴敬琏认为，从社会生活的现象层面上看，资源短缺和环境恶化的问题日益突出、社会环境恶化是现在最突出的两个问题。[①]

人口问题、资源问题、环境问题归根结底都是发展模式问题。进入新时代后，

---

① 吴敬琏 . 中国经济转型的困难与出路 [J]. 中国改革，2008（02）：8-13.

面对环境污染严重、生态系统退化、资源约束趋紧的严峻形势，生态文明建设已融入政治建设、经济建设、文化建设、社会建设全过程和其他方方面面，同时地位更加突出。在城市规划建设领域，生态优先、绿色发展既关系到我国人民福祉和民族未来的长远大计，也是全球城市发展的主题。

作为肩负为实现国家战略意图先行先试职责的国家级新区，遵循尊重自然、顺应自然、保护自然的生态文明理念，坚持节约集约、生态优先、绿色发展，基于自然条件和资源环境承载能力研究城市选址、预测城市规模、定位城市功能、布局城市形态、提升城市品质，理应成为应尽之责、应有之义。

第二，关于产业兴城、产城融合问题。国家级新区作为城市发展的一种新形态，产业是动力，新区是载体，缺失产业支撑，新区将成为空城，没有新区依托，产业即是空中楼阁。国家级新区产业发展呈现出规律性特征：从时序上看，大都经历了大规模基础设施建设、产业培育、功能完善和全面优化提升四个阶段；从结构上看，大都经历了工业拉动到服务业拉动的两个阶段；从产业发展上看，大都着眼于战略性产业，并随着时代发展与时俱进不断升级完善，深圳特区的战略性产业从刚成立时的外贸加工，逐渐优化升级为现阶段的电子信息产业。

然而，我们需要怎样的城市，这是一个永恒的话题，2010年上海世界博览会的主题即是"城市，让生活更美好"。[①] 对于国家级新区，承载产业只是基本功能，工业园区、外贸加工区等不同形式的各类开发区已经无法满足新时代人民日益增长的美好生活需要，时至今日，让生活更美好，是老百姓真正的期待，也是新区规划建设管理的初心和使命。

城市发展由于区位条件、自然禀赋和政策影响，各自经历着相应自然历史过程，不同的城市和新区其发展规律存在差异，必须深刻认识、充分顺应、切实尊重这些规律，其中，人民、产业、城市、文化是现代城市发展的基本要素。除了上述产业和城市的关系外，城市是人民的城市，人民是城市的主人，因为任何城市在其演进和发展进程中，都是人发挥创造作用的结果，离开了人的存在，城市也无从谈起，亨利·丘吉尔认为"城市即人民"（The City is the People）。[②] 文化决定了一座城市内在和外在气质，是城市的灵魂，也是国家级新区保持活力的根脉，国家级新区当以文化之、以文育之。"人产城文"相互促进、互为条件。由此，城市产业升级、城

① 人民网."城市，让生活更美好"2010年上海世博会确定主题. [EB/OL]. [2002-02-05].http: //news.sohu.com/01/16/news147841601.shtml.
② （美）亨利·丘吉尔.城市即人民 [M].吴家琦译.武汉：华中科技大学出版社，2016.

市转型、管理创新的过程，就是促进四者有机融合发展的过程，即形成城市与产业、产业与人民、人民与文化、文化与城市协调共融的过程，也就是实现城市让生活更美好的过程。

第三，关于创新理念、规划引领问题。周干峙院士曾讲过：规划建设的矛盾和发展是与时俱进的，当旧的矛盾解决了，就会有新的矛盾出现；当简单的问题解决了，还会产生复杂的问题。从某种意义上讲，城市发展的历史也是一部化解矛盾、解决问题的历史。进入新时代后，为了解决城市发展中积累的系列深层次矛盾和问题，化解各种可以预见和难以预见的风险和挑战，发展模式亟须转型，发展理念亟待创新。不同于工业园区、外贸加工区、高新区等开发区，国家级新区除了在产业集聚、体制创新等方面示范引领外，还肩负着在城市发展模式转型中先行先试的实践探索职能。

城市规划在城市发展中起着重要引领作用。2012年习近平总书记在考察北京城市和交通建设时指出："规划科学是最大的效益，规划失误是最大的浪费，规划折腾是最大的忌讳"，[①] 国家级新区之所以"新"，其前提条件是城市规划理念之"新"，必须坚持"以人民为中心"，遵循城市发展规律，要坚持创新、协调、绿色、开放、共享五位一体发展，高标准编制规划，科学定位新区战略、合理布局空间形态；要落实节约集约、生态优先规划理念，以环境承载能力科学确定新区规模；要科学合理配置各类要素，坚持城乡统筹发展，为人民提供宜居、宜业、宜商的生产生活环境。例如，雄安新区即是按照"世界眼光、国际标准、中国特色、高点定位"的要求进行规划建设。

四川天府新区在落实国家宏观战略背景下孕育而生，如何在城市发展转型背景下规划好、建设好天府新区，正是本著写作的出发点和着力点。

第三节　天府新区基本情况

四川天府新区作为国家级新区，是在落实国家西部大开发宏观发展战略的背景下设立的。天府新区规划建设坚持生态优先，绿色发展，全面落实生态文明建设要求，承担带动国家西部转型升级发展的重任，成为四川省实现追赶跨越的领

---

① 习近平总书记 2014 年 2 月 25 日在考察北京市规划展览馆时的讲话。

头羊和重要载体。天府新区的战略定位体现了承担国家战略和引领四川发展两大重任。①

一、宏观背景

2010 年 11 月，住房和城乡建设部批复的《成渝城镇群协调发展规划》提出建设天府新区，打造内陆开放型经济战略高地核心区、现代产业重要集聚区。2011 年 4 月，国务院批复的《成渝经济区区域规划》明确提出建设天府新区，重点发展总部经济和循环经济，加快发展新能源、新材料、节能环保、生物、下一代信息技术、高端装备制造等战略性新兴产业。②

2014 年 3 月，国家正式发布了《国家新型城镇化规划》（2014～2020 年），明确了未来城镇化的发展路径、主要目标和战略任务。规划提出要培育发展中西部地区，要在严格保护生态环境的基础上，加强生态保护和环境治理，加快产业集群发展和人口集聚，培育发展若干新的城市群，在优化全国城镇化战略格局中发挥更加重要作用。③

四川天府新区作为成渝城镇群的重要组成部分，于 2014 年 10 月正式获得国务院批准（《国务院关于同意设立四川天府新区的批复》国函〔2014〕133 号）。至此，建设四川天府新区正式纳入国家发展战略，作为深入实施西部大开发战略、积极稳妥扎实推进新型城镇化、深入实施创新驱动发展战略的重要举措，为发展内陆开放型经济、促进西部地区转型升级、完善国家区域发展格局、探索绿色发展方式等发挥示范和带动作用。④

二、区域职能

（一）生态文明建设典范

四川是长江上游重要的生态屏障和水源保护地。天府新区位于岷江流域，是

---

① 邱建．天府新区的设立背景、选址论证与规划定位 [J]．四川建筑，2013（1）．
② 国务院．关于成渝经济区区域规划的批复　国函〔2011〕48 号．2011.
③ 中共中央　国务院．国家新型城镇化规划（2014～2020）[EB/OL]. 新华社，http://www.gov.cn/zhengce/2014–03/16/content_2640075.htm.
④ 中国城市规划设计研究院，四川省城乡规划设计研究院，成都市规划设计研究院．四川省成都天府新区总体规划．2011.

四川省筑牢长江上游生态屏障的重要组成部分。2014 年 9 月，国务院印发《国务院关于依托黄金水道推动长江经济带发展的指导意见》国发〔2014〕39 号，提出将长江经济带建设成为生态文明建设的先行示范带，坚持"河湖和谐、生态文明"原则，建立健全最严格的生态环境保护和水资源管理制度，加强长江全流域生态环境监管和综合治理，尊重自然规律及河流演变规律，协调好江河湖泊、上中下游、干流支流关系，保护和改善流域生态服务功能，推动流域绿色循环低碳发展[①]。

天府新区在选址上突出了生态优先和保护耕地，避开了沃野良田和重要的水土保持、水源涵养区。考虑到天府新区的丘陵地形，以及岷江干流自西北到东南流经新区的特点，在规划建设时还必须突出山、水、林、田、湖有机整体，特别是要加强流域生态系统修复和环境综合治理，实现流域水质优良、生态流量充足、水土保持有效、生物种类多样。

（二）内陆开放门户

在国际金融危机的影响下，欧美主导的局面开始扭转，新兴经济体地位迅速上升，世界多极化格局逐步形成，中国已经成为世界最具活力的经济大国之一。中国的经济发展模式逐步向知识经济转型，探索由投资驱动逐步转为创新驱动。同时，中国的空间发展战略逐步走向协调发展，内陆地区在国家战略中承担的职责也随之重要。随着欧亚大陆与我国经济联系的日益紧密，以成渝地区为龙头的西部已经成为辐射中亚、南亚，对接欧洲的前沿阵地。2013 年《财富》全球论坛在成都顺利举办，进一步凸显了成都在内陆城市国际化道路中不可或缺的地位和作用。规划建设天府新区，有利于深化国内外经济技术交流合作，特别是拓展东南亚、南亚、中亚、西亚等市场，更全面地融入全球现代产业协作和市场体系；同时，天府新区的建设也有利于构建内陆开放型高地，为内陆地区发展外向型经济探索全新路径。

（三）国家增长引擎

面对国际金融危机与纷繁复杂的国内外形势，我国提出了以扩大内需、促进消费等为主的政策措施，国内经济已由传统的出口、投资增长型逐步向以内需消费为

[①] 中共中央 国务院 . 关于依托黄金水道推动长江经济带发展的指导意见 [EB/OL]. http：//www.gov.cn/zhengce/content/2014-09/25/content_9092.htm.

驱动的发展模式转变。四川省是我国的人口大省,成都市又是我国西部地区超大城市,拥有最具潜力的中西部内陆腹地市场。天府新区的规划建设将对拉动内需、带动广大中西部地区的发展起到引领作用。另外,为推动中国区域经济全面发展,国家空间政策投放从"依赖沿海地区带动"转向"构建更加均衡的国土开发格局"。成渝统筹城乡综合配套改革试验区、关中—天水经济区规划、甘肃循环经济区规划的设立和批复、成渝经济区规划等一系列国家战略的出台,预示着国家沿海和内陆的关系正在从传统的东西梯度发展到东西联动发展转变。建设天府新区,将有利于整合周边地区的优势资源,增强成渝经济区"双核"引擎对川渝和西部地区的辐射带动作用,为促进全国区域协调发展作出四川应有的贡献。

(四)区域辐射中心

中国西部拥有世界级的自然人文资源、国家级的尖端科技资源、广大的人口腹地等多种战略性资源,西部大开发是国家全面复兴的战略重点。经过 10 年的开发建设,西部的基础设施建设迅速,经济飞速发展,已经跃升为我国区域经济增长的重点地区。

西部大开发进入新的发展阶段。2010 年《国务院关于中西部地区承接产业转移的指导意见》国发〔2010〕28 号正式出台,力促中西部地区成为产业转移的首选地。[①]同年年底公布的《中共中央关于制定国民经济和社会发展第十二个五年规划的建议》将"促进区域协调发展"列为重要内容,明确提出要坚持把深入实施西部大开发战略放在区域发展总体战略优先位置。[②]

规划建设天府新区,将有利于整合周边地区的优势资源,拓展成都市作为特大区域性中心城市的发展空间,提升要素集聚、辐射带动和创新发展能力,带动相对落后地区跨越式发展,增强成渝经济区"双核"引擎对川渝和西部地区的辐射带动作用,辐射带动区域发展。

(五)城乡统筹示范

四川省是传统的农业大省,也是城乡二元结构特点较为突出的典型省份。1978年,四川省城乡收入比为 2.66,2005 年,全省城乡收入比扩大为 2.99,2009 年,全

① 中共中央 国务院. 关于中西部地区承接产业转移的指导意见 [EB/OL]. http://www.gov.cn/gongbao/content/2010/content_1702211.htm.
② 中共中央 国务院. 关于制定国民经济和社会发展第十二个五年规划的建议 [EB/OL]. http://www.gov.cn/gongbao/content/2010/content_1702211.htm.

省城乡收入比进一步扩大为 3.12，达到历史峰值，高于同期全国平均水平 2.81，城乡二元结构特征十分突出。2009 年，作为首批获批全国统筹城乡综合配套改革试验区，成都市和重庆市开启了城乡统筹发展的实践与创新。以成都市"三集中"为代表的城乡统筹实践探索为我省城乡统筹发展积累了丰富的经验。截至 2019 年，全省城乡收入比下降为 2.46，而成都作为城乡统筹试验区，其城乡收入比更是低至 1.88。四川天府新区将成为统筹城乡一体化发展的示范区，为在城乡统筹方面进一步探索和改革，先行先试。

三、角色担当

（一）国家战略第四极

"十二五"以来，深入实施西部大开发战略放在了国家区域发展总体战略优先位置。国家宏观战略的转变、一系列重大支撑政策的出台，将进一步增强我国区域发展的协调性，我国传统经济增长格局也将发生重大变化，经济增长正从主要依靠东部地区"单一推动"向各大区域"多极推动"转变。空间上，提出构建"两横三纵"城市化战略格局，促进经济增长由东向西、由南向北拓展。

成渝经济区是我国西部地区资源环境承载力最好、科教水平与人才聚集程度最高、经济实力最强、发展潜力最大的地区，是国家实施西部大开发战略的重点区域。成渝经济区成为继珠三角、长三角和京津冀之后带动中国经济全面协调发展的第四增长极。

（二）成渝双核组成部分

成渝经济区依托中心城市和长江黄金水道、主要陆路交通干线，形成以重庆、成都为核心，沿江、沿线为发展带的"双核五带"空间格局，推动区域协调发展。"双核五带"包括重庆成都双核、沿长江发展带、成绵乐发展带、成内渝发展带、成南（遂）渝发展带和渝广达发展带。其中，成都、重庆双核要充分发挥引领区域发展的核心作用，加强城市之间的资源整合，优化城市功能，实现错位发展，共同打造带动成渝经济区发展的双引擎和对外开放的门户城市。

《成渝经济区区域规划》明确指出，要规划建设天府新区，作为成都核心的重要组成部分，重点发展总部经济和循环经济，加快发展新能源、新材料、节能环保、生物、下一代信息技术、高端装备制造等战略性新兴产业，打造引领成渝、辐射大西部的增长引擎。天府新区将成为实现国家战略的重要载体和平台。[①]

（三）四川首位带动

新型城镇化对于四川省的发展提出了新的要求。2013 年伊始，四川省委省政府站在新的历史起点，明确提出要实施多点多极支撑发展战略，构建全省竞相发展新格局；在提升首位城市的同时，着力次级突破，夯实底部基础，形成"首位一马当先、梯次竞相跨越"发展格局。天府新区的规划建设，对于实现全省多点多极支撑发展战略，与成都中心城共同承担"首位带动"作用有着十分重要的意义。

四、战略定位

（一）定位

国家级新区的建立一般都针对相应的时代背景，在国家层面就发展路径的选择和转型模式的探索等方面提供经验、进行示范，其规划定位必须体现国家发展战略意图。[②] 天府新区的战略定位则是落实《成渝经济区区域规划》，体现天府新区区域职能的具体表述。

2014 年 10 月，国务院正式批复同意设立四川天府新区，明确要把建设四川天府新区作为深入实施西部大开发战略、积极稳妥扎实推进新型城镇化、深入实施创新驱动发展战略的重要举措，为发展内陆开放型经济、促进西部地区转型升级、完善国家区域发展格局等发挥示范和带动作用。天府新区的区域定位，主要体现在经济增长极和科技创新高地两个方面，前者是依托天府新区优越的区位和交通条件，集聚人才、资金、技术等要素，实现经济的快速增长，并进而辐射带动全省乃至西部地区发展；后者是要求天府新区着力于科技创新，在西部地区产业转型升级和创新驱动发展中发挥引领作用。同时，在新常态下，经济增长动力发生变化，产业结构迫切需要调整，天府新区明确"双轮驱动"产业发展模式，定位为"以现代制造业和高端服务业为主"，改变过去数年来制造业发展快、占地多，而服务业发展相对不足的失衡状态。遵照此定位，天府新区应有选择的发展制造业，一些技术和产品成熟而附加值低、劳动力密集型的产业，应选择在天府新区以外、在成都平原城市群乃至四川省统筹布局。

---

① 国务院.国务院关于成渝经济区区域规划的批复 国函〔2011〕48 号.2011.
② 邱建.天府新区的设立背景、选址论证与规划定位[J].四川建筑，2013.

综上，天府新区的定位为：我国西部地区的核心增长极与科技创新高地，以现代制造业和高端服务业为主，宜业宜商宜居的国际化现代新区。[①]

（二）核心功能

国务院批复设立天府新区后，国家发展改革委于 2014 年 11 月出台了《四川天府新区总体方案》，该方案确定了天府新区四大功能定位，即内陆开放经济高地、宜业宜商宜居城市、现代高端产业集聚区、统筹城乡一体化发展示范区。2015 年规划修编中，为体现《关于在部分区域系统推进全面创新改革试验的总体方案》等最新的国家要求以及四川省的具体战略部署，天府新区核心功能补充"全面创新改革试验区"，并将其置于最重要的位置。

1. 全面创新改革试验区

紧扣创新驱动发展目标，以推动科技创新为核心，以破除体制机制障碍为主攻方向，开展系统性、整体性、协同性改革的先行先试，统筹推进科技、管理、品牌、组织、商业模式创新，统筹推进"引进来"和"走出去"合作创新，提升劳动、信息、知识、技术、管理、资本的效率和效益，形成四川省创新驱动发展的新引擎，为建设创新型国家提供强有力支撑。

2. 现代高端产业集聚区

积极实行更加有利于实体经济发展的政策措施，提升科技创新对产业转型升级的助推力，大力推进战略性新兴产业、现代制造业以及高端服务业集聚发展，建设具有国际竞争力的现代制造业基地，以金融商务、商贸物流、文化创意、会议博览等为重点的高端服务业中心。

3. 内陆开放经济高地

努力探索深化改革、扩大开放的新途径，积极融入世界经济格局，构建内陆开放型经济体系。参与全球经济技术合作，建设丝绸之路经济带、长江经济带的重要支点，承接国际国内产业转移的重要平台。

4. 宜业宜商宜居城市

突出以人为本、产城融合，推动产业布局、生活宜居、生态文明、公共服务等城市功能有机融合，推进城市管理体制机制创新，高起点、高标准规划建设现代城市，努力打造国际化、现代新区，实现现代产业、现代生活、现代都市协调发展。

[①] 中国城市规划设计研究院，成都市规划设计研究院，四川省城乡规划编制研究中心.四川天府新区总体规划（2010—2030 年）（2015 版）.

5. 统筹城乡一体化发展示范区

推动统筹城乡综合配套改革试验向纵深拓展，努力实现城乡要素平等交换和公共资源均衡配置，构建现代城市与现代农村和谐共生的新型城乡形态，在建立健全以工促农、以城带乡、工农互惠、城乡一体的新型工农城乡关系上为全省做出示范。

五、启示

天府新区肩负着助力国家西部大开发、建设长江经济带的时代重任。在国家生态文明建设和新型城镇化建设的宏观背景下，在肩负长江上游生态屏障保护职责的条件下，天府新区规划建设必然需要探索绿色发展新模式。《国务院关于同意设立四川天府新区的批复》明确提出："四川天府新区建设要以邓小平理论、'三个代表'重要思想、科学发展观为指导，认真落实党中央、国务院的决策部署"，"推进生态文明建设，保护和传承历史文化，促进人与自然和谐发展"。

《易例》有云"天法道，道法自然"，庄子云："天地与我并生，而万物与我为一"。要实现人与自然和谐发展，就必须把生态文明建设放在突出位置，特别是要在规划中理性分析天府新区生态资源本底，优先保护好生态敏感区，大力实施生态修复，营造体现生态文明思想、落实新型城镇化要求的现代化新区。城市生产、生态、生活是一个复杂融合的系统，为了科学确定天府新区生态格局、科学识别生态敏感区域、科学进行生态建设，让城市生态空间、生活空间、生产空间有机融合，就必须以整体性思维、系统性分析、理性化研究，开展天府新区规划建设工作。

本章参考文献：

[1] 徐斌 . 纪念改革开放 40 周年 中国改革为什么能成功 [M]. 北京：世界图书出版公司，2018.

[2] 国家发展和改革委员会 . 国家级新区发展报告（2017）[M]. 北京：中国计划出版社，2016.

[3] 四川省人民政府 . 关于四川省成都天府新区总体规划的批复 川府函〔2011〕240 号 .2011.

[4] 国务院 . 关于同意设立四川天府新区的批复 国函〔2014〕133 号 .2014.

[5] 习近平 . 在深入推动长江经济带发展座谈会上的讲话 [M]. 北京：人民出版社，2018.

[6] 邱建 . 献礼改革开放 40 周年——四川天府新区规划之回顾 [J]. 西部人居环境学刊，2018,（06）：1-7.

[7] 深圳市统计局 . 2017 年深圳 GDP 居全国大中城市第三 [N]. 深圳特区报，2018-02-02（2）.

[8] 谢卫群 . 聚焦上海浦东新区：政府加速改革，市场迸发活力 [N]. 人民日报，2018-10-11（1）.

[9] 陈建强，刘茜 . 滨海新区：盐碱荒滩到改革前沿 [C]. 光明网，[2018-10-9]. http：//news.cctv.

com/2018/10/09/ARTImRap4XCmsw03mxDcQiY1181009.shtml.

[10] 朱孟珏，周春山 . 改革开放以来我国城市新区开发的演变历程、特征及机制研究 [J]. 现代城市研究，2012，27（9）：80-85.

[11] 中央财经领导小组办公室 . 中共中央关于制定国民经济和社会发展第十个五年计划的建议 [EB/OL]. 2000-10-11[2018-11-10]. http：//cpc.people.com.cn/GB/64162/71380/71382/71386/4837946.html.

[12] 国务院 . 国务院关于西部大开发"十二五"规划的批复 国函〔2012〕8 号 . 2012.

[13] 林凌 . 共建繁荣：成渝经济区发展思路研究报告——面向未来的七点策略和行动计划 [M]. 北京：经济科学出版社，2005.

[14] 国务院 . 关于成渝经济区区域规划的批复 国函〔2011〕48 号 . 2011.

[15] 国务院 . 关于同意设立重庆两江新区的批复 国函〔2010〕36 号 . 2010.

[16] 住房和城乡建设部，重庆市人民政府，四川省人民政府 . 成渝城镇群协调发展规划 . 2010.

[17] 国务院 . 关于成渝经济区区域规划的批复 国函〔2011〕48 号 . 2011.

[18] 四川省人民政府 . 关于四川省成都天府新区总体规划的批复 川府函〔2011〕240 号 . 2011.

[19] 邱建 . 天府新区的设立背景、选址论证与规划定位 [J]. 四川建筑，2013（1）：4-7.

[20] 邱建 . 四川天府新区规划的主要理念 [J]. 城市规划，2014（12）：84-89.

[21] 四川省人民政府 . 关于四川省成都天府新区总体规划的批复 川府函〔2011〕240 号 . 2011.

[22] 四川省住房和城乡建设厅课题组 . 国外城市新区发展实践的几个著名案例简介 . 2010.

[23] 四川省住房和城乡建设厅课题组 . 关于天府新区选址方案的建议 . 2010.

[24] 四川省人民政府 . 关于四川省成都天府新区总体规划的批复 川府函〔2011〕240 号 . 2011.

[25] CJJ132-2009. 城乡用地评定标准 CJJ 132-2009[S]. 北京：中国建筑工业出版社，2009.

[26] 四川省环境保护厅 . 天府新区生态环境保护专题研究研究报告 . 2010.

[27] 四川省水利厅 . 天府新区水资源承载能力初步研究报告 . 2010.

[28] 四川省住房和城乡建设厅课题组 . 国外城市新区发展实践的几个著名案例简介 [R]. 2010.

[29] 邱建 . 天府新区的设立背景、选址论证与规划定位 [J]. 四川建筑，2013，33（01）：4-6，9.

[30] 国家发展和改革委员会 . 国家级新区发展报告（2017）[M]. 北京：中国计划出版社，2018.

[31] 国家发展和改革委员会 . 国家级新区发展报告（2018）[M]. 北京：中国计划出版社，2018.

[32] 上海市浦东新区人民政府，上海规划和自然资源局 . 上海市浦东新区总体规划暨土地利用总体规划（2017—2035）报告（草案公示稿）. 2018.

[33] 国务院办公厅 . 国务院关于推进天津滨海新区开发开放有关问题的意见 [EB/OL]. [2006-06-05]. http：//www.gov.cn/zwgk/2006-06/05/content_300640.htm.

[34] 天津市滨海新区人民政府区情介绍 [EB/OL]. [2020-08-03]. http：//tjbh.gov.cn/channels/6254.html.

[35] 毛振华，新华社 . 天津滨海新区搭建五大载体平台，深度融入京津冀协同发展大潮 [EB/OL]. [2019-07-29]. https：//www.thepaper.cn/newsDetail_forward_4032448.

[36] 吴敬琏 . 中国经济转型的困难与出路 [J]. 中国改革，2008（02）：8-13.

[37] 人民网 . "城市，让生活更美好"2010 年上海世博会确定主题 [EB/OL]. [2002-02-05]. http：//

news.sohu.com/01/16/news147841601.shtml.

[38] （美）亨利·丘吉尔.城市即人民 [M].吴家琦译.武汉：华中科技大学出版社，2016.

[39] 习近平总书记 2014 年 2 月 25 日在考察北京市规划展览馆时的讲话.

[40] 国务院.关于成渝经济区区域规划的批复 国函〔2011〕48 号.2011.

[41] 中共中央，国务院.国家新型城镇化规划（2014 ~ 2020）[EB/OL].北京：新华社.http：//
www.gov.cn/zhengce/2014–03/16/content_2640075.htm.

[42] 中国城市规划设计研究院，四川省城乡规划设计研究院，成都市规划设计研究院.四川省成
都天府新区总体规划，2011.

[43] 中共中央，国务院.关于依托黄金水道推动长江经济带发展的指导意见 [EB/OL].http：//www.
gov.cn/zhengce/content/2014–09/25/content_9092.htm.

[44] 中共中央，国务院.关于中西部地区承接产业转移的指导意见 [EB/OL].http：//www.gov.cn/
gongbao/content/2010/content_1702211.htm.

[45] 中共中央，国务院.关于制定国民经济和社会发展第十二个五年规划的建议 [EB/OL].http：//
www.gov.cn/gongbao/content/2010/content_1702211.htm.

[46] 国务院.关于成渝经济区区域规划的批复 国函〔2011〕48 号.2011.

[47] 中国城市规划设计研究院，成都市规划设计研究院，四川省城乡规划编制研究中心.四川天
府新区总体规划（2010–2030 年）（2015 版）.

生态理性的规划理论

第一节　问题的提出

天府新区承载着国家战略使命，要充分发挥重要的区域职能和省域首位带动作用，必须通过资源要素、产业功能、城市空间的集聚发展不断提升城市能级实现引领辐射带动，这是城市集中发展理论所揭示的客观规律。同时，作为依托现有城市基础拓展的新区，又需要处理好与老城的关系，并在更为广阔的区域范围实现功能布局、空间结构和城镇体系的合理构建，有效避免"大城市病"。天府新区的建立对于成都规划的"双中心"结构形成，缓解中心城区的城市问题具有重要意义，这也是有机疏散、卫星城、新城理论等城市分散发展理论的探索应用。天府新区位于成都平原南部的丘陵地区，也是长江上游生态保护区的重要位置，未来如何能在提高土地利用效率的基础上控制城市扩张、保护生态环境、服务经济发展、促进城乡协调发展和提高人们生活质量，还需要充分吸收田园城市、生态城市和精明增长理论的精髓，并运用韧性城市理论提升城市系统应对自然灾害和社会风险的韧性，构建可持续发展的城市建设模式。

位于成都平原的天府新区，不但承担区域经济发展排头兵和推动器的重任，而且具有较强的生态区位价值，如何在"生态文明"的时代背景下，兼顾发展与保护的双重主题，推动新区建设又好又稳、可持续健康发展，需要更切实且有针对性的理论指导。同时，前述新区特别是国家级新区实践中存在的问题表明：在应用现有城市规划理论指导新区建设的同时，也需要在实践中对其进行评估、修正、优化和完善，以进一步发挥理论在综合协调城市与自然的关系、系统应对城市发展的复杂性等问题的作用。为此，从理性和生态两个视角，对天府新区的规划实践进行总结，希望提炼并形成对城市新区规划建设更直接、更具参考借鉴价值的规划方法，丰富规划理论。

理性是人类所特有的认识与把握客观世界一般本质与必然联系，并根据这种认识来指导实践、规范自身的能力。人类理性的主导形态与社会实践密切相关，并具有现实指导意义。支撑现代工业文明和市场经济的理性形态主要是经济理性和科技理性，而伴随着工业化和城市化进程发展并依附于市场经济基础的现代城市规划理论，其理性内核也主要是经济理性和科技理性。但是，经济理性和科技理性均由于对自然环境的重视不够而尽显其不足。经济理性促进了市场经济的兴旺和工业文明的繁荣，但建立在经济理性之上的发展模式，存在不惜以牺牲自然环境为代价来换取经济繁荣，导致生态环境严重破坏的倾向，加剧了人与自然之间的矛盾。科技理性在解放人类劳动、改善人类生活、推进工业现代化等方面发挥了巨大作用，但人类将自己视为自然界的管理者，高扬科技理性大旗，不断探索自然秘密、开发自然资源、改造自然面貌，同样导致了对自然敬畏感的消失，使得人们在自然面前缺乏必要的节制，造成了自然资源耗竭和人类生存困境。[1]

现有城市规划理论主要建立在理性思维基础上，但理性思维的单一性可能制约城市问题的系统解决，影响城市与自然的和谐发展。从某种意义上讲，城市发展面临的城市和自然失和、城市内部系统失衡与城市传承和创新失序等问题，实际上都可以归结为追求市场化的单一逐利过程带来的后果，都是简单单一理性主导下造成的问题。在世界城市规划思想方法发展演进的过程中，人本主义理论、精明增长理论、弹性规划、韧性规划等后现代理论都凭借理性思维助力解决城市发展过程中出现的相关突出问题，但由于强调单一模式不利于系统解决城市问题。相对西方理性思维，中华理性思维方法是对生命整体的描述，是在看清本质的复杂性基础上，上升为一种更高级的理性，超出简单理性判断的范畴。其本质就是系统关联、深入思考、生态思维、复杂性演进的思想方法。可以预测，在未来城市规划理论体系和思想方法中，中华理性思维将扮演重要的角色。[2]

党的十八大报告明确提出："必须树立尊重自然、顺应自然、保护自然的生态文明理念"。在此背景下，在继承城市规划理论理性思维的同时，急需结合生态文明建设需求进行理论创新，正如王若宇、冯颜利指出："城市规划需要生态学和精确理性的支撑。新的城市规划思想体系，在工作过程中不断酝酿产生，正在取代传统的城市规划思想方法，以适应改革形势的要求，使城市规划工作向更深刻、更严谨、更切合实际的方向发展"。[3] 因此，生态理性规划的提出正是对新时代城市规划思想方法的积极探索。

---

① 刘海霞. 生态理性是时代的必然选择 [J]. 中国环境报，水信息网.
② 吴志强. 论新时代城市规划及其生态理性内核 [J]. 城市规划学刊，2018.
③ 吴志强. 新时代规划与生态理性内核. [N/OL] 中国城市规划网，[2017-11-18].

第二节　理性与理性规划

一、理性

"理性"本指一种认知、分析和判断世界既有和未来的思维方式特性。这种思维方式是概念、判断、推理等思维活动的组合，试图以"合理"的方式，客观而精确的对已知世界进行分析和刻画，其特点是它的概括性和间接性，与主观、模糊和建立在独立事实上的，直接的悟性与感性相对应。作为哲学概念，理性是西方哲学的重要传统，有着源远流长的历史。古希腊哲学家追求知识的理性确定性，以反对感性事物的个别性、不确定性为特征，对理性进行了深度的探索和剖析。但"理性"在本身的发展过程中，产生下一维度的意义——事物本身的属性（"合理"性），即是否能被"理性"的思维方式分析。

"理性"成为一个多义词，其基础意思包括"合理"的过程及"合理"的结果两方面，前者是"工具理性"，后者是"价值理性"。也有学者认为，理性是一个认识论的范畴，又是一个伦理学的范畴，其认识论的意义与伦理学的意义既有区别又有联系。[①] 作为伦理学概念的"理性"，不但是认识客观规律的能力，也是认识道德准则的能力，"理性"是一种合理、科学、智慧，本身就是"善"；作为认识论概念的"理性"是在对自然研究的过程中，从个别中抽象出来的具有抽象的普遍性，是自在和自由的规律性总结，是对感觉经验进行一系列抽象概括的结果，是追求"善"的能力。

二、理性主义

理性是理性主义的基础，但两者并不相等，理性是一种实践方法和实践结果评价，理性主义则是把理性看成知识的主要来源，[②] 理性主义依赖、强调以理性方式认知世界的重要性，以理性作为检测认识可靠与否的主要甚至唯一的工具，轻视、忽视乃至排斥感性、悟性等情感性思维及经验的认知方式。

古希腊哲学以探究万物的本源问题为主要目的，不仅是理性进入哲学领域的肇始，也是理性主义的发源地。泰勒斯将具体事物而不是想象的神看作世界的起源，

---

① 张岱年 . 中国哲学关于理性的学说 [J]. 哲学研究，1985（11）：63-73.
② 孙施文 . 中国城市规划的理性思维的困境 [J]. 城市规划学刊，2007（02）：1-8.

提出"水是万物的始基",具有普遍理性的高度,是理性主义的奠基者。其后的赫拉特利特认为事物发展的本质或规律,是一种隐秘的智慧,他将其命名为"逻各斯",这其实是"理性"的早期表述方式,自此之后规律性的哲学范畴进入了哲学殿堂。亚里士多德在苏格拉底、柏拉图的确立理性主义基本范式后,将古希腊理性主义发展推向顶峰。

进入中世纪,丧失了自然科学背景的理性,在通俗化的语境中,成为神学的附庸。虽然由于基督教博大复杂、哲理和寓意并存的叙事构架中,给理性留下了些许栖身之地,但总体而言,中世纪的理性,只能依附于神的理性,"理性"不但片面而抽象,而且怀疑和探索荡然无存,仅剩下形而上的、独断性和绝对化。15世纪开始的文艺复兴运动,将理性从信仰的权威中解放出来,把人类的理性还给人类。接下来的数个世纪中,理性运动在宗教改革和资产阶级革命的旗帜下,蓬勃开展,以至于"理性成了18世纪的汇聚点和中心,它表达了该世纪所追求并为之奋斗的一切,表达了该世纪所取得的一切成就"。[①]笛卡尔提出"普遍"的原则,奠定了天赋理性的基础,培根和洛克则相对应地提出经验理性的观念,最终在康德的理性为中心的主体论认识大厦基础上,黑格尔以辩证法这一新的世界观,建构起庞大的思辨理性体系。这一体系是以思维和存在的统一为轴心,把哲学本体论和认识论结合起来,达到了本体论、认识论和逻辑学三者的统一。[②]从笛卡尔到培根,从康德到黑格尔,不同国家的哲学家,迭代累功,最终建构了近代理性主义的体系。需要指出的是,黑格尔虽是理性主义思想的集大成者,但他将理性因素进行了过度神化,认为万事万物都处于绝对理性的笼罩中,从而在推翻神权枷锁的同时,形成了新的信仰桎梏。在此之后,科技巨大进步的背景下,理性主义发展为"唯理主义",这是一种"科技理性",即依赖科技、崇拜科技,坚信科技的全能与全优。19世纪以来,尤其是两次世界大战之后,面对理性(科技理性)造成的巨大灾难,大量的反理性主义思潮不断涌现,如:意志主义、存在主义、生命哲学、现象学、人本主义等,尼采、海德格尔、胡赛、柏格森、费尔巴哈等都从各自视角,聚集在反理性的大旗下,坚持意念、直觉、情感、欲望、本能和冲动等非理性因素是人的本性,认为理性只不过是生命意志的工具。

进入20世纪50年代后,追求利润为目的资本主义的经济发展模式,在获得大量资本的同时,造成环境的巨大破坏和人类的生存危机,"理性"产生了异化,成为

① 卡西尔.启蒙哲学[M].济南:山东人民出版社,1988:3-4.
② 刘翀.论西方传统理性主义的发展[J].黑龙江教育学院学报,2006(02):17-21.

这一过程的强有力的推动工具，而"理性主义"全面转变为"唯理主义"，日益成为本身反对的对象。对生态危机和生存危机的深刻反思，促使了对"唯理主义"的批判和生态主义思想的盛行。

生态主义思想质疑现代化进程中征服、控制自然的狂妄观念和不可一世的科学万能态度，试图修正唯理主义的独断性和绝对论，修正漠视自然和人的需求的发展观，推崇与自然和谐、长效永续发展的生态伦理基础上的理性认知范式，推崇建立在整体和谐基础上的生态理性思维方式方法，是"理性主义"发展过程中重要的纠偏力量。理性主义是人类改造自然界、改造自身的主要思想工具，但只有在多维度的自审过程中，方有机会脱离唯理主义的道路，摆脱工具理性桎梏，回归理性主义的本身基本目的与价值观。

三、理性规划

城市规划的历史，是一部理性主义形成的历史。理性一直是城市规划学科萌芽、形成和发展过程中的基石和重要养分来源，是城市规划各阶段转型的内核动力。正是在古希腊学者摆脱神话干扰，对自然界进行朴素唯物的理性思维的基础上，维特鲁威的《建筑十书》提出了城市规划、建筑设计的基本原理与法则。[①]

从文艺复兴到工业革命，不断出现的建立在"人道主义、集体主义和基督教博爱思想基础上"[②]的"乌托邦"式的城市构想，如托马斯·莫尔的乌有之乡和欧文的新协和村，不但以强有力的社会批判精神，犀利而准确地分析资本主义萌芽阶段的深刻社会矛盾，而且对其核心主张，即公平、正义、和谐的实现方法和手段，都有明确的、现实可行的实施途径，即国家机器的专制统一管理，具备非常典型"问题推导—解决路径"的理性思维意识。

1. 现代的理性规划

工业革命推动了 19 世纪城市的快速发展，也带来了一系列复杂的城市问题与发展困境，如：贫富差距的拉大、社会阶层的分化、城市贫窟环境的恶化以及农村地区的快速衰落等。1898 年霍华德首次提出了一种理性城市构想，即"城乡磁体"概念，力图避免传统城市化进程中出现的环境污染、贫富分化、乡村衰落等问题，兼顾传统城市和乡村的优点，城市生活和乡村生活互相融合、有机结合。这种新型

[①] （意）马可·维特鲁威（Marcus Vitruvius Pollio）. 建筑十书 [M]. 高履泰译 . 北京：中国建筑工业出版社，1986.
[②] 陈晓兰，戴炜珺. 西方空想社会主义小说中的城市乌托邦 [J]. 上海大学学报：社会科学版，2007（04）：99-103.

的城市和乡村结合体被称为"田园城市"。^①"田园城市"是建立在对资本主义城市进行深刻分析与梳理基础上的理论模型，具备价值理性和工具理性的双重范式，有着较为完整的理论体系和实践框架，这标志着现代城市规划学科的出现（图2-1）。

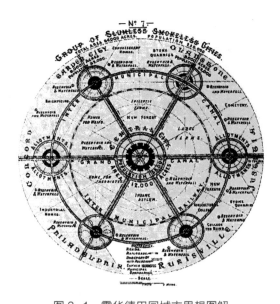

图 2-1　霍华德田园城市思想图解

图片来源：埃比尼泽·霍华德. 明日的田园城市 [M]. 商务印书馆，2009.

20世纪快速城市化运动，带来蓬勃多元的城市规划理论与实践活动，如：泰勒的卫星城镇理论、沙里宁的有机疏散理论、勒·柯布西耶的阳光城与昌迪加尔实践、莱特的广亩城市理论等。这些理论有的坚持城市集中主义思想，主张以大城市解决大城市的问题，有的主张城市分散主义思想，主张肢解或分散大城市功能和结构；有的受有机体活力和形态启发，提出调和分散与集中思想的仿生思维。

1922年，恩维提出"卫星城"概念，卫星城是指在大城市外围建立的既有就业岗位，又有较完善的住宅和公共设施的城镇，因其围绕中心城市像卫星一样，故被称为"卫星城"；卫星城是大城市的附属区域，在行政、经济、文化以及生活上同它所依托的大城市仍然有较密切的联系，^②建立卫星城镇的出发点在于控制大城市的过度扩张，疏散过分集中的人口和就业，但实际上卫星城易被吞噬成为大城市一部分，反而助长了大城市扩张。^③

---

① 埃比尼泽·霍华德. 明日的田园城市 [M]. 商务印书馆，2009.
② 《环境科学大辞典》编委会. 环境科学大辞典（修订版）[M]. 北京：中国环境科学出版社，2008.
③ 朱正. 卫星城理论的启示和现实意义 [J]. 华人时刊（旬刊），2013（8）.

1931 年，柯布西耶发表"阳光城（Radiant City）"规划方案，是现代主义城市规划和建设思想的集中体现。他秉承"科技理性"的思想，认为城市是必须集中的，只有集中的城市才有生命力，由于拥挤而带来的城市问题是完全可以通过技术手段，即采用大量的高层建筑来提高密度和建立一个高效率的城市交通系统而得到解决。[④]"阳光城"的中心思想是借助和依赖现代技术，疏散城市中心拥挤，提高密度、改善交通，提供绿地、阳光和空间（图 2-2）。

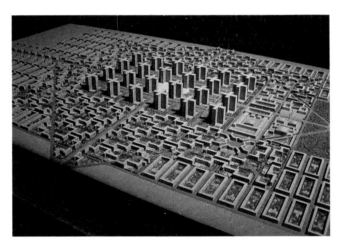

图 2-2　勒·柯布西耶明日之城，1922 年

图片来源：引自（法）勒·柯布西耶. 明日之城市. 李浩译 [M]. 北京：中国建筑工业出版社，2009.

20 世纪 30 年代，赖特提出广亩城市的设想。这是一个把集中的城市重新分布在一个地区性农业的方格网格上的方案。他认为，在汽车和廉价电力遍布各处的时代里，已经没有将一切活动都集中于城市中的需要，而最为需要的是如何从城市中解脱出来，发展一种完全分散的、低密度的生活、居住、就业结合在一起的新形式。[⑤]广亩城市反对集中主义，是赖特的城市分散主义思想的总结，突出地反映了 20 世纪初建筑师们已经开始对于现代主义下的城镇环境不满，以及对人与自然环境和谐状态的怀念。

1943 年沙里宁开始试图以仿生思维为城市解决问题，他针对大城市过分膨胀所带来的各种弊病，提出疏导大城市的"有机疏散"理念，是城市分散发展理论的代表之一。他认为重工业、轻工业应该从市中心疏散出去。城市中心地区由于工业外迁而空出的大面积用地，应该用来增加绿地，而且也可以供必须在城市中心地区工

④ 霍尔. 区域与城市规划 [M]. 邹德慈，金经元译. 北京：中国建筑工业出版社，1985，70–75.

⑤ Frank Lloyd Wright.The disappearing city [M]. New York：William Farquhar Payson，1932.

作的技术人员、行政管理人员、商业人员居住，让他们就近享受家庭生活。个人日常的生活和工作应以步行为主（这是沙里宁称为"日常活动"的区域），并应充分发挥现代交通手段的作用，进行功能性集中，对这些集中点进行有机的分散。[①]沙里宁对"有机疏散"进行了详细的阐述，并从土地产权、土地价格、城市立法等方面论述了有机疏散理论的必要性和可能性。20世纪50年代，勒·柯布西耶主持昌迪加尔规划，是以人体形态为模板规划，城市总平面和整体布局规整有序，是现代主义从"机械美学"向"形式理性主义"的转型。

现代城市规划作为西方社会现代化过程中伴生的知识体系和社会实践，其同样具有非常明确的理性特征。[②]理性主义作为主要理论支撑，在方法论和认识论两个方面，推动城市规划的各个理论模型创建与转型。近代以来，上述的城市规划学科发展历程中的众多里程碑意义的城市模型，都建立在理性分析问题、理性改造社会、符合理性规则的理性的思想方法基础上。还应该看到的是，"理性主义"引导下的唯科技论式的城市规划思想，逐渐受到越来越多学者，甚至自身代表人物的质疑、反思和不断修正，各种不同视角和价值观的规划思想，开始进入理性主义的范畴中。

2. 对现代理性规划的反思

第二次世界大战之后，社会经济和科学技术的转型，西方主要发达国家进入了不同于原有工业化社会的新时期，这一时期是"后工业化的、多民族混合的、资本主义式的、消费主义的、新闻媒介控制的、一切建立在有计划的废止既有体制上的、电视的和广告的时代"，[③]这一时代的社会通常称之为"后现代社会"。后现代思潮，是复杂、多义、矛盾和迷惘的混沌体，但有一点可以确定，整体上它所反对、质疑和摧毁的是现代主义及其附带的各类工具理性和科学理性标准。

如前文所述，现代以来的理性主义夸大了理性的能力，将理性绝对化、独断化，将实现路径的"工具理性"与目的意义的"价值理性"分离，追求效率和速度的工具理性成为理性主义的主旋律和专制力量。经历了祛魅（Deenchanted），从神本位的信仰桎梏中逃离的人类，被困于"理性的铁笼"中，即困在"基于理性计算、目的论效率和官僚控制的系统中"（韦伯）。两次世界大战所造成的极大悲剧，现代城市附带的沉疴顽疾，促使一些西方思想家对传统理性主义的工具理性的异化进行反思和批判。现代主义旗帜引领下的城市规划，表现了工具理性的功效性，对自然世

① 伊利尔·沙里宁. 城市：它的发展、衰败与未来 [M]. 顾启源译. 北京：中国建筑工业出版社，1986.
② 孙施文. 中国城市规划的理性思维的困境 [J]. 城市规划学刊，2007（02）：1–8.
③ 张京祥. 西方城市规划思想史纲 [M]. 南京：东南大学出版社，2005：179.

界和城市本体都进行的物化与客体化，对自然界进行的无节制索取，以机械主义、功能主义对城市机能的简单切割，强调效率优先，忽视目的价值理性。是一种"致命的自负"（哈耶克）；从而造成城市无序扩张、人地矛盾尖锐、种族和阶层对立、贫富悬殊，生态状态进一步下降、局地气候恶化。理性主义和物质规划为主旨的思想路线，受到大量批判与质疑，如同 Butty（1979 年）所指出的，当时的城市规划思想是"以支离破碎的社会科学支撑传统的建筑决定论"。

城市规划的先行者，力图以人文和人本精神，将城市规划的重心由传统的物质空间规划，转向生态、环境、文化和心理感知，力图消除传统理性主义城市规划背后一系列的病态和危机，从而达到对人的终极关怀。韧性城市、生态规划、精明增长等多维度、多视角的新型规划模式和思维进入城市规划的主流语境。

霍利（Holling）1973 年提出韧性城市理念，20 世纪 90 年代以来，韧性城市理念不断渗入城市发展实践之中。韧性城市研究的重点包含两个层面：第一，解构以现代城市代表的社会生态系统与其面临的危机风险之间的互动逻辑关系；第二，以上述研究为基础，探讨城市在处理复杂的、不可预知的、难以确定的扰动时采取的系统应对手段，韧性城市所要解决的问题主要是社会生态系统应对不确定扰动的适应能力。广义上理解，这种扰动类型不仅包括自然灾害和人为因素，还包括一些缓速的、不确定的扰动过程。[①]

生态城市理论是以盖迪斯的思想学说为代表。作为一名生物学家，盖迪斯强调人与环境的相互关系，人类居住地与特定地点之间存在着一种已经存在的，由地方经济性质所决定的内在联系。因此，场所、工作和人是结合为一体的。1915 年他提出把对城市的研究建立在客观事实的基础之上，把自然地区作为规划研究的基本框架，将城市和乡村的规划纳入同一体系之中，使规划包括若干个城市以及它们周围所影响的整个地区。[②]

20 世纪中后期，欧美及亚洲部分城市在生态规划和建设上进行了更多的尝试，其目的可总结为两个方面：一是稳定生态格局，二是提升生态服务。哥本哈根"手指规划"是"稳定生态格局"规划的典范。新加坡城市绿地系统建设的演变则体现了对"提升生态服务"的追求。从第二次世界大战之后到 20 世纪 70 年代，人们开始以社会学为主要内容进行生态思考。20 世纪 70 年代，联合国教科文组织"人与生物圈（MAB）"计划研究小组首创性提出了"生态城市"（Eco-city）的概念和发

---

① 徐江，邵亦文. 应对城市危机的新思路 [J]. 国际城市规划，2015（01）：01-03.
② 帕特里克·格迪斯. 进化中的城市 [M]. 北京：中国建筑工业出版社，2012.

展模式，[①]并得到了全球学者和专家的广泛认同。生态城市的建设，标志着人类社会由工业文明向生态文明转型的开始。"生态城市"以反对环境污染、追求优美的自然环境为起点，随着社会和科技的进步与发展，其概念与内涵也在不断扩展。

20世纪90年代，为解决美国郊区化和城市蔓延带来的一系列问题，美国规划界提出一种紧凑、高效、集中的城市发展新理念——精明增长。精明增长是一种在提高土地利用效率的基础上，控制城市扩张、保护生态环境、服务于经济发展、促进城乡协调发展和人们生活质量提高的发展模式。

精明增长最直接的目标是：控制城市蔓延，包括四个方面：一是保护农地；二是保护环境，包括自然生态环境和社会人文环境；三是繁荣城市经济；四是提高城乡居民生活质量。精明增长思想提倡功能混合使用、可步行的邻里以及多样化的交通。[②]精明增长的核心内容是：用足城市存量空间，减少盲目扩张；加强对现有社区的重建，重新开发废弃、污染工业用地，以节约基础设施和公共服务成本；城市建设相对集中，空间紧凑，混合用地功能，鼓励乘坐公共交通工具和步行，保护开放空间和创造舒适的环境，通过鼓励、限制和保护措施，实现经济、环境和社会的协调。[③]

近半个世纪以来，不同视角的城市规划思想，对传统"理性主义"基础上的城市规划理论，尤其是建立在功能主义、机械主义基础上的传统城市规划理论，进行了卓有成效的反思与实践。从表象上看，这些新的规划思想，弘扬人文精神、强调人的意志，从人本主义、环境主义、存在主义中获得批判的武器。但实质上，理性主义的反对者无法独处于"理性"之外的意识形态之中。

理性主义对前现代社会，即祛魅之前的社会的思考与自洽的方式提出了严峻挑战，但我们无法因此拒绝理性主义。理性主义为整个世界提供了严整的、跨越不同意识形态的、趋于统一的画面，这一画面是神话、传说和故事等前哲学无法提供的，也有别于各类伪理性思维。理性主义不仅提供对宇宙各向度、尺度的系统解释与预言，还提供这种解释性工具的生产性和自我修复性。

与遐想、奇想和随想等先验式思维无关，正是建立在理性主义的"调查""分析""比较""验证"的基本范式基础上，各类新思想才能在城市规划领域探寻规律性、本质性存在。独断式、谶言式的规划思想，进入不了城市规划的理论殿堂。虽

① 顾朝林.生态城市规划与建设 [J].城市发展研究，2008（S1）：105–108，122.
② 李迅.追求"现代理想城市" [J].中国建设信息，2013（11）：18–21.
③ 王艺瑾，吴剑.基于精明增长理论的美丽村庄规划研究 [J].广西城镇建设，2014（07）：33–37.

然理性由于其自身协调机制失衡而出现了严峻的危机，但是它对现代社会、现代城市和现代人存在与发展的价值意义并未丧失。后现代以来的众多城市规划思想对理性主义（唯理主义）都拥有强有力的批判力量，但是应该冷静与合理地认识到，不能把理性主义当作一个不加辨析的整体简单的固守或者抛弃。现代社会迄今为止也没有展示理性主义在这个时代将要终结的迹象。从诞生以来，理性主义的最终结果，就是帮助人类登上善的阶梯，走向被认为是更大的智慧、更多的自由和解放的世界。当前，我国学术界仍然十分重视开展理性规划理论与实践研究，例如，中国城市规划学会在广东省东莞市召开的"2017 中国城市规划年会"，主题为"持续发展、理性规划"，会后出版了专著《理性规划》，众多学者针对当今城乡建设和规划中存在的种种不符合城乡发展规律的现象，讨论了理性规划的重要性，涉及理性规划的理念与方法、制度框架、类型与实施等内容。

如何基于理性主义本身，对理性主义基础上的城市规划问题进行具体界定、分析、限定、修补和完善，是城市规划者的一项重要任务与使命。

第三节　生态与生态规划

一、生态

"生态"一词起源于古希腊，本意是指家或者我们的环境，随着时代的发展，现代汉语词典对其作出了新的解释——指一切生物的生存状态，还有它们之间和它与环境之间环环相扣的关系。多元的文化形成了多元的世界，不同文化背景的人对"生态"的定义会有所不同，正如自然界的"生态"为了维持生态系统的平衡发展，而追求的物种多样性一样。可以看出，朴素的生态思想是一种哲学层面的对人所处环境的认识，并试图揭露相互关系规律。

后来，德国生物学家海克尔首次把对生态的认识纳入科学范畴，将生态学，特别是动物与其他生物之间的益害关系，定义为"研究动物与有机及无机环境相互关系的科学"。1935 年，英国的 Tansley 提出了"生态系统"的概念，在此之后，生态学的研究范围就不再局限于生物体，而是创立了从生物个体与环境直接影响的小环境到生态系统不同层级的有机体与环境关系的独立研究理论体系。现今，研究有机体与环境之间相互关系及其作用机理被广泛认同为生态学的定义。从 19 世纪后期诞生到 21 世纪 80 年代的发展过程看，生态学建立起完整且庞大的学术分支，包括：植物生态学、动物生态学、人类生态学、微生物生态学。生态学按其结构层次可分为个体生态学、种群生态学、群落生态学、生态系统生态学，生态学与生命科学的其他分支相结合的有生理生态学、遗传生态学、进化生态学、古生态学、进化生态学，与非生命科学相结合的有数学生态学、地理生态学等。生态学理论的基本任务是从本质上异质性的现象中概括出其某一侧面的相对同质性的特征，并将它抽象为概念。[①]

生态学不仅具有像种群作用、群落作用或生态系统作用等的生物有机体性质的行为学成分，还具有自然科学因素，例如：生理学、遗传学等，故它不能单纯地归类于自然科学，它也涉及社会科学，介于两者之间。因此，生态学与人生活的社会紧密结合，从而产生了生态学的一个分支——城市生态学。从城市问题出现，城市生态学就已经存在了。在以往著作中如古希腊哲学家柏拉图的"理想国"，16 世纪英国 T.More 的"乌托邦"，19 世纪 E. Howard 的"田园城市"等中对城市生态学的哲理都窥得一斑。20 世纪以来，城市问题的系统研究和深入调查经历了两大高潮。第一个高潮是从 1915 年英国生物学家 P. Geddes 的《进化中的城市》开始，他将城市中的卫生、环境、住宅、市政工程、城镇规划等按照生态学的原理综合起来研究。[②]到 20 世纪 30 年代，城市生态学研究被芝加哥学派推向了顶峰。他们将城市作为研究对象，以缀块、廊道和基底为研究单元，主要通过社会调查法及文献分析法来研究城市的集聚、分散、入侵、分隔及演替过程、城市的竞争、共生现象、空间分布格局、社会结构和调控机制。他们运用系统的观点将城市视为一个有机体，一种复杂的人类社会，认为它是人与自然、人与人相互作用的产物，所培养出的各种新型人格是它最终产物的表现。[③]第二个高潮发生在 20 世纪 60 年代，人类与环境的关系问题日益突出，近代生态学研究随着人类活动范围的扩大与多样化，越来越聚焦到人类面临的人口、资源、环境等几大问题上，对世界城市化、工业化前景的估计和担忧，激起了人们系统研究城市生态的兴趣。[④]20 世纪 70 年代后期城市生态学成为生态学领域一个重要的分支，面对诸如全球变暖、酸雨、臭氧层破坏、荒漠化、生物多样性锐减等生态安全问题时，城市生态学力求恢复、重建和管理被人为破坏

① 徐篙龄 . 生态学概念和理论发展的特征 [J]. 科技导报，1992（9）：19–21.

② （英）帕特里克·格迪斯 . 进化中的城市：城市规划与城市研究导论 [M]. 李浩译，邹德慈校 . 北京：中国建筑工业出版社，2012.

③ 王如松，周启星，胡聃 . 城市生态调控方法凹 [M]. 北京：气象出版社，2002：25–29.

④ 卡普洛 . 美国社会发展趋势 [M]. 刘绪贻，李世洞等译 . 北京：商务印书馆，1997.

的生态系统，建立人、社会、环境和资源相互协调地的可持续发展的模式。

二、生态主义

1866 年德国动物学家海克尔提出生态学的概念，奠定了生态主义产生的理论基础，即"生态主义"作为一种哲学思想体系，以生态学为学理基础，是人类对有生命的物种之间的关系、不同物种之间的联系以及物种与物理和生物环境的系统把握。[1]、[2] 生态主义的显著特征是以科学为导向，将自然环境的发展视为人类社会发展的前提，其从根本上扭转了片面的和盲目的将人类社会的发展寄托于征服自然的思维模式。生态主义摒弃了以往掠夺式的发展弊病，强调人与自然环境的和谐共生，强调在尊重自然、保护环境的基础上发展经济。生态主义的哲学贡献使城市设计更科学化，使设计领域的自然观、价值观和伦理道德观发生伦理上的巨大变化。生态主义的自然观颠覆了人类中心主义的价值观，突破了狭隘的、短浅的功利主义观念，强调自然物的内在价值、固有价值、创造性价值和整体系统价值，将对短期利益的关注扩展到长期的、可持续的整体自然生态尺度。城市空间环境在生态伦理学的背景下，是包含了逻辑与非逻辑、理性与非理性的价值评判，以及一个满足所有阶层人群的物质和环境利益的系统，这是生态学和伦理学的复杂社会实践过程。现代生态主义是 20 世纪 70 年代兴起的后现代主义意识形态，主要的主张有两方面[3]：一是，反对人类中心主义，主张生态中心，倡导生物圈平等主义及后物质主义；二是，人的尺度被整合到自然体系中，赋予自然伦理和价值。他们认为自然是人类的良师益友，生态是万物之先，在人与自然的关系中，以自然为中心，所有人类行为都应适应自然法则。值得关注的是，从时间维度上看，现代生态主义盛行与城市生态学的兴起高度一致。

生态学具有渗透性，在社会学、政治学、经济学等多个领域都能看见它的身影，尤其值得关注的是建筑规划领域。因为建筑学、城乡规划及风景园林学科概念的相异性与研究范畴的独立性，[4] 导致城市规划工作难以摸清城市发展格局的复杂性，从而陷入审美与科学、设计与规划、艺术与生态等辩证问题的对立与分裂之中，最后造成对城市环境健康发展的损害。这个问题随着生态学、景观生态学相关理论的逐

① 赵晨洋. 生态主义影响下的现代景观设计 [D]. 南京：南京林业大学，2005.
② Andrew D. Green Political Thought：An Introduction[M]. Unwin Hyman Ltd，1990.
③ 霍广田. 生态主义：理论的批判与现实的应用 [J]. 重庆三峡学院学报，2014（5）：32-34.
④ 于冰沁，王向荣. 生态主义思想对西方近现代风景园林的影响与趋势探讨 [J]. 中国园林，2012（10）.

渐完善，出现促使人与自然的共处关系由"以人为本"向"以自然为本"的生态主义思想而找到解决的途径。生态主义思想促使把城市规划放在科学的、理性的视角来认识，也使其将自身使命与整个地球生态系统联系起来。生态主义思想的引入使文艺复兴之后城市规划的研究范畴、形式与内容、价值观念、表达方法和实践技术等均发生了前所未有的巨大变革。[1] 近年来，新概念"生态城市主义"的提出，更强调在社会部门和人居环境中通过设计的方式将生态理念融入，每个部门与设计之间的互动协调了地形、材质、天际线、尺度和人类活动之间的相互关系。[2]、[3]

生态主义是一种"问题主义"，是一种真实而积极的思维模式，它不是纯形而上的思辨活动。"动作"是生态主义的立意，"改变"是生态主义的要旨。因此，生态意识也不是万能良药，会有积极与负面的两面性。生态主义思想对规划设计也存在消极的影响，诸如：在解决现实的生态环境问题和可持续性技术转化等方面仍存在不少缺陷，在一定程度上否定了技术对自然进程的积极影响，一定程度上压制了艺术美学在设计领域的作用等问题，但是纵观人类历史的长河，生态主义的思维模式无论在西方或东方，都同样有着丰富的生态思想资源。生态主义社会思潮早已形成了庞大的知识体系和队伍，知识体系和队伍的庞大有两种表现：一是生态科技、生态哲学、生态文学、社会生态、精神生态等领域研究者队伍的扩大；二是生态主义不再受到形而上的形式主义束缚，更有效关注人的日常生活。生态主义的思潮将会随着生态环境的恶化、生物物种的灭绝以及人类精神生态的异化而来得更加深刻、更加彻底。正确对待生态主义意识正负面影响，用更加理性的思维方式将生态观引入对城市价值体系的思考中，以期发挥更有利于人与自然环境和谐共生的作用。

三、生态规划

（一）生态规划的发展与形成

生态规划作为一种学术思想出现以前，绿道和绿化隔离带理论就提出了以景观作为城市基础设施来组织城市形态。[4] 绿色通道是具有强烈自然特征的线性空间的链接系统，具有重要的生态系统和许多其他功能，例如：休闲、美学、文化和通勤。

---

[1]　王向荣，林箐.现代景观的价值取向 [J].中国园林，2003（1）：48.

[2]　蒙俊硕.生态城市主义对我国的启示和借鉴 [J].现代园艺，2011（9）：127.

[3]　王毅.生态城市主义 [J].世界建筑，2010（1）.

[4]　Yu Kongjian, Li Hailong, Li Dihua. The Negative Approach and EcoloeicaI Infrastructure：The Smart Preservation of Natural Systems in the Process of Urbanizatiou. Journal of Natural Resources，2008，（11）：937–958.

绿色通道思想也在不断的发展过程中，由最初的城市轴线、林荫大道，到以休闲功能为主的线性公园、河流、山脊线，发展到如今以与周边景观相连的绿色线性网络，来为野生动物提供廊道和栖息地、减少洪水所带来的灾害、保护水质、改善气候、教育公众以及为其他基础设施提供场地，同时具有美学、休闲、通勤、历史文化廊道保护等功能。①

1. 萌芽阶段

生态规划产生于 19 世纪末，作为一种学术思想，在土地生态恢复、生态评价、生态勘测、综合规划等方面的理论与实践有着很大的影响。以 Marsh 为代表的生态学家首次生态规划原则——合理规划人类活动，使其与自然协调而不是破坏自然。Powell 在其《美国干旱地区土地报告》中强调需要制定土地和水资源利用政策，并选择适用于干旱和半干旱地区的新的土地利用方式、新的管理体制及生活方式。②这是通过立法和政策以促进制定与生态条件相适应的发展规划的最早建议。Gedds 倡导综合规划的概念，强调规划应基于对客观现实的研究，并仔细分析地域自然环境的潜力和限制对土地利用及区域经济的影响和相互关系。在他的著作《进化的城市》一书中，他从人与环境之间的关系出发，系统地研究了决定现代城市成长与变化的动力，强调在规划中通过充分认识与理解自然环境条件，根据自然的潜力来制定与自然相和谐的规划方案。③

2. 形成与发展阶段

进入 20 世纪，生态规划经历了几次发展高潮。以霍德华为代表的田园城镇运动引发了第一个发展高潮。其《明日的田园城市》（Garden Cities of Tomorrow）中提出，应建设一种兼有城市和乡村的理想城市，并称之为 "Garden City"。根据霍德华的愿景，城市规模得到限制，以便每个家庭都可以轻松访问乡村自然景观。城市居民可以在附近获得新鲜的农产品。农产品有最近的市场，但又仅限于当地。霍华德的城市田园理论对现代城市规划的启蒙起到了重要作用，也为以后的生态规划理论和实践奠定了基础。大约在 1920 年，以 R.E Park 为代表的芝加哥古典人类生态学派运用生态学理论研究分析了城市结构和功能以及城市中人口的分布，从城市的景观、功能、开阔空间的角度出发，提出了城市发展的同心圆理论、扇形模式和多中心模式，极大地促进了生态学思想的发展，并渗透到社会学、城市和区域规划以及其他应用

---

① 韩西丽，从绿化隔离带到绿色通道——以北京市绿化隔离带为例 [J]，城市问题，2004，118（2）：27–31.
② Steiner, F.G, L. Young and E. H. Zube. Ecological plaaing: restrospect and prospect[J], Landscape Journal, 1987, 6（2）: 31–39.
③ 帕特里克·格迪斯.进化中的城市 [M].李浩，吴骏莲，叶冬青，马克尼译.北京：中国建筑工业出版社，2012.

学科。[①] 这个背景下，生态规划的理论与实践都得到发展，形成第二个发展高潮期。20 世纪 40 年代，以美国规划协会开展的田纳西河流域规划、绿带新城建设等为代表，在生态规划的最优单元、城乡相互作用、自然资源的保护等方面，研究人员进行了大量探索研究，L.Mumford 被誉为当代伟大的生态学家之一，他提出的以人为中心、区域整体规划和创造性利用景观建设自然且宜居环境等学术观念，为规划创作注入了巨大活力。Muford 认为区域是一个整体，城市是区域的一部分，城乡规划包括城市及其所依赖的区域，所以真正成功的城市规划必须是区域规划。Muford 还特别强调城市生存问题中自然环境保护的重要性，他指出："城市生存和自然环境是共有共亡的关系，对城市文化而言，在区域范围内保持一个绿化环境是非常重要的，一旦这个环境被破坏、掠夺、消灭，那么城市也随之而衰退。"[②] 在此期间，野生生物学家、林学家 A.Leepold 提出了著名的"大地伦理学"理论，并将其与土地利用、管理和保护规划相结合，为生态规划作出了巨大贡献。[③] 在生态规划方法上，这一时期作品主要的贡献是地图结合技术的运用，曼宁提出的生态栖息环境普置分析法，为后来麦克哈格的生态规划法和地理信息系空间分析法的发展奠定了基础。[④] 生态规划在第二次世界大战以后进入第三个高潮期，在全球性的生态环境危机下，具有交叉学科知识的生态规划人员随着生态规划从传统的地学领域向其他学科领域广泛渗透而出现。到 20 世纪 60 年代，地图叠加技术的运用为生态规划的进一步发展奠定了基础，麦克哈格提出以适宜性作为基础的综合评价和规划方法，在他的《设计结合自然》一书中，系统地提出了生态规划的概念、思想和方法，并对生态规划作了内容较为广泛的叙述。[⑤]《设计结合自然》是在区域规划和资源规划中运用生态学方法的首部专著。

3. 现代应用阶段

从 20 世纪 80 年代开始，穿越景观的水平流成为生态规划的关注重点，麦克哈格生态规划所依赖的垂直生态过程分析在景观生态学科的景观生态规划模式基础上得到了补充。生态规划在这个时期大放异彩，不仅促进了人与自然环境的和谐共处，用途也变得更加广泛，在区域规划、城镇规划、生态小区规划中都有使用到。美国

① 张洪军，刘正恩，曹福存 . 生态规划——尺度、空间布局与可持续发展 [M]. 北京：化学工业出版社，2007.

② 陈友华，赵民 . 城市规划概论 [M]. 上海：上海科学技术文献出版社，2000.

③ 奥尔多·利奥波德 . 沙乡年鉴 [M]. 天津：天津教育出版社，2016.

④ （美）伊恩·伦诺克斯 . 设计结合自然 [M].. 芮经纬译 . 李哲审校 . 天津：天津大学出版社，2006.

⑤ 高娟，吕斌 ."生态规划"理论在城市总体规划中的实践应用——以唐山市新城城市总体规划为例城市发展研究 [R]. 2009，89（2）：1-5.

的瑞吉斯特提出了"生态城市"理念，这一理念的主要内容为建设与自然和谐共处的居住环境。同时，他还提出一系列向生态城市转型的战略规划——城市土地利用的概念性规划、情景规划、生态经济规划、功能规划和交通规划。南加州文图拉县持续发展规划拟定时，J.Smyth 提出了"持续性规划的生态建设八原理"。[1] 法兰克福城市生态规划工作中，德国学者 F.Vester 和 A.v.Hesler 将系统科学思想、生态学理论和城市规划三个融为一体，基于生物控制论提出生态灵敏度分析模型，使得城市复杂系统关系得以解释、评价和规划。[2] 在这一阶段，景观生态学和景观规划相互融合，两者都获得了极大的发展，并在一定程度上对景观生态规划理论与实践的发展产生了促进作用。哈泊（Haber）基于奥德姆的分室模型，提出了适用于自然保护规划和集约化农业的土地利用分类系统。[3] 在长达20余年的研究后，雷法卡和米可洛茨的景观生态体系得以发展和完善，并且在国土规划中，该体系已经成为重要的一部分。卡尔·斯坦尼兹，在诸多领域都作出了开创性的贡献，不仅将景观视觉分析、景观生态学、计算机和地理信息系统应用到规划中，还提出了景观生态规划设计的6个层次框架。[4] 福尔曼强调过程中景观空间格局的控制和影响作用，他提出一个景观利用的格局优化生态规划途径。[5] 在景观生态规划模式中，阿赫恩在强调不同规划策略的选择和空间概念的设计。Frederiek Steiner 立足于生态环境的角度，以规划师如何开展生态规划、应从哪些方面入手进行生态规划为出发点，总结规划技术与规划应用的经验，提出了生态规划11步框架，更好地结合了当前的规划实践与可持续发展、景观生态学。[6] 近年来，从国外生态规划的实践可以看出：在生态规划方面，国外更重视人类与自然资源的可持续发展；在生态城市的建设方面，国外的实践与理论联系紧密，强调具体问题具体分析，并提出具体可操作的解决方案，更加注重具体的技术特征和设计特征。

（二）现代生态规划概念与理念

1. 基本概念

不同学科和领域对生态规划有着不同理解，广义的生态规划，是作为一种方法

① 王祥荣，王平建，樊正球. 城市生态规划的基础理论与实证研究——以厦门马銮湾为例 [J]. 复旦学报：自然科学版，2004（06）：957–966.
② 吕永龙，王如松. 城市生态系统的模拟方法：灵敏度模型及其改进 [J]. 生态学报，1996（3）：308–313.
③ 刘黎明. 乡村景观规划 [M]. 北京：中国农业大学出版社，2003.
④ 卡尔·斯坦尼兹. 景观规划思想发展史 [J]. 黄国平译. 设计新潮，2002（1）：104–111.
⑤ 张蕊. 城市滨水绿地生态规划浅议 [J]. 科技资讯，2011，（032）：125–126.
⑥ 弗雷德里克·斯坦纳. 生命的景观：景观规划的生态学途径 [M]. 北京：中国建筑工业出版社，2004.

论去指导其他一些具有很强操作性的规划，使其成为贯穿生态学原理的规划。[①] 狭义的生态规划，是以主动结合相关理论的生态理论为指导，通过有效办法达到满足广大人民群众基本生活的合理需求和促进城市发展的目标。生态规划是城乡规划实现自然环境和谐统一、城乡土地资源高效配置的重要内容。在有限的空间内，利用信息网络技术可以改进生态规划的方式，从而提高规划质量。

2. 核心理念

生态规划的实质是运用生态学及生态经济学原理调控生态关系，使区域社会、经济与自然亚系统及其各组分达到资源利用、环境保护与经济增长的良性循环。生态规划的核心理念有以下四点：①充分了解空间自然资源与自然环境的性能，以及自然生态过程特征及其与人类活动的关系。②根据自然资源条件和当地社会经济，发挥空间发展潜力，形成区域经济优势和区域社会、经济功能和生态环境功能的协调与互补，而不是建立封闭的自然经济体系。③强调区域发展与区域自然不是被动适应的关系，而是达成一种平衡。④强调发展高效可持续性经济，社会、经济与环境三者形成友善关系，提高制度的抗干扰能力和自我调节能力，全面提高区域可持续发展能力。

（三）关于新区建设的思考

现代生态规划已不再局限于传统的土地利用规划，而是在不同领域中被广泛应用，涉及社会、经济、人口、资源和环境等诸多问题。从区域、城市、农村地区到保护区，它不仅包括空间规划，还包括体制、政策和行为规划。生态规划与生态工程和生态管理相结合成为可持续生态建设的核心。我国的生态规划工作起步较晚，但发展迅速，涉及领域广泛。从一开始，它就已经吸收了现代生态规划研究的新成果，与我国城乡发展、生态环境保护和可持续发展相结合，在生态规划的理论和实践中取得了许多杰出的成就与有效的探索，形成了自己的特色。

目前，我国城市新区建设方兴未艾，生态规划在研究与实践中取得的成果正好可以加以利用，以可持续发展为目标，在规划中强调生态学的基础作用，突出生态合理性与时效性。在新区规划中，立足于协调人与自然的关系角度，融合自然、经济和文化的特征及三者的相互作用关系来指导规划实践，而不是以掠夺自然和损害自然来满足人类发展的需要，这就要求人类活动必须服从自然保护的特征和过程，

---

① 郑善文，何永，韩宝龙.城市总体规划阶段生态专项规划思路与方法[J].规划师，2018，15（04）：88.

并避免人的价值观以及文化和经济需求干扰可持续性。天府新区规划从伊始就充分应用生态规划理论，主动防范以往城市建设中出现的城市病和生态问题，希望营造出符合生态文明的人居环境。

第四节　生态理性与生态理性规划理论

20 世纪 50 年代以后，人类在追求经济高速发展的同时，生态环境问题愈加严重，人类社会的生存基础受到威胁。在此背景下，生态意识进入主流视域，生态主义思想受到重视。生态主义思想质疑现代化进程中征服、控制自然的狂妄观念和不可一世的态度，试图修正传统理性的绝对论，修正漠视自然发展规律的观念，推崇基于生态视角，建立在整体和谐基础上的与自然和谐、长效可持续发展的理性认知范式和思维方式，是"理性主义"发展过程中重要的纠偏力量，也扩充和丰富了现代理性规划的内涵和维度。

一、生态理性的基础研究

"生态理性"融合了价值理性和工具理性双重思维范式，是经济理性主导的价值观与行为模式引起全球范围内日益严峻的生态危机的背景下应运而生的概念。"生态理性"是对工业社会"工具理性"思维的修正和补充，是重回"价值理性"主导的思维范式，主要研究集中在哲学、经济学和心理学等领域，但学术界还没有完全达成共识。

（一）哲学领域

哲学领域重点研究生态理性的概念、内涵和基本原则，关注其与工具理性的辨义成分，以及"人类"本体在此概念中的意义。

高兹在《资本主义、社会主义和生态学》一书中系统阐述了生态理性的概念，认为生态理性是指社会主义的以保护生态为宗旨的理性，以区别于资本主义的以利润为动机的经济理性。[①] 高兹指出："生态理性旨在用这样一种最好的方式来满足人

---

① 周杨. 论科学发展观的价值内涵——科学理性、人文理性、生态理性、民族理性四位一体 [J]. 学术论坛，2013，36（08）：29–32.

的物质需要，尽可能提供最低限度的、具有最大使用价值和最耐用的东西，以少量的劳动、资本和能源的花费来生产这些东西。"①。

唐代兴认为："在生态理性哲学中'生态'是指生命与世界存在之整体敞开的进程状态；具体地讲，生态指人与世界存在之整体敞开进程状态。人存在于生命圈之中。没有生命圈的存在，根本不可能有人这一物种生命的存在。② 生态智慧指一种关于生命的智慧，是关于世界之整体存在与敞开（即生存）的智慧，生态智慧的基本特征是以生命为认识的中心。"②

张云飞从科学、哲学和实践三个角度解释了生态理性的内涵：

在科学上，生态理性是人们基于对自然运动的生态阈值（自然界的承载能力、涵容能力和自净能力是有限的）的科学认识而自觉实现生态效益的过程。

在哲学上，生态理性是一种以自然规律为依据和准则、以人与自然的和谐发展为原则和目标的全方位的理性。在实践上，生态理性是指人类在适应自身活动的场所——自然环境时，其推理和行为从生态学上来看是合理的，其要害是实现可持续发展。③

林安云从马克思关注人与自然、人与人的双重合理性引出马克思生态正义、生态理性观，进而论述了马克思生态正义、生态理性与当代新理性（价值理性、交往理性、公共理性、相对理性、现代理性等）的关系。①

李德芝认为生态理性是以整个生态利益为目的的实践——精神活动，这里的"以整个生态利益为目的"是指以人、自然、环境的整个生态系统的整体利益为目的。生态理性是影响与规范人类行为，以实现人与自然共存、共进、共荣的合理的理性。④

夏从亚、原丽红指出，相对于工具技术理性，生态理性大致具有以下特征：在思维方式上，生态理性是智性分析与悟性体验相统一的综合性思维；在价值尺度层面，生态理性遵循最优化原则；在生活方式的选择上，生态理性追求有限度的和谐生活。⑤

韩文辉提出了生态理性的行为规范原则：原则一，人地和谐的自然观；原则二，生态安全；原则三，综合效益；原则四，公平与正义；原则五，整体主义方法论；

① 林安云. 马克思的生态正义、生态理性及其对生态化发展的理论构建 [J]. 哈尔滨工业大学学报：社会科学版，2018，20（02）：107–113.
② 唐代兴. 生态理性哲学导论 [M].2005（6）版. 北京：北京大学出版社，2005。
③ 张云飞. 生态理性：生态文明建设的路径选择 [J]. 中国特色社会主义研究，2015（01）：88–92.
④ 李德芝，郭剑波. 生态理性的思维模式 [J]. 科学技术与辩证法，2005（04）：33–38.
⑤ 夏从亚，原丽红. 生态理性的发育与生态文明的实现 [J]. 自然辩证法研究，2014，30（01）：105–111.

原则六，共赢竞争方式；原则七，国际公正。[①]

（二）经济学领域

在经济学领域，生态理性是作为经济理性的对立面而提出的，是对资本主义社会经济理性至上的思维范式的反叛与修正。经济理性即以利润为生产动机的理性，是亚当·斯密 1776 年在《国富论》一书中最早提出的，奉行"不增长就死亡"的资本主义逻辑，依靠最大限度地开发、消耗能源与自然资源，追求最大限度的生产和消费，从而获得最大经济收益。简言之，其最根本特征就是财富增长和资本累积。[②]

关于生态理性的研究，经济学界主要沿循两条路径：其一，将生态环境作为环境的信息结构并纳入到人类的经济活动决策中，强调人类经济活动不应仅遵从效用或利润最大化，还应该重视自然界的内在价值，保持生态系统的平衡和稳定；[③、④]其二，将决策的外部环境结构纳入决策系统，强调人和外部环境结构之间的相互依赖性。[⑤]两种研究思路均主张人类活动和外部环境构成了一个生态系统，一方变动都会引起另一方的适应性行为。[⑥]

罗尔斯顿直接提出用"最优化"的生态理性替代"最大化"的经济理性[⑦]。这里的"最优化"表征的是"更少"的资源使用产出"更好"的效用价值，体现的是人与自然利益"双赢"的最优生产和生活方式。[⑧]

王野林提出生态理性以有机整体的生态自然观、多样性共存的生态价值观和生命平等的生态伦理观为思想基础，将人类和自然界看作一个有机整体，人是自然界的一部分，强调多样性价值和生命平等理念。[⑨]

郑湘萍认为生态理性指的是人基于对自然环境的认识和自身生产活动所产生的生态效果对比，意识到人的活动具有生态边界并加以自我约束，从而避免生态崩溃危及到人自身的生存和发展。它的目标是建立一个人们在其中生活得更好、劳动和

① 韩文辉，曹利军，李晓明. 可持续发展的生态伦理与生态理性 [J]. 科学技术与辩证法，2002（03）：8-11.

② 孙雯. 生态理性：生态文明社会的价值观转向——基于生态马克思主义的经济理性批判视角 [J]. 学习与探索，2019（03）：8-14.

③ 韩秋红，杨赫姣. 理性合理性的现代诠释——基于高兹生态理性的视角 [J]. 社会科学战线，2011（02）：9-14.

④ 王若宇，冯颜利. 从经济理性到生态理性：生态文明建设的理念创新 [J]. 自然辩证法研究，2011，27（07）：123-128.

⑤ Gigerenzer, G., Todd, P.and ABC Research Group.Simple Heuristics That Make Us Smart[M]. London：Oxford University Press, 1999：3-34.

⑥ 张炜，薛建宏，张兴. 生态理性的理论演进及其现实应用——基于环境认知的视角 [J]. 宁夏社会科学，2018（02）：83-88.

⑦ 叶平. 关于环境伦理学的一些问题——访霍尔姆斯·罗尔斯顿教授 [J]. 哲学动态，1999（09）：32-34，44.

⑧ 王野林. 价值的复归与生态的拯救——从经济理性到生态理性的转向 [J]. 广西社会科学，2016（12）：70-73.

⑨ 王野林. 价值的复归与生态的拯救——从经济理性到生态理性的转向 [J]. 广西社会科学，2016（12）：70-73.

消费更少的社会,其动机是生态保护、追求生态利益的最大化。[①]

王若宇认为,与经济理性相对,生态理性具有不同的内涵。

从主体角度讲,生态理性是双重主体。生态理性不仅重视人的价值,而且也重视自然界所有生命形式的内在价值,生态理性看重的是双重主体。从价值角度讲,生态理性是看重使用价值,采取尽可能好的生活方式与手段,提高产品的使用价值与耐用性。

从价值合理性角度讲,生态理性是支配价值合理性行为的价值理性。他主要是以支持或确定终极目标为主,而不计算现实中的利益得失。从理念角度讲,生态理性是以整个生态和谐为理念的实践活动。它认识到人类活动应具有一个生态边界而应加以自我约束,从而避免因生态崩溃而危及自身的生存与发展的生态活动,这也是生态文明进步的充分体现。他进一步指出生态理性的两方面特征:

其一,生态理性是强调整体性的理性。生态理性强调的整体性,主要是人和人、人和生态系统的整体性。人和人、生物之间及生物和环境之间互相依赖,共同构成整体并表现出整体性特性。

其二,生态理性是强调人与人、人与自然和谐的理性。和谐是指事物协调的生存与发展平衡状态。生态理性是和谐理性,生态理性的提出是为了追求人与人、人与自然的和谐。[②]

牛庆燕认为,人类不仅应当以系统有机的理念考察人与自然的关系,同样也应当以系统有机的方式处理人与社会的关系,这是"生态理性"的内涵所在。生态理性的价值属性不仅表现在人类对自然生态规律的尊重,而且还表现于对行为价值取向的自觉调整。[③]

王野林认为,从经济理性向生态理性的转向,不仅是理性范式的转化,也是理性完整化的自我修复;不仅是理性整体中价值回补的需要,也是社会中价值理性重新主导工具理性的需要。[④]

(三)心理学领域

心理学领域的生态理性研究更关注人类本体,从环境对人类认知和行为的影响

---

① 郑湘萍 . 从经济理性走向生态理性——高兹的经济理性批判理论述评 [J]. 理论导刊,2012(11):93-95,98.
② 王若宇,冯颜利 . 从经济理性到生态理性:生态文明建设的理念创新 [J]. 自然辩证法研究,2011,27(07):123-128.
③ 牛庆燕 . 必要的生态转向:从"科技理性"到"生态理性"[J]. 天府新论,2010(03):32-35.
④ 王野林 . 价值的复归与生态的拯救——从经济理性到生态理性的转向 [J]. 广西社会科学,2016(12):70-73.

与塑造作用角度，探讨了其概念。吉仁泽等人将生态理性定义为使人类行为适应于环境信息结构的行为工具。该定义强调环境结构对认知的演化作用，并最终决定人类的行为策略[①]。哈耶克和史密斯认为生态理性是一种文化和自然演化过程中所涌现的社会秩序，它内嵌于个人、社会和自然所构成的生态系统，该理论强调社会环境对人类行为的形塑作用[②]。德雷泽克认为生态理性是一种功能理性，它是指存在相互依存和协调关系的组织系统内部结构以低熵的方式保证系统稳定的某种秩序，这种观念认为人类行为应当以可持续的方式作用于生态系统。[③] 张炜等将生态理性定义为人类与不同环境相互作用的适应性决策工具，它往往表现为大脑中适应性工具箱的不同策略，如启发式决策。[④]

庄锦英强调生态理性中人与环境的关系，从情绪的发生及功能来论证情绪的生态理性。指出生态理性的内涵包含两个方面：（1）强调"决策制定的机制就是充分利用环境中的信息结构以得出具有适应价值的有用结果"的过程。（2）强调个体适应环境过程中获得的识别环境信息结构的功能作用。[⑤]

姚柳杨等从耕地质量保护角度，讨论了经济理性与生态理性对农户耕地保护的行为逻辑影响，提出耕地保护政策的制定需要更多地从农户生态理性形成的机理出发，提高政策的针对性。[⑥]

上述学术领域对"生态理性"进行了不同视角、不同层面的分析与探讨，都强调人和自然的统一，类似我国古人"天人合一"的哲学观或伦理观。综其所述，可以归纳出以下几个方面的观点和价值取向：

（1）主体平行。区别于"经济理性"的"主客二分"，"生态理性"将人与自然视为一个整体，认为人和其他一切生命形式一样，是自然的平行组成部分，其间没有相互从属或者隶属关系，从而实现了"主体"和"客体"的统一，或谓之为"双主体"。

（2）价值平等。"生态理性"是以"价值理性"为主导，融"价值理性"和"工

① Todd P M, Gigerenzer G. Ecological Rationality: In-telligence in The World[M]. London: Oxford University Press, 2012: 3-30.

② Smith V L. Constructivist and Ecological Rationality in Economics[J]. American Economic Review, 2003, 93（3）: 465-508.

③ John S. Dryzek. Ecological Rationality[J]. International Journal of Environmental Studies, 1983, 21（1）: 5-10.

④ 张炜, 薛建宏, 张兴. 生态理性的理论演进及其现实应用——基于环境认知的视角 [J]. 宁夏社会科学, 2018（02）: 83-88.

⑤ 庄锦英. 论情绪的生态理性 [J]. 心理科学进展, 2004（06）: 809-816.

⑥ 姚柳杨, 赵敏娟, 徐涛. 经济理性还是生态理性？农户耕地保护的行为逻辑研究 [J]. 南京农业大学学报·社会科学版, 2016, 16（05）: 86-95, 156.

具理性"于一体的思维范式，将自然的工具价值属性和内在价值属性统一起来，将经济价值和生态价值贯通一体，认为人和自然具有平等价值。

（3）和谐统一。"生态理性"认识到人、自然和社会内部运动虽然各自有其规律，但相互间相互作用、相互影响、有机联系，在此基础上，强调自然系统和社会人文系统的协调一致，这与构建和谐社会和实现可持续发展理念一致。

（4）整体最优，相对于经济理性追求利润"最大化原则"，"生态理性"不追求某一方向的价值最大化，如：不单独强调经济或者技术增长，而是遵循整体"最优化原则"，追求各要素的最优化组合，从而实现经济效益、生态效益和社会效益的整体最优化。

二、生态理性与城乡规划

如上所述，仅就理性规划或者生态规划的理论和实践都形成了丰硕成果。在城乡规划领域，针对生态理性规划，吴志强院士从中华传统理性思想本源出发，整理出中华理性思想六大优势：整体性、包容性、平衡性、规律性、生态性、永续性，认为对未来城市规划具有三大启示：天人合一、系统和谐和代际永续，据此提出生态理性规划范式理念，以修正和改善传统的理想导向和问题导向的城市规划，为生态理性价值观建立指明方向。[1] 除此之外，作为一种特殊的理性形态，"生态理性"属于"思维范式"，是以人与自然和谐为基本理念的思维方式。[2] 文献调查发现：将生态理性概念应用于城乡规划领域的研究理论成果鲜有报道，指导实践的系统总结也鲜有发现。

天府新区规划实践始终运用科学理性思维、生态伦理思想，在选址论证、规模确定、形态布局、产业引导、规划管控等过程中，决策者和规划者都基于对天府新区历史维度、发展维度和自然维度的认识，在规划价值观念、规划思维方式、规划方法技术等多个层面理性思考，坚持以生态观、自然观与发展观相融合，推动新区高质量发展、可持续发展，积累了较为完整的生态理性规划实践素材。如何将天府新区规划实践成果归纳总结、提炼上升为理论方法，同时将理论返回到天府新区实践中加以验证，并服务于城乡规划转型升级工作，即吴志强院士所言："生态理性

① 吴志强. 论新时代城市规划及其生态理性内核 [J]. 城市规划学刊, 2018 (03)：19–23.
② 温慧君. 当代生态文明建构路径选择——从技术理性到生态理性 [J]. 人民论坛, 2014 (05)：40–42.

内核支撑新时代规划"，^①正是本著撰写的初心所在。

三、生态理性规划的理论探讨

本小节基于天府新区规划实践，将生态理性思维应用于城乡规划学科，形成生态理性规划概念，在对概念进行定义后，提出生态理性规划的原则，分析其理论与实践意义。

（一）定义

生态理性是一种价值取向，生态理性规划则可以被定义为：在理性思维范式基础上，以构建基于生态文明的城乡整体系统最优的人居环境为价值取向的城乡规划。生态理性规划不仅是一个概念或者理念，更应该成为一种规划理论与方法，从规划编制技术视角讲，生态理性规划是在一定地域空间范围内，按照生态学和城乡规划学原理和方法，从规划选址、规模确定、规划路径、空间布局、产城构建、规划管控等全过程入手理性思考，实现生产、生活、生态空间有机统筹及国土空间资源永续利用；从规划实施实效视角看，生态理性规划的结果应该是科学与伦理达到充分融合，物质、能量、信息与生态实现良性循环，历史遗产和传统文化得到永续传承，具有长期发展和良好自我调节能力，人与自然和谐相处的城乡人居环境。还可以从以下几个方面进一步诠释生态理性规划的涵义。

1. 重塑"价值理性"思维范式

相对于"经济理性"主导的、以经济利益最大化为目标的工业社会背景下的规划，生态理性规划从生态视角切入，推崇人与自然和谐的生态理性认知范式，修正了工业社会中"工具理性"唯经济与技术倾向，调整了理性思维内部不同维度的关系，重塑生态视角以"价值理性"为主导的思维范式，是生态文明的必然产物，丰富了理性规划的内涵。

2. 符合整体最优化原则

城市是一个相互依赖、相互制约的复合巨系统，人和其他一切生命形式一样是自然的组成部分。生态理性规划将人、自然和社会视为有机联系、相互制约的统一整体；在价值取向上，相对于经济理性追求利润"最大化原则"，生态理性规划契

---

① 吴志强 . 论新时代城市规划及其生态理性内核 [J]. 城市规划学刊, 2018（03）: 19-23.

合生态理性追求整体"最优化原则",不过分强调某一子系统或某一组成部分的利益最大化,而是兼顾人—自然—社会复合系统的整体利益,并实现人与自然的协调共生。

3. 利于国土空间规划科学编制

生态理性规划立足对既定空间资源及社会问题进行科学的调查与分析,以生态文明价值为导向,尊重国土空间本底格局,遵循国土空间资源约束性原则,借助科学技术手段,理性甄别各类空间属性,合理布局生产、生活、生态空间结构,综合平衡建设用地和非建设用地需求,并以构建绿色韧性支撑体系、保障城乡生态安全为底线,实现生产空间集约高效、生活空间宜居适度、生态空间山清水秀。

(二)原则与方法

基于上述定义,生态理性规划实践应符合以下原则与方法:

1. 坚持整体性

生态理性规划倡导人与自然协调共生的哲学观,摆脱了将自然界进行物化衡量的倾向,避免人类主体和环境客体的两分视角,从而在规划过程中将人与自然看成一个整体,提倡人回归自然,城市融入自然,规划目标和过程均以系统整体性能最优为原则,兼顾人类与自然系统的协调发展,兼顾资源在不同时间、空间的合理配置,不单单追求经济或者社会效益,而是综合考虑社会、经济和自然三者的整体效益、协调发展与公平发展,兼顾不同地区、不同代际的发展需求,合理配置资源,不因自身眼前利益而牺牲其他地区或者下一代的发展潜力,不以牺牲环境为代价片面追求经济发展,保障人类和自然系统在一定时空范围内的整体可持续发展。

2. 恪守约束性

生态理性规划以资源约束为前提,城市规模的确定从资源承载力角度出发,遵循资源约束和生态优先原则,综合考虑土地、水资源、生态等自然要素的承载能力,在城市建设不对环境造成破坏的前提下预测人口和建设用地规模,并以承载力短板控制城市规模,力求城市建设不超过区域自然环境的承载能力,以实现国土资源的永续利用。

3. 增强适应性

城市是人类塑造的最复杂而又最典型的社会生态系统[①],生态理性规划重视多种

---

① 邵亦文,徐江. 城市韧性:基于国际文献综述的概念解析 [J]. 国际城市规划,2015,30(02):48-54.

不确定扰动因素，关注城市应对不确定扰动的能力，在规划选址、规模预测、交通体系、支撑系统以及突发事件应对等方面，均应以适应性为原则，增强城市人工系统与自然系统相互适应的能力。

4. 尊重地域性

拥有和保持自己独特的文化和精神气质是每个城市的理想与目标之一，不同的城市拥有不同的地理风貌、气候条件、自然和人文生态系统。地域性是城市的基本属性之一，是人类社会经济与聚落形态在长时期与自然相适应过程中相互作用的累计结果，具有时间与空间的限定和自我更新的特征。生态理性规划基于对地形、气候、生物和文化群落等地域性环境的尊重，在生态理性视角下，从广度与深度上坚持地域性原则，把握地域性要素，提出基于生态理性的全球化和地域性共处、技术性与地域性并进的规划策略，肩负保护历史遗产、传承地域文化的使命，塑造具有地域特色的城乡风貌。

5. 确保科学性

生态理性规划核心价值是生态理性，关键支撑是科学技术。为了实现人与自然的协调共生，任何单一学科知识都难当其任，必须采取多学科融合交叉的工作思路，综合运用城乡规划学、生态学、地理学、风景园林学等学科理论与方法，以城乡空间为整体规划对象，科学辨识、规划、设计和调控城乡空间中的要素及其功能和结构关系，合理配置物质空间资源和社会文化资源，提出人—自然—社会复合生态系统"时—空"协调平衡发展的规划方案与调控对策。在具体技术层面，充分应用现代大数据、智能化、移动互联网、云计算等信息技术，获取真实有效数据，借助GIS 等平台进行计算分析，为规划方案的科学性提供技术支撑。

（三）意义

在传统城乡规划行业体系重建、模式调整、范式转型的背景下，生态理性规划理论的提出与探讨，具有重要的理论与实践价值。

从价值观、认识论和方法论角度克服了传统城市规划价值观的功能技术倾向，完善了城市规划体系内涵。城乡规划学的构成应该形成专业知识、职业技能与价值伦理三足鼎立的格局，但自20 世纪50 年代以来，尤其是改革开放以来的特殊历史时期，发展理念被公认为由工具理性主导，在数量、速度、指标为发展动力推动下，城镇化进程得到极大加速，城乡规划取得巨大成就。在此背景下，城乡规划领域产生了对于工具理性的过度崇拜和依赖，将认识论本身上升到伦理关系，以工具属性代替价值属性，以方法代替结果，城市规划固有的理性基石被动摇，尊重自然、尊重传统、尊重多样性的价值伦理观念逐渐被边缘化。

进入新时代后，在生态文明时代背景下，城市规划建设需要更新观念，应从生态视角更新传统城市规划价值观，重塑"价值理性"体系。"人与自然是生命共同体"这一理念涉及价值观念、思维方式、生产方式和生活方式的革命性变革，也是基于对人类文明发展规律、自然规律、经济社会发展规律的深刻把握。基于生态理性的生态理性规划，正是从生态视角纠正工业化、城市化进程中工具理性独大的局面，提升价值理性应有地位，这也是为城乡规划领域理性主义本身多元维度特性提供协调机制，重拾对公平、保护、个体的尊重，重新在更长的时间跨度评判城乡规划系统的最优化路径，这与中国传统哲学对人与环境同质、同构、同命运的"天人合一"命题有着价值观的相通与共识，对于正在转型升级的国家级新区和可能新设立的新区实践路径选择而言，理论指导意义尤为明显。

本章参考文献：

[1]　刘海霞. 生态理性是时代的必然选择 [J]. 中国环境报，2013.

[2]　吴志强. 论新时代城市规划及其生态理性内核 [J]. 城市规划学刊，2018.

[3]　吴志强. 新时代规划与生态理性内核 [OL]. [2017–11–18]. 中国城市规划网.

[4]　张岱年. 中国哲学关于理性的学说 [J]. 哲学研究，1985（11）：63–73.

[5]　孙施文. 中国城市规划的理性思维的困境 [J]. 城市规划学刊，2007（02）：1–8.

[6]　卡西尔. 启蒙哲学 [M]. 济南：山东人民出版社，1988，3–4.

[7]　刘翀. 论西方传统理性主义的发展 [J]. 黑龙江教育学院学报，2006（02）：17–21.

[8]　（意）马可·维特鲁威（Marcus Vitruvius Pollio）. 建筑十书 [M]. 高履泰译. 北京：中国建筑工业出版社，1986.

[9]　陈晓兰，戴炜珺. 西方空想社会主义小说中的城市乌托邦 [J]. 上海大学学报：社会科学版，2007（04）：99–103.

[10]　埃比尼泽·霍华德. 明日的田园城市 [M]. 北京：商务印书馆，2009.

[11]《环境科学大辞典》编委会. 环境科学大辞典（修订版）[M]. 北京：中国环境科学出版社，2008.

[12]　朱正. 卫星城理论的启示和现实意义 [J]. 华人时刊（旬刊），2013（8）.

[13]　霍尔. 区域与城市规划 [M]. 邹德慈，金经元译. 北京：中国建筑工业出版社，1985，70–75.

[14]　Frank Lloyd Wright. The disappearing city[M]. New York：William Farquhar Payson，1932.

[15]　伊利尔·沙里宁. 城市：它的发展、衰败与未来 [M]. 顾启源译. 北京：中国建筑工业出版社，

1986.

[16] 孙施文. 中国城市规划的理性思维的困境 [J]. 城市规划学刊，2007（02）：1-8.

[17] 张京祥. 西方城市规划思想史纲 [M]. 南京：东南大学出版社，2005，179.

[18] 徐江，邵亦文. 应对城市危机的新思路 [J]. 国际城市规划，2015，01：01-03.

[19] 帕特里克·格迪斯. 进化中的城市 [M]. 北京：中国建筑工业出版社，2012.

[20] 顾朝林. 生态城市规划与建设 [J]. 城市发展研究，2008（S1）：105-108，122.

[21] 李迅. 追求"现代理想城市"[J]. 中国建设信息，2013（11）：18-21.

[22] 王艺瑾，吴剑. 基于精明增长理论的美丽村庄规划研究 [J]. 广西城镇建设，2014（07）：33-37.

[23] 徐篙龄. 生态学概念和理论发展的特征 [J]. 科技导报，1992（9）：19-21.

[24] （英）帕特里克·格迪斯. 进化中的城市：城市规划与城市研究导论 [M]. 李浩译. 邹德慈校.
北京：中国建筑工业出版社，2012.

[25] 王如松，周启星，胡聘. 城市生态调控方法凹 [M]. 北京：气象出版社，2002，25-29.

[26] 卡普洛. 美国社会发展趋势 [M]. 刘绪贻，李世洞等译. 北京：商务印书馆，1997.

[27] 赵晨洋. 生态主义影响下的现代景观设计 [D]. 南京：南京林业大学，2005.

[28] Andrew D. Green Political Thought：An Introduction[M]. Unwin Hyman Ltd，1990，7.

[29] 霍广田. 生态主义：理论的批判与现实的应用 [J]. 重庆三峡学院学报，2014（5）：32-34.

[30] 于冰沁，王向荣. 生态主义思想对西方近现代风景园林的影响与趋势探讨 [J]. 中国园林，
2012（10）.

[31] 王向荣，林箐. 现代景观的价值取向 [J]. 中国园林，2003（1）：4，8.

[32] 蒙俊硕. 生态城市主义对我国的启示和借鉴 [J]. 现代园艺，2011（9）：127.

[33] 王毅. 生态城市主义 [J]. 世界建筑，2010（1）.

[34] Yu Kongjian, Li Hailong, Li Dihua. The NegativeApproach and EcoloeicaI Infra structure：The
Smart Preservation of Natural Systems in the Process of Urbanizatiou. Journal of Natural Resources，
2008（11）：937-958.

[35] 韩西丽. 从绿化隔离带到绿色通道——以北京市绿化隔离带为例 [J]. 城市问题，2004，118
（2）：27-31.

[36] Steiner，F.G，. L. Young and E. H. Zube. Ecological plaaing：restrospect and prospect，Landscape
Journal，1987，6（2）：31-39.

[37] 帕特克·格迪斯. 进化中的城市 [M]. 李浩，吴骏莲，叶冬青，马克尼译. 北京：中国建筑
工业出版社，2012.

[38] 张洪军，刘正恩，曹福存. 生态规划——尺度、空间布局与可持续发展 [M]. 北京：化学工业
出版社，2007.

[39] 陈友华，赵民. 城市规划概论 [M]. 上海：上海科学技术文献出版社，2000.

[40] 奥尔多·利奥波德. 沙乡年鉴 [M]. 天津：天津教育出版社，2016.

[41] （美）伊恩·伦诺克斯（Lan Lennox Mchard）. 设计结合自然（Design with Nature）. 芮经纬译. 李

哲审校 . 天津：天津大学出版社，2006.

[42] 高娟，吕斌 ."生态规划"理论在城市总体规划中的实践应用——以唐山市新城城市总体规划为例 [R]. 城市发展研究，2009，89（2）：1-5.

[43] 王祥荣，王平建，樊正球 . 城市生态规划的基础理论与实证研究——以厦门马銮湾为例 [J]. 复旦学报：自然科学版，2004（06）：957-966.

[44] 吕永龙，王如松 . 城市生态系统的模拟方法：灵敏度模型及其改进 [J]. 生态学报，1996（3）：308-313.

[45] 刘黎明 . 乡村景观规划 [M]. 北京：中国农业大学出版社，2003.

[46] 卡尔·斯坦尼兹，黄国平（整理翻译）. 景观规划思想发展史 [J]. 设计新潮，2002（1）：104-111.

[47] 张蕊 . 城市滨水绿地生态规划浅议 [J]. 科技资讯，2011（032）：125-126.

[48] 弗雷德里克·斯坦纳 . 生命的景观：景观规划的生态学途径 [M]. 北京：中国建筑工业出版社，2004.

[49] 郑善文，何永，韩宝龙 . 城市总体规划阶段生态专项规划思路与方法 [J]. 规划师，2018，15（04）88.

[50] 周杨 . 论科学发展观的价值内涵——科学理性、人文理性、生态理性、民族理性四位一体 [J]. 学术论坛，2013，36（08）：29-32.

[51] 林安云 . 马克思的生态正义、生态理性及其对生态化发展的理论构建 [J]. 哈尔滨工业大学学报：社会科学版，2018，20（02）：107-113.

[52] 唐代兴 . 生态理性哲学导论 [M]. 2005（6）版 . 北京：北京大学出版社，2005.

[53] 张云飞 . 生态理性：生态文明建设的路径选择 [J]. 中国特色社会主义研究，2015（01）：88-92.

[54] 李德芝，郭剑波 . 生态理性的思维模式 [J]. 科学技术与辩证法，2005（04）：33-38.

[55] 夏从亚，原丽红 . 生态理性的发育与生态文明的实现 [J]. 自然辩证法研究，2014，30（01）：105-111.

[56] 韩文辉，曹利军，李晓明 . 可持续发展的生态伦理与生态理性 [J]. 科学技术与辩证法，2002（03）：8-11.

[57] 孙雯 . 生态理性：生态文明社会的价值观转向——基于生态马克思主义的经济理性批判视角 [J]. 学习与探索，2019（03）：8-14.

[58] 韩秋红，杨赫姣 . 理性合理性的现代诠释——基于高兹生态理性的视角 [J]. 社会科学战线，2011（02）：9-14.

[59] 王若宇，冯颜利 . 从经济理性到生态理性：生态文明建设的理念创新 [J]. 自然辩证法研究，2011，27（07）：123-128.

[60] Gigerenzer, G., Todd, P. and ABC Research Group.Simple Heuristics That Make Us Smart[M]. London：Oxford U-niversity Press, 1999：3-34.

[61] 张炜，薛建宏，张兴 . 生态理性的理论演进及其现实应用——基于环境认知的视角 [J]. 宁夏

社会科学，2018（02）：83–88.

[62] 叶平 . 关于环境伦理学的一些问题——访霍尔姆斯·罗尔斯顿教授 [J]. 哲学动态，1999（09）：32–34，44.

[63] 王野林 . 价值的复归与生态的拯救——从经济理性到生态理性的转向 [J]. 广西社会科学，2016（12）70–73.

[64] 郑湘萍 . 从经济理性走向生态理性——高兹的经济理性批判理论述评 [J]. 理论导刊，2012（11）：93–95，98.

[65] 牛庆燕 . 必要的生态转向：从"科技理性"到"生态理性" [J]. 天府新论，2010（03）：32–35.

[66] Todd P M，Gigerenzer G. Ecological Rationality：In-telligence in The World[M]. London：Oxford University Press，2012：3–30.

[67] Smith V L. Constructivist and Ecological Rationality in Economics[J]. American Economic Review，2003，93（3）：465–508.

[68] John S. Dryzek. Ecological Rationality[J]. International Journal of Environmental Studies，1983，21（1）：5–10.

[69] 庄锦英 . 论情绪的生态理性 [J]. 心理科学进展，2004（06）：809–816.

[70] 姚柳杨，赵敏娟，徐涛 . 经济理性还是生态理性？农户耕地保护的行为逻辑研究 [J]. 南京农业大学学报：社会科学版，2016，16（05）：86–95，156.

[71] 吴志强 . 论新时代城市规划及其生态理性内核 [J]. 城市规划学刊，2018（03）：19–23.

[72] 温慧君 . 当代生态文明建构路径选择——从技术理性到生态理性 [J]. 人民论坛，2014（05）：40–42.

[73] 吴志强 . 论新时代城市规划及其生态理性内核 [J]. 城市规划学刊，2018（03）：19–23.

[74] 邵亦文，徐江 . 城市韧性：基于国际文献综述的概念解析 [J]. 国际城市规划，2015，30（02）：48–54.

第二篇

技术实践

02
PART

第二篇从理性和生态两个维度提炼和重构了生态理性规划概念，提出了规划原则与方法。天府新区在实践层面应用了大量与之相关的规划理论，突出了城乡规划的价值理性取向，具有强烈生态环境保护优先的理论主张和创新规划设计实践的技术方法，并全方位贯穿于选址论证、规模确定、规划路径、空间布局、产业安排、单元结构、支撑系统、文化传承等规划环节和内容，在本篇将予以分章论述，旨在阐释生态理性规划理论形成的过程，并从规划技术角度对其科学性进行实践验证。

避让良田的规划选址 ①、②

"规划选址是城市规划的第一课",③ 也是践行生态理性规划理论的第一步。

第一节 选址理念

一、适应国家战略需求

2010 年四川省提出集中政策拓展出具有发展优势的大空间,规划建设新区之后,重点围绕落实国家发展战略要求,立足全省空间优化进行全局谋划,对新区"落子"何方历经多轮论证、比较,除成都外还提出多个选址方案。例如,有专家认为应该发挥攀(枝花)西(昌)地区钒钛国家战略资源优势,在安宁河流域布局新区以突出钒钛产业特色。又如,有专家认为川南地处成渝两地之南,城镇密集,城镇群基础条件好,建设城市新区可促进川南城镇群的整体发展,有利于构建成渝地区经济发展的"第三极",形成"三足鼎立"的经济发展结构。

在国家层面,随着《成渝城镇群协调发展规划》和《成渝经济区区域规划》的深入实施,若干重大规划与发展思路逐渐清晰,并以此提出依托中心城市、长江黄金水道和主要陆路交通干线,形成以成都、重庆为核心的"双核五带"空间格局,④ 依托成都建设城市新区来实现国家战略意图的意见随之形成共识,天府新区的概念也跃然纸上,并被正式纳入获批的《成渝城镇群协调发展规划》,⑤ 国务院批复的《成

---

① 四川省住房和城乡建设厅课题组 . 关于天府新区选址方案的建议 . 2010.
② 邱建 . 天府新区的设立背景、选址论证与规划定位 [J]. 四川建筑,2013(1).
③ 吴志强 . 四川地震给城市规划学科上的十年课(主旨报告). 中国工程科技论坛暨第十届防震减灾工程学术研讨会分会场——2018 地震震后重建学术论坛主旨报告 .
④ 国家发展改革委 . 国家发展改革委关于印发成渝经济区区域规划的通知. [EB/OL]. http://www.gov.cn/zwgk/2011-06/02/content_1875769.htm,2011-06-02.
⑤ 住房和城乡建设部,重庆市人民政府,四川省人民政府 . 成渝城镇群协调发展规划 . 2010.

渝经济区区域规划》则明确要求"规划建设天府新区"。① 这表明天府新区最终"落子"成都，是从国家发展战略的高度，在理念上与两江新区共同强化成都、重庆作为对外开放的门户城市的双"引擎"功能与带动作用，聚焦成渝经济区发展上升为国家战略的意图，并在随后编制四川省城镇体系规划中构建"一轴三带、四群一区"的城镇空间发展格局予以落实（图3-1），②、③ 同时与浦东新区、滨海新区、两江新区等国家级新区选址依托区域中心城市的实践模式保持一致。

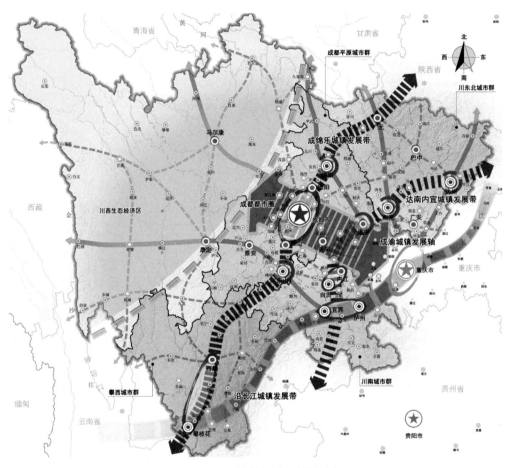

图 3-1　四川省城镇空间结构规划图
图片来源：四川省城镇体系规划（2014—2030）

---

① 国务院 . 关于成渝经济区区域规划的批复 国函〔2011〕48号 .2011.
② 其中，"一轴"为成渝城镇发展轴，是成渝地区城镇发展和产业集聚的核心地区；"三带"为成绵乐城镇发展带、沿长江城镇发展带和达南内宜城镇发展带，是全省城镇空间组织的重点地区，也是对外开放和区域合作的重要载体；"四群"为成都平原城市群、川南城市群、川东北城市群和攀西城市群，是全省城镇空间协作、城镇化发展的重点地区；"一区"指川西北生态经济区。
③ 中国城市规划设计研究院，四川省城乡规划编制研究中心 . 四川省城镇体系规划（2014—2030），2016.

二、坚持良田沃土避让

土地是生存之基、发展之要、财富之母，是人类赖以生存的物质基础，国民经济和社会发展的宝贵资源。随着城市经济发展，土地的需求和土地资源有限的矛盾日益突出，必须在确保粮食安全和社会稳定的前提下，坚持节约、集约、高效用地，坚守不因城市化及工业化而占用大量耕地原则，守住国家 18 亿亩耕地红线。

自古以来，四川作为农业大省，其农业和农村经济在全国范围内始终占据着举足轻重的地位，耕地是最为宝贵的资源。在坚持以工业强省为主导、承接产业转移的同时，绝不能忽视农业生产。同时四川省也是人口大省，耕地面积紧张，人均耕地面积低于全国平均水平（表 3-1），因此，必须确保全省粮食总量平衡、基本自给，为拥有 13 亿人口的大国立足国内解决粮食和主要农产品供给这一治国安邦的头等大事作出应有的贡献，[①] 任务十分艰巨。

四川省耕地面积及人均耕地面积统计数据 表 3-1

类别	四川省耕地面积（亩）	四川省人均耕地面积（亩）	备注
第一次土地调查	约 8919 万	1.21	1996 年
第二次土地调查	约 10080 万	1.12	第二次土地调查于 2007 年启动，2009 年完成。当时全国人均耕地 1.52 亩，世界人均耕地 3.38 亩

注：四川省耕地面积第二次调查比第一次调查的数据多出了约 1161 万亩，经查实，2014 年 4 月，四川省政府召开新闻发布会对其中缘由进行解释说，不是耕地面积增加了，而是由于调查标准、技术方法的改进和农村税费政策调整等因素影响所致。

成都坐落于地形平坦的成都平原，河网稠密，秦代蜀太守李冰主持修建的都江堰水利灌溉工程，充分利用由西北向东南微倾的地形特点，形成既节水又节能的自流灌溉系统，再加上其拥有四川省最为肥沃的土壤和温和的气候，因此种植业得到大力发展。自古被誉为"水旱从人，不知饥馑，时无荒年"的"天府"之地，作为西部最富饶的平原，历史上就是我国最重要的农业区之一，自古以来就是关乎国家安全的重要战略要地。[②]

---

① 温家宝总理在四川视察时的讲话（全文）[EB/OL]. 四川日报 . [2012-07-23]. http：//www.chinanews.com/gn/2012/07-23/4050531.shtml.

② 余秋雨先生认为："都江堰工程至今都在为民众输送清流，每当民族危难关头，天府之国总是沉着地提供庇护和濡养，毫不夸张，它永久性地灌溉了中华民族。"

但图 3-2 显示，2002—2012 年，成都平原城市群[①]耕地面积总体呈减少态势。其中，2000—2004 年耕地减少趋势最为明显。同时 2000—2012 年，成都平原城市群人口数量以年均 0.64% 的速度增长，而耕地面积却以年均 1.46% 的速度减少。2012 年，成都平原城市群人均占有耕地面积仅约为 0.6 亩，[②] 又远低于四川省人均耕地面积，人地矛盾十分突出。

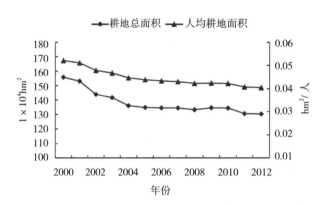

图 3-2　成都平原城市群耕地数量变化（2002-2012）

图片来源：引自陶晓明. 耕地集约利用时空格局演变特征及障碍机制研究 [D]. 成都：四川师范大学，2016.

耕地一般按照 1-4 等、5-8 等、9-12 等、13-15 等划分为优等地、高等地、中等地和低等地。[③] 如图 3-3 所示，在耕地质量分布上，成都市域范围内低等地相对较少，优质的耕地主要分布在西部和北部。

天府新区设立后，围绕在成都"东南西北"如何落地又展开激烈讨论、充分论证，各级政府、各个部门、各领域专家各抒己见，尽管角度不同、意见不一，但基于成都市耕地珍贵、土地资源紧缺这一认识，选址理念逐渐达成共识，即必须坚持保护良田沃土优先，坚守耕地红线不可逾越。因此在选址论证过程中，天府新区特别注重避让耕地及基本农田，将对良田沃土的保护作为选址的根本遵循和核心理念，体现了规划选址的理性思考。

---

① 《成都平原城市群发展规划》的范围为成都市、德阳市、绵阳市、眉山市、资阳市、遂宁市以及雅安的雨城区、名山区、乐山的市中区、沙湾区、金口河区、五通桥区、峨眉山市和夹江县共 54 个区（市）县，面积约 6 万 km²，城市群人口将达到 5000 万。
② 陶晓明，耕地集约利用时空格局演变特征及障碍机制研究 [D]. 成都：四川师范大学，2016.
③ 中华人民共和国国土资源部. 国土资源部关于发布全国耕地质量等别调查与评定主要成果的公告. 中国国土资源报，2014-12-24（002）.

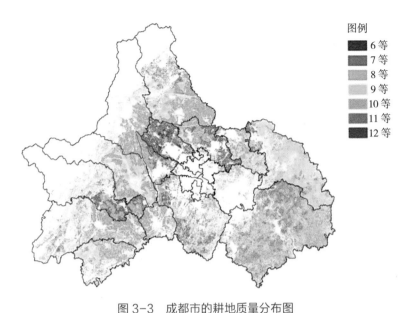

图 3-3 成都市的耕地质量分布图
（按照 1-4 等、5-8 等、9-12 等、13-15 等划分为优等地、高等地、中等地和低等地）
图片来源：成都国土规划和自然资源局提供

三、构建安全国土空间

天府新区规划面积 1578km²，仅从经济学的"投入—产出"因素考虑，城市获得的经济回报随建设用地规模的扩大而增加。但早在规划编制过程中，天府新区确定并坚持以资源约束为前提条件、以承载能力为发展限制、以资源短板为控制要素的规划理念，叠加水资源承载能力、生态承载能力、土地承载能力等多重要素进行分析，得到其中的短板作为控制要素，合理确定天府新区的城市规模、保障可持续发展（图 3-4）。

科学划定规划控制线。科学推进生态保护红线、永久基本农田、城镇开发边界三条控制线的划定，充分衔接各类规划空间控制线，统筹环境保护、土地利用、防洪抗震、文物保护等专项规划，实现多规合一。

严格实施四区划定与空间管制。开展建设用地适宜性评价，根据评价结果，结合发展目标和规模，划定新区禁建区、限建区、已建区和适建区，制定各自的空间管制策略，作为天府新区城市建设和实施管理的前提和依据。

严控城镇规模，构建城市安全保障体系。天府新区一方面坚持在规划编制和实施过程中，以资源环境承载能力为刚性约束条件，科学确定新区城镇开发边界、规划人口规模、用地规模和开发强度，同时实行战略留白，为推进国家重大发展战略

图例
6 等
7 等
8 等
9 等
10 等
11 等
12 等

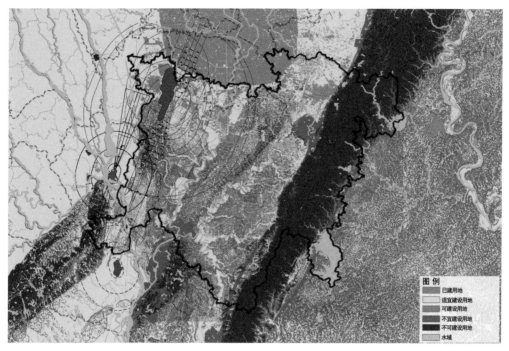

图 3-4　天府新区生态承载力评价图
图片来源：四川天府新区总体规划（2010—2030）（2010 版）

和促进城市可持续发展提供空间；另一方面，牢固树立和贯彻落实总体国家安全观，对于自然灾害、公共卫生等威胁城市运行安全和公共安全的突发事件，高标准规划建设重大防灾减灾基础设施，全面加强提升预防救援、监测预警、危机管理、应急处置等综合防范能力，形成全天候、现代化、系统性的城市安全保障体系，构建具有安全韧性的天府新区。

四、有利城市永续发展

成功建设的城市新区作为经济发展的重要增长极，不仅能推动城市产业优化升级，提升区域创新能力，转变经济发展方式，更能增强对周边区域的辐射带动作用，有助于区域经济实现协调发展，并对城市的可持续发展具有决定性作用。天府新区承载了亿万巴蜀儿女的千年愿景，是泽被后世的重大历史性工程，是留给子孙后代的时代产物和历史遗产，规划选址必须坚持大历史观，把握城市空间拓展规律，保持历史耐心，稳扎稳打，既为当代，更要有利于城市的永续发展并提供持久的空间载体。

第二节　选址主要原则

基于上述选址理念，在天府新区规划之初确定了以下选址原则。

一、保护良田沃土

粮食安全的根本在耕地，耕地是粮食生产的命根子，集约、节约并高效利用土地资源，严格保护耕地和基本农田，特别是避让良田沃土被列为天府新区选址的首要原则。

二、确保城市安全

新区必须选址在安全的场地进行建设，需要充分考虑区域内资源环境承载能力，避开地质、地震、洪水等自然灾害多发地区，确保用地安全是天府新区选址恪守的底线原则。

三、坚持生态宜居

新区建设应有利于保持成都平原良好的生态格局，坚持生态优先，营造宜居环境是天府新区选址坚持的根本原则。

四、发挥区域优势

新区应尽可能充分利用现有城镇、产业、交通和其他基础设施的综合优势，以区域整体优势来搭建发展平台。其中，产业是新区发展的重要支撑，是实现新区产业快速起步的重要依托。选择具有基础设施条件、能够拓展产业发展空间、对投资者有较大吸引力的优势区域规划建设，是天府新区选址遵循的必要原则。

五、统筹新老城区

新区与老城的关系要既相互依存，又相互独立。因此，天府新区的选址必须依托成都老城区，发挥其辐射带动作用，但为了杜绝老城区"摊大饼"式扩张而出现"大城市病"，保证新区形成独立城市功能，与老城区进行相应的物理隔离是天府新区选址考虑的基本原则。

第三节　选址方案比较与结论

一、新区选址及范围

根据上述原则，按照依托成都市设立新区的思路，对成都周边区域进行了全方位的分析，沿着成渝经济走廊向东、眉山方向向南、成德绵向北和成灌方向向西四个发展走向，并将成都周边县区及德阳、资阳和眉山 3 个地级市的部分地区纳入了天府新区选址的研究范围（图 3-5）。[①]

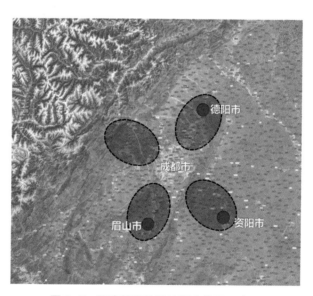

图 3-5　天府新区选址的研究范围示意图

图片来源：四川省成都天府新区总体规划（2010—2030）

进一步分析发现，西部地区单从建设条件看，地势最为平坦，且基本没有地质灾害危险。但西部地区地处都江堰精华灌区，是成都平原最为优质的良田集中地，同时也是成都的水源保护区。为保护西部的良田沃土和城市水源，首先排除向西发

---

① 邱建. 天府新区的设立背景、选址论证与规划定位 [J]. 四川建筑，2013，033（001）：4-6，9.

展的可能。

北部地区区位条件优越，位于成都平原城市群成德绵经济发展走廊上，目前已有成绵高速、成绵第二高速、宝成铁路、绵成乐城际铁路等多条高快速路、国铁、城铁等贯穿全境，区域所辖区、市、县产业基础良好，并具有较为突出的先进制造业基础和城镇基础，建设成本相对较低。但是北向方案占用良田沃土较多，且受到成、德、绵城市快速发展的影响，环境压力较大，且城镇高度密集，易与成都中心城区形成"摊大饼"发展，最终未采用向北发展方案。

东部地区位于成渝经济发展走廊上，当时已有成渝高速、成安渝高速（在建）、成渝铁路、成渝高铁（在建）等多条高速公路、铁路贯穿，同时拥有国家级经济技术开发区龙泉驿区，产业基础良好。龙泉山以东地区均为川东浅丘地形，具有较大拓展空间和发展潜力，同时也占用良田较少。但该区域地处山区和丘区，部分地区不具备建设条件，且需要跨龙泉山发展，建设成本和投资成本较高，不宜全部作为新区选址。

南部地区拥有双流国际机场以及成昆铁路、成绵乐城际铁路、成雅、成乐高速、成自泸高速等多条铁路、高速路和快速路，同时成都市高新区也位于其中，在高新技术产业和现代服务业方面具有良好的发展基础。区域内以浅丘地形为主，城市建设占用基本农田较少。但该方向也可能与成都中心城区连片，形成"摊大饼"式发展，需要从规划上加以科学的引导。

经东南西北多方案比较论证，综合南部和东部方案的优势，最终确定天府新区的选址，范围为成都市的高新区南区、龙泉驿区、双流县[①]、新津县，资阳市的简阳市，眉山市的彭山县[②]、仁寿县，共涉及 3 市 7 县（市、区）37 个乡镇（街道办事处）进入选址范围，总面积 1578km^2。

由图 3-6 所示，天府新区选址以高新区南区、龙泉驿区、双流县、新津县和彭山县的已经建设区域为界，引导城市向东向南发展。首先，新增规划范围土地资源几乎全为山地、浅丘和台地，严格保护都江堰精华灌区，切实保护了成都平原的良田沃土，并且拓展空间充足，生态环境承载能力较大。其次，选址符合国务院对成都市城市总体规划批复中城市向东和向南发展的要求。第三，区内城镇产业基础较好，拥有两个国家级开发区，研发、制造和服务业发展基础较好，形成了一定规模的人口集聚区。第四，部分地区道路和基础设施骨干网络已覆盖，对接区域交通高

---

① 2015 年 12 月 15 日，国务院批准撤销双流县，设立成都市双流区，行政区域不变。
② 2014 年 10 月 20 日，国务院批准撤销彭山县，设立眉山市彭山区，行政区域不变。

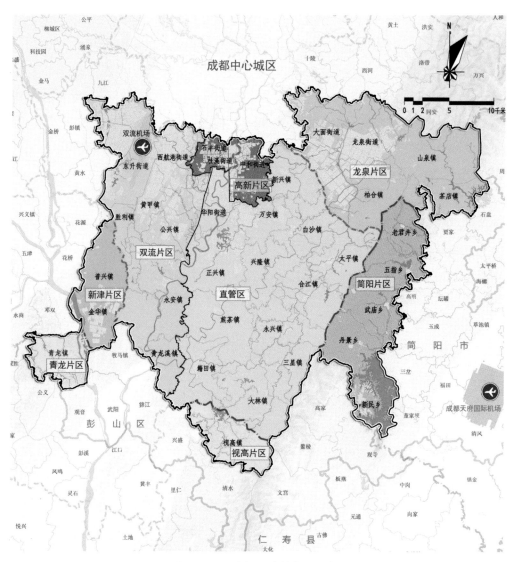

图 3-6 天府新区选址范围示意

图片来源：四川省成都天府新区总体规划（2010—2030）

效便捷，在建 3 条环线和 8 条放射线组成的高密度路网体系，与主城区及周边地区高效连接，特别是拥有双流机场和国家级出口加工区、空港保税物流区，对外开放优势明显。随着新机场、天府新站、第三绕城高速路等重大基础设施规划建设，新区发展条件将得到更大提升。最后，通过科学规划和城市设计，合理的城市竖向设计，塑造丰富的城市空间和鲜明的城市特色（图 3-7），节约城市长期运营费用[①]。

---

① 邱建.天府新区的设立背景、选址论证与规划定位 [J].四川建筑，2013，033（001）：4-6，9.

图 3-7　利用丘陵地形营建的捷克布拉格城市景观风貌

图片来源：邱建　拍摄

二、协调管控区范围

　　天府新区 2015 版总体规划为加强新区及毗邻地区管控，划定新区周边一定范围为协调管控区（图 3-8），实施统一规划、严格管控，实行统一负面清单管理。协调管控区为天府新区外围生态环境服务区，严格生态保护，以生态保育、休闲旅游和生态农业为主。划定城镇开发边界，严格控制城镇建设方向，防止"贴边"发展。建设新区周边绿色生态屏障，加强流域生态修复、水系连通、河流综合治理，开展植树造林和大气污染联防联治。加快腾退与生态功能相冲突的用地，防止城乡建设无序发展，抑制人口过度聚集。严格产业准入管制，新区周边严禁高耗水、高耗能及高污染项目进入[①]。

① 张恬恬，常雪梅，韩正：以市场主体和群众感受为标准构建科学便捷高效的工程建设项目审批制度 [N]. 人民日报，2018-06-06（01）. http://cpc.people.com.cn/n1/2018/0606/c64094-30037743.html.

1100km² 协调管控区范围内严控开发建设总量，特别是严控与天府新区主要生态功能区、生态廊道相连地区的开发建设，保护和提升协调管控区的生态服务功能。其次，结合天府国际机场建设，推动天府新区的规模化制造业跨越龙泉山发展，在协调管控区以控制总量、集聚布局为原则发展一定的先进制造业，并发挥临空优势发展现代物流等服务业。

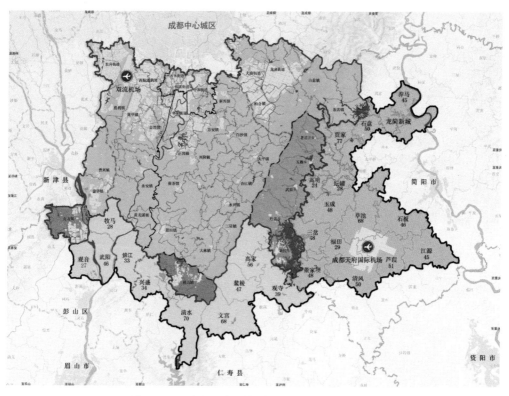

图 3-8　天府新区规划与协调管控区关系示意图

图片来源：四川天府新区总体规划（2010—2030）（2015 版）

天府新区的规划选址秉承保护良田沃土优先、坚守耕地红线不可逾越的理念和原则，在充分比较各备选方案的优势劣势基础之上，为突出天府新区在国内外的比较优势，规划最终确定天府新区选址依托成都市，向东向南发展的选址方案。

本章参考文献：

[1]   四川省住房和城乡建设厅课题组 . 关于天府新区选址方案的建议 . 2010.10.

[2]   邱建 . 天府新区的设立背景、选址论证与规划定位 [J]. 四川建筑，2013，1.

[3]   吴志强 . 四川地震给城市规划学科上的十年课（主旨报告）[R]. 中国工程科技论坛暨第十届
       防震减灾工程学术研讨会分会场——2018 地震震后重建学术论坛主旨报告 .

[4]   国家发展改革委 . 国家发展改革委关于印发 成渝经济区区域规划的通知 [EB/OL]. [2011–06–
       02]. http：//www.gov.cn/zwgk/2011–06/02/content_1875769.htm.

[5]   住房和城乡建设部，重庆市人民政府，四川省人民政府 . 成渝城镇群协调发展规划 . 2010.

[6]   国务院 . 关于成渝经济区区域规划的批复　国函〔2011〕48 号 . 2011.

[7]   中国城市规划设计研究院，四川省城乡规划编制研究中心 . 四川省城镇体系规划（2014—
       2030），2016.

[8]   温家宝总理在四川视察时的讲话（全文）[EB/OL]. 四川日报 . [2012–07–23]. http：//www.
       chinanews.com/gn/2012/07–23/4050531.shtml.

[9]   陶晓明 . 耕地集约利用时空格局演变特征及障碍机制研究 [D]. 成都：四川师范大学，2016.

[10]   中华人民共和国国土资源部 . 国土资源部关于发布全国耕地质量等别调查与评定主要成果的
       公告 [N]. 中国国土资源报，2014–12–24（002）.

[11]   邱建 . 天府新区的设立背景、选址论证与规划定位 [J]. 四川建筑，2013，033（001）：4-6，9.

[12]   张恬恬，常雪梅，韩正 . 以市场主体和群众感受为标准构建科学便捷高效的工程建设项目审
       批制度 [N/OL]. 人民日报，2018–06–06（01）. http：//cpc.people.com.cn/n1/2018/0606/c64094–
       30037743.html.

短板控制的城市规模

　　建筑规模的确定对于新区发展至关重要，传统城市规模的确定出发点大多从城市经济发展的需要，根据经济发展需求确定人口规模，进而确定用地规模。天府新区城市规模的确定以资源约束为前提，从资源承载力角度出发，遵循生态优先原则，避免对区内外的生态环境造成破坏，因此在预测人口和建设用地规模时，通过土地、水资源、生态等诸多自然要素叠加分析，综合考虑区内各项要素承载能力基础上进行合理的预测，并以承载力短板要素控制城市规模，确保天府新区的最大规划建设不突破区域自然生态环境承载能力。

　　具体而言，首先对于区内土地、水、生态环境等各项承载力要素进行逐项科学评价和理性分析，继而得出各项要素最大承载力，其中承载力最小的要素即为天府新区建设的限制性要素，建设规模不超过限制性要素的承载力。

　　基于资源环境承载力的人口预测是依据区域赖以存在和发展的土地、水、生态环境等资源环境条件，分别按照某种适宜的人均占用水平或标准，对规划范围内可以承载的人口规模进行推算，确定区域资源环境（或加上人为约束）能够承载人口的最大容量或者极限规模。

第一节　城市规模确定的理论方法

　　城市规模相关的理论简要论述如下：

一、城市规模分布理论

　　在一个国家或者地区中，由于各个城市的行政地位、资源禀赋、经济水平、区位交通、历史环境等因素的不同，城市在区域关系中承担的职能也有所差别，会形成不同规模的城市结构。城市规模分布理论是与用什么方法、指标来衡量城市规模结构或规模分布特点联系在一起的[①]，主要包含：城市首位律（Law of the Primate City）、四城市指数和十一城市指数、城市金字塔、二倍数规律（2n）以及位序—规模法则（Rank –Size Rule）等，其中普遍使用的是城市首位律、城市金字塔以及位序—规模法则[②、③]等。

城市首位律是马克·杰斐逊（M.Jefferson，1939）从人口角度提出来的理论[④]，是对国家城市规模分布规律的总结，在一定程度上代表了城市发展要素在最大城市的集中程度。依托 51 个国家的发展实例，杰斐逊以此表明"领导城市"与第二位城市在规模上的巨大差距，这样的城市既能够吸引来自全国其他城市的众多人口，同时在国家或者区域的政治、社会、经济、文化等方面也同样有着重要地位[⑤]，这里的"领导城市"就是首位城市。

杰斐逊曾指出这些是"大得异乎寻常"的城市，随后马歇尔（Marshall）对他的提法进行了具体量化，认为这样的城市比较合理的指数是 2.00，只有首位度指数在 2.00 以上的城市才能称其为首位城市，而首位度大于 2.00 的情况又可以具体划分为两类：大于 2.00 且又不大于 4.00 的属于中度首位分布，大于 4.00 的属于高度首位分布[⑥]。

城市首位律理论有一个模型，即城市规模等级金字塔模型，是以人口数据为支撑，用以分析城市规模分布的简易方法。一个国家或区域中大城市数量较少，然后有数量较多的中等城市，数量最多的是小城市。小城市占了国家城市的大部分，是庞大的基础，中等城市是过渡，大城市数量最少，位于金字塔的顶端。上一等级城市数量除以下一等级城市数量的结果，用来表示该国家或地区城市等级分布规律，用 K 来表示，这个商值可能是常数，也可以是变化的。金字塔模型很直观地表述了区域中城市规模等级体系，为我们提供了一个简便易行的方法。还有学者认为只比较两个城市存在一定的不科学性，因此提出了四城市指数、十一城市指数等，但都是在此理论基础之上的发展深化[⑦]。

按照"位序—规模"的一般原理，四城市指数和十一城市指数是对两城市指数的改进，即：

① 周一星 . 城市地理学 [M]. 北京：商务印书馆，1999.

② 许学强，周一星，宁越敏 . 城市地理学 [M]. 北京：高等教育出版社，2008.

③ 陆林 . 人文地理学 [M]. 北京：高等教育出版社，2006.

④ Jefferson M. The Law of the Primate City[J]. Geographical Review，1939（29），226–232.

⑤ 许学强，周一星，宁越敏 . 城市地理学 [M]. 北京：高等教育出版社，2008.

⑥ 张毓 . 三大都市圈城市规模与旅游发展的关系及互动机制 [D]. 陕西师范大学，2017.

⑦ 石薇 . 基于生态承载力的城市发展规模研究 [D]. 苏州：苏州科技学院，2013.

两城市指数： $\qquad S = P_1 / P_2$ （式 4-1）

四城市指数： $\qquad S = P_1 / (P_2 + P_3 + P_4)$ （式 4-2）

十一城市指数： $\qquad S = 2P_1 / (P_2 + P_3 + \cdots + P_{11})$ （式 4-3）

其中，S 为城市首位度；P_1 为首位城市人口规模（单位：万人）；P_N 为第 N 位城市人口规模（单位：万人）。

位序—规模法则依然是以人口数据为基础，是指一个城市的规模和该城市在国家所有城市按人口规模排序中的位序关系所存在的共性规律[①]。这是城市体系结构特征的规律性表现，部分学者将城市位序—规模法则与分形学理论结合研究城市规模问题，有的学者认为分形理论是位序—规模法则的本质，现今部分研究对此规律进行了改进，更加适用于特定地区的规律性分析[②]。

二、"门槛"理论

"门槛"理论是对城镇与工业区发展规模进行经济论证及其基本建设投资进行计量分析的一种理论，由波兰著名城市经济学家和规划学家马利士教授于 1963 年提出。该理论研究了城镇发展到一定阶段常出现的限制因素，包括：所在地区地理环境，特别是城镇用地自然条件对扩大范围和继续开发的限制；基本工程管线网设施（给水排水、交通、电力等）及铺设技术等极限，往往决定了该地区的人口上限；城镇结构及其改造的可能，往往是由于人口数量增加，生活水平提高而不得不改变原有的城市结构。

上述因素标志着城镇发展规模和人口容量限度。其核心思想是：在特定时期，在科技保持现有水平前提下，城市的发展会遇到来自某一方面的巨大限制，要克服这个阻力保持城市的继续发展，需要花费巨大的一次性投资，这种障碍就是城市发展的"门槛"。

"门槛"理论的内涵体现在："门槛"是指对城市的发展起到决定性限制作用的因素，不克服它城市就不能继续正常发展；"门槛"是暂时的、相对的，随着时间的变化、科技水平的提高、也许原来的门槛已经不再是门槛，不同城市的门槛不一定相同，同一城市不同时期的门槛也可能不同。

城市发展在没有受到限制之前，只需按比例投资建设。当达到某一限制时，为了

① 周一星. 城市地理学 [M]. 北京：商务印书馆，1999.

② 张毓. 三大都市圈城市规模与旅游发展的关系及互动机制 [D]. 西安：陕西师范大学，2017.

突破阻碍，保证城市继续发展，需投入巨额资金，这种限制因素是城市发展过程中的制约点。城市在发展过程中，在不同时期会遇到不同的制约因素，需要因地制宜地衡量城市的发展，既不能为了节省投资，不顾城市发展的实际需要，不去克服"门槛"，也不能为了跨越"门槛"而盲目进行大量一次性投资，造成不必要的负面效益。[1]

三、最适规模理论

一般来讲，城市规模包括人口规模和用地规模两方面。人口规模是主导，用地规模随着人口规模变化而变化，因此城市规模通常以人口规模来表示。城市最适规模指的是城市最适宜的发展规模，即在这样的人口规模下，城市的各个方面才能处于最优状态，也可理解为最优规模、最佳规模。

城市最适规模缘自前述霍华德等人的田园都市概念，世界城市化进程不断加快，带来了一系列问题，引发了各界人士的反思和探讨，城市最适规模理论也在此期间成为诸多学者的研究热点，人们开始探讨到底怎样规模的城市才是最合理的。从研究成果来看，最适城市规模的基础理论有两种，即以成本为主的最小成本理论和以效益为主的聚集经济理论。

最小成本理论核心思想是：城市规模与人均成本有一定关系，可用具体函数表达，这个函数呈现U字形。虽然该理论得到了许多人的支持，也有一定的理论依据，但是仍然有难以忽略的缺点：通过分析不同时期、不同对象可以得到不同的结论，而且，城市规模不单单与成本有关，而且与环境、安全、文化、政治等因素关系密切，然而这些因素是很难统计和计算的，因此，最适城市规模不是一成不变的，会根据各种相关因素的变化呈现动态波动。

最适城市规模理论的出现，体现了人们对现有大城市过度发展的担忧和反思，是一种进步，在城市快速发展过程中，具有重要意义。然而最适城市规模理论仍然不够完善，并没有具体的指标和方法，仍需继续深入研究。[2]

四、土地区位理论

"区位"由 W·高次于 1982 年首次提出。区位，简单的理解就是客观事物分布

---

[1] 石薇. 基于生态承载力的城市发展规模研究 [D]. 苏州：苏州科技学院，2013.
[2] 石薇. 基于生态承载力的城市发展规模研究 [D]. 苏州：苏州科技学院，2013.

的地区和地点。详细来说，区位除了说明地球上某个事物在空间的几何位置，同时还反映了不同事物相互作用和相互联系的空间关系。区位是自然地理区位、交通地理区位以及经济地理区位在空间地域上的有机结合。

区位理论是人类活动的空间分布，以及在空间中相互关联的学说。1826 年德国经济学家冯·杜能发表的《孤立国对农业和国民经济之关系》是世界上第一部关于区位理论的专著，标志着区位理论的产生。区位理论的最初形态就是杜能的农业区位理论。1909 年，德国著名工业布局学者阿尔申尔德·韦伯提出工业区位理论。1933 年，德国地理学家克里斯坦勒提出中心地理论。城市化和工业化的迅猛发展，为研究区位理论提供了广泛的空间，现代科学技术的发展为区位理论提供了技术支持，从而使区位理论不断完善，其在解决实际问题中起着重要作用。

从区位理论可以看出，土地有区位特征，土地的区位不同，其在经济社会中的作用也不同，不同区位的土地有着不同的生产效率，从而导致级差收益的出现。因此，根据区位理论，研究不同区位条件下土地的社会经济活动规律，可以揭示土地利用规律。土地区位理论在研究城市建设用地扩张和建设用地发展潜力时有指导意义，从而使土地利用达到最佳效果。[①]

五、可持续发展理论

可持续发展不仅是一种理论，更是一种人、自然、社会和谐统一的思想。世界环境与发展委员会（WCED）于 1987 年首次提出"可持续发展"概念，并将其解释为：既满足当代人的发展需求，又不损害子孙满足其需求能力的发展模式。[②] 可持续发展强调通过经济、社会和生态三者的协调统一，构成经济、社会和生态共同可持续发展的有机复合系统。在可持续发展系统中，生态可持续性为基础，经济可持续性为主导，社会可持续性为目的，三者相辅相成，构成有机整体。[③]

土地是人类社会发展的必备资源和一切行为活动的载体，人类行为改变了土地利用方式，为了保证人类可持续发展，土地也必须可持续利用。可持续发展理念对土地利用的重要作用主要体现在城市规划上，对一个区域或城市进行规划设计时要充分体现自然环境的可持续性、社会环境的可持续性、建筑环境的可持续性。[④]

① 顾海燕. 城市建设用地总规模预测研究 [D]. 南京：南京师范大学，2014.
② 张志强，孙成权，程国栋等. 可持续发展研究进展与趋向 [J]. 地理科学进展，1999，14（6）：589-595.
③ 刘思华. 对可持续发展经济的理论思考 [J]. 经济研究，1997（3）：46-54.
④ 李松志，董观志. 城市可持续发展理论及其对规划实践的指导 [J]. 城市问题，2006（7）：14-20.

由于土地资源的稀缺性，人类一直致力于研究土地利用的内在规律来全面提高土地综合利用效率。其中，已有学者提出土地利用可持续发展位理论来研究土地生态系统的变化规律，从而指导土地资源的可持续利用。[①] 城市建设用地作为一种非常活跃的稀缺资源，对其做到可持续利用不仅关系到经济与社会的可持续发展，还涉及耕地等其他土地资源的可持续利用。已有多位学者采用生态足迹理论来研究区域建设用地的可持续利用平衡点，从而对区域的可持续发展建设用地规模进行预测。[②、③]

上述理论对研究天府新区规模确定有一定的指导意义，但缺乏针对天府新区自然、社会、文化等具体影响因素的理论指导，其价值观和方法论尚需完善。而生态理性规划从生态视角更新传统城市规划价值观，坚持生态优先、恪守资源约束原则，尊重自然生态系统发展规律，增强城市应对不确定扰动的能力，提升城市人工系统与自然系统相互适应的能力，也是天府新区规模研究的重要理论指导。

第二节　天府新区各要素承载能力分析

一、城市规模确定的原则

（一）资源约束原则

以资源约束和生态保护为前提，严格保护和控制区域生态环境；以自然山水和生态绿地为本底，促进城市与两湖一山、锦江等自然山水格局的有机融合。天府新区的建设不能对区内外的生态环境造成破坏，因此在预测人口和建设用地规模时，应遵循生态优先的原则，即在综合考虑区内各项要素的承载能力基础上对新区的人口和建设用地规模进行合理的预测。

唐奈勒·H·梅多斯等提出了4种人口增长接近承载力的方式。第一种方式是如果离极限还很远或者极限本身的提高比人口增长快，人口可以无限增长；第二种方式是在生态学家通常所说的人口呈S形增长形态下，人口的增长与地球的承载力之间可以平稳地达到平衡；第三种方式是在超越极限后上下震荡最终回到平衡状

---

① 陈英，张仁陟，张军.土地利用可持续发展位理论构建与应用 [J].中国沙漠，2012，32（2）：574–579.
② 刘淑苹，张文开，张军.基于生态足迹的可持续发展建设用地面积预测——以福建省为例 [J].水土保持研究，2008，15（4）：196–203.
③ 马玉香，陈学刚，高素芳.基于生态足迹的新疆可持续发展建设用地面积预测研究 [J].干旱区资源与环境，2011，25（5）：25–29.

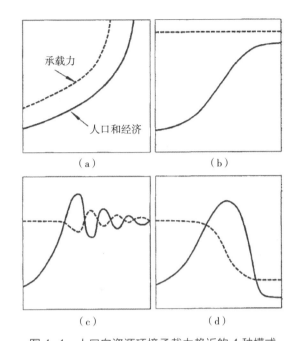

图 4-1 人口向资源环境承载力趋近的 4 种模式
（a）方式一 持续增长；（b）方式二 趋向平衡的 S 形增长；
（c）方式三 超越极限并发生振荡；（d）方式四 超越极限并崩溃
图片来源：唐奈勒·梅多斯，丹尼斯·梅多斯，约恩·兰德斯.超越极限——正视全球性崩溃，
展望可持续的未来 [M].上海译林出版社，2001.

态；第四种方式是超越极限后耗尽资源，最后崩溃（图 4-1）。[①]

第一种方式是理想状态下的情况，第二种方式是人类理智控制的情况，第三种方式类似于自然界生态平衡的自然调节方式，当偏离平衡状态不远时，可通过小范围的波动自动恢复到平衡状态。第四种方式是当人口增长速度过快，超过极限太多无法恢复到平衡状态从而导致系统崩溃。资源环境承载力预测的目的就是要找出这个极限——环境承载力，作为在规划中控制发展速度和发展方向的重要依据，防止出现方式三或方式四中的对人类生存造成巨大冲击甚至是毁灭性的发展模式。[②]

因此，基于资源环境承载力的人口预测是依据区域赖以存在和发展的土地、水、生态环境等资源环境条件，分别按照某种适宜的人均占用水平或标准，对规划范围内可以承载的人口规模进行推算，确定区域资源环境（或加上人为约束）能够承载人口的最大容量或者极限规模。

---

① 唐奈勒·梅多斯，丹尼斯·梅多斯，约恩·兰德斯.超越极限——正视全球性崩溃，展望可持续的未来（Beyong the Limits：Confronting Global Collapse Envisioning a Sustainable Future）[M].上海：上海译林出版社，2001.
② 吕玉婷.基于区域环境承载力的西北干旱地区小城镇发展规模及模式研究 [D].西安：西安建筑科技大学，2008.

（二）短板控制原则

在具体预测时，首先应对于区内土地、水、生态环境等各项要素的承载力进行科学理性地评价和分析，继而得出各项要素的最大承载力，其中承载力最小的要素即为天府新区建设的限制性要素，天府新区的建设规模原则上不能超过限制性要素的承载力，城市规模最终由限制性要素确定和制约。

天府新区坚持以资源约束为前提条件、以承载能力为发展限制、以资源短板为规模控制的规划理念，选取土地承载能力、生态承载能力、水资源承载能力多要素叠加，通过短板控制，确定天府新区的合理城市规模。[①]

二、土地承载力分析

土地的人口承载力取决于两个变量：一是预测年末的城镇建设用地规模，这个规模可能来自土地开发潜力的绝对约束，也可能是受土地开发控制等人为制约的结果；二是预测年末的人均建设用地标准，该指标应结合现状、根据土地开发潜力、按照国家有关标准或参考其他城市的相应指标来确定。[②]

根据建设用地潜力和有关人均用地标准预测人口规模，按下式计算：

$$P_t = L_t / l_t \qquad\qquad （式4-4）$$

式中　　P_t——预测目标年末人口规模（单位：万人）；

L_t——根据土地开发潜力确定的预测目标年末建设用地规模（单位：公顷）；

l_t——预测目标年宜采用的人均建设用地标准（单位：公顷/人）。

（一）评定要素及评价标准

参照住房和城乡建设部《城乡用地评定标准》CJJ 132—2009 的技术要求，结合天府新区实际用地条件，规划通过对工程地质、地形、水文气象、自然生态和人为影响等多要素叠加开展适宜性评价，确定天府新区的土地承载能力（表4-1）。[③]

---

① 邱建. 四川天府新区规划的主要理念 [J]. 城市规划，2014，38（12）：84–89.
② 王浩，江伊婷. 基于资源环境承载力的小城镇人口规模预测研究 [J]. 小城镇建设，2009（03）：53–56.
③ 邱建. 四川天府新区规划的主要理念 [J]. 城市规划，2014，38（12）：84–89.

天府新区适宜性评价要素及标准表　　　　　　　　　　表 4-1

类别	要素	不可建设用地	不宜建设用地	可建设用地	适宜建设用地
工程地质	地震断裂带	活动	不活动断裂带两侧 500m 内	其他	其他
	地质灾害危险性评估	危险区	高易发区	工程治理后可建	适建
地形	高程	大于 600m	500~600m	小于 500m	小于 500m
	坡度	大于 25%	25%~20%	20%~10%	小于 10%
	坡向	北	西北、东北	其他	其他
水文气象	水体	水体	水体两侧 50m 范围内	其他	其他
	洪水淹没区	淹没线内		其他	其他
自然生态	生态敏感度	高敏感度	中敏感度	低敏感度	低敏感度
	森林分布	森林集中地	森林较集中地	其他	其他
人为影响	控制区	风景名胜区核心区	风景名胜区范围内其他地区、森林公园、市政基础干管两侧 50m 内	其他	其他
	保护区	水源一级保护区	水源地二级保护区	准保护区	其他

注：在高程因子的单项评价标准上，由于天府新区内主要用地的高程在 500m 以下，考虑到给水系统、排水系统和交通系统的经济性和运行效率，本次评价将 500m 以下的评定为适宜建设用地，500 ～ 600m 评定为不宜建设用地，600m 以上划定为不可建设用地。

（二）分项评价结果

1. 工程地质

工程地质方面，影响天府新区用地适宜性的主要因素为地震断裂带和地质灾害危险性评估两个要素。

（1）地震断裂带

据成都市地震断层探测研究结果显示，天府新区范围内分布有两条断裂带，从东向西分别为苏码头背斜断裂带和龙泉山断裂带。

该断裂北起成都大面铺，南至双流苏码头西南，沿着苏码头背斜轴部及西北翼展布，全长约 35km，穿越天府新区中部。该断裂带为不活动的前新生代断裂带，因此本次评价不予考虑。

龙泉山断裂带由龙泉山东坡断裂和龙泉山西坡断裂组成，它们相向倾斜，分布在龙泉山背斜的东、西两翼，全长 200 多 km。由于龙泉山断裂带的挤压逆冲性质，使龙泉山崛起，成为成都平原的东部屏障。[1]、[2] 龙泉山西坡断裂是成都平原的东边界，是龙泉山断裂带的主要分支，由草山断层、金鸡寺断层、龙泉驿断层、镇阳

---

① 蒋蓉. 城乡统筹背景下成都市地震应急避难场所规划研究 [D]. 成都：西南交通大学，2012.
② 李大虎. 川滇交界地段强震潜在危险区深部结构和孕震环境研究 [D]. 北京：中国地震局地球物理研究所，2016.

场断层等组成，[①] 它们雁列展布，断层总体走向为北 20°～30° 东，断层面倾向南东，倾角多在 60° 左右，均为逆断层。[②] 根据断层物质的年代测定结果表明，该断裂在早更新世有明显活动，中、晚更新世也有活动。[③] 龙泉山断裂带是一条地震活动相对较弱的断裂带，地震活动的强度和频度比龙门山断裂带要低得多，地震活动相对集中于该带南段的井研县天云—双流藕田和北段的中江—金堂一带，大林场以北—太平场—龙泉驿—洛带附近长达 40 余 km 地段，地震活动相对较弱。[④] 最大一次地震是南段双流县藕田 1967 年的 5.5 级地震，2002 年 5 月 1 日双流仁寿间发生了 4.8 级地震。本次评价将龙泉山断裂带两侧各 500m 范围内的用地评定为不宜建设用地。

（2）地质灾害危险性评估

地质灾害危险性评估主要包括地质灾害危险区和地质灾害高、中、低易发区的划分。由于缺少详细的地质灾害危险性评估信息，本次评价主要参考成都市、眉山和资阳市总规相关章节。资料显示，本区域总体地质灾害风险较低，地质灾害高易发区主要分布于龙泉山低山丘陵中坡度较大、土质偏沙且湿度较大、雨水冲刷强烈的地区。本次评价将该区域划定为不宜建设用地。

2. 地形

地形方面，本次评价的主要因素为高程、坡度、坡向三个要素。

（1）高程

天府新区高程在 350～1050m 之间，范围内总体西北、西南较高，东南较低，相对较高的区域主要集中在龙泉山余脉、牧马山台地和彭祖山余脉，形成两条平行于主要山脉的冲积平原。

根据评价标准，本次评价将 500m 以下的评定为适宜建设用地，500～600m 评定为不宜建设用地，600m 以上评定为不可建设用地。

（2）坡度

范围内龙泉山、牧马山是地面坡度较大的地区，其余地区坡度较小。

根据评价标准，将范围内大于 25% 的区域评定为不可建设用地，20%～25% 评定为不宜建设用地，小于 10% 的区域评定为适宜建设用地，其余为可建设用地。

---

① 董顺利，李勇，乔宝成，马博琳，张毅，陈浩，闫亮 . 汶川特大地震后成都盆地内隐伏断层活动性分析 [J]. 沉积与特提斯地质，2008（03）：1–7.
② 徐水森，任寰，宋杰 . 龙泉山断裂带地震活动性浅析 [J]. 四川地震，2006（02）：21–27.
③ 黄祖智，唐荣昌 . 龙泉山活动断裂带及其潜在地震能力的探讨 [J]. 四川地震，1995（01）：18–23.
④ 蒋蓉 . 城乡统筹背景下成都市地震应急避难场所规划研究 [D]. 成都：西南交通大学，2012.

（3）坡向

受地形地势影响，规划范围内坡向以南向坡、东向坡和西向坡为主。采光条件较差的北向颇主要分布在龙泉山等山脉区域，南向坡、东向坡具有较好的采光条件。

本次评价过程中将北向坡评定为不宜建设用地，西北和东北坡向评定为可建设用地，其余评定为适宜建设用地。

3. 水文气象

水文气象方面，本次主要评价要素包括水域本身和洪水淹没区两个要素。

（1）水域

天府新区范围内水系主要为岷江水系，由四河两湖构成。四河即岷江、锦江、鹿溪河和东风渠，两湖即龙泉湖、三岔湖。另有简阳张家岩水库等大型蓄水资源。

本次评价中将水域评定为不可建设用地，水域两侧50m范围内评定为不宜建设用地。

（2）洪水淹没区

根据各水域的防洪标准，将主要水域两侧洪水淹没线内的区域评定为不可建设用地。

4. 自然生态

自然生态方面，本次主要评价要素包括生态敏感性和森林分布两个要素。

（1）生态敏感性

根据生态敏感性评价指标，对天府新区的生态敏感性进行综合评价，结果表明天府新区大部分面积属中度、轻度及不敏感区，仅龙泉山局部区域属于生态高敏感区。

本次评价将高敏感区评定为不可建设用地，中度敏感区评定为不宜建设用地，其余评定为适宜建设用地。

（2）森林分布

天府新区范围内森林资源主要分布在龙泉山、牧马山等山地区域，考虑到森林生态服务能力高，对天府新区的生态建设起至关重要的作用，因此，本次评价将该部分区域评定为不可建设用地。

5. 人为影响

人为影响方面，本次评价因素主要包括各类控制区和各类保护区两类要素。

（1）各类控制区

1）风景名胜区：黄龙溪风景名胜区。本次评价将风景名胜区的核心区评定为不可建设用地，其余区域评定为不宜建设用地。

2）森林公园：双流县毛家湾森林公园，本次评价中该部分区域评定为不宜建设用地。

3）机场：双流机场、新津民航飞行学院机场。由于新津民航飞行学院机场拟搬迁，故本次评价不予考虑，因此主要根据双流机场的禁空限制要求评定以上区域。

4）市政基础干管：两条高压燃气管（威青、威成线、南干线）和两条输油管（成乐输油管道、航煤输油管道），参照现行国家标准《城市工程管线综合规划规范》GB 50289—2016等规范和标准，本次将以上四条管线两侧50m范围评定为不宜建设用地。

（2）各类保护区

本区域涉及多个饮用水水源保护区（表4-2）。

主要水源保护区一览表 表4-2

水源地名称	水源地类型	保护区面积（km²）		
		一级保护区	二级保护区	准保护区
龙泉驿东风渠	河流型	0.52	1.18	2.35
简阳张家岩	湖库型	—	—	—
简阳三岔湖	湖库型	—	—	—

本次评价中，水源保护区按照水源保护地规定将一级保护区划定为不可建设用地，二级保护区划定为不宜建设用地，准保护区划定为可建设用地。[①]

（三）综合评价结果

根据以上单项评价结果，利用GIS综合叠加计算得出本次规划建设用地适宜性评价结果（表4-3）。

本次规划不可建设用地包括：水源一级保护地、风景名胜区核心区、水域洪水淹没线以内区域和主要山体（坡度 >25%、高程 >600m）等；主要分布在龙泉山等山体区域和河流湖泊等水系区域。

不宜建设用地包括：地表水源二级保护区、风景名胜区的一级保护区和二级保护区、森林公园、坡度介于20%～25%的山体及其他山体保护区；主要呈带状分布

---

① 王巍巍，莫罹. 低冲击发展模式下水源地保护的新路径 [J]. 环境科学与管理，2011，36（10）：12-16，40.

在规划区中部鹿溪河两侧及牧马山周边。[1]

建设用地适宜性评价结果一览表　　　　　　　　　表4-3

类别	比例（%）	面积（km²）
适宜建设用地	52.8	832
可建设用地	5.6	89
不宜建设用地	20.9	330
不可建设用地	20.7	327
合计	100	1578

从土地承载能力角度看，天府新区区内总建设用地容量可达到921km² 左右，按人均100m² 的标准来测算，可承载人口921万左右。[2]

三、生态承载力分析

根据规划期末城市生态用地总面积，选取适宜的人均生态用地标准预测人口规模，按下式计算[3]：

$$P_t = S_t / s_t \qquad\qquad （式4-5）$$

式中　　P_t——预测目标年末人口规模；

　　　　S_t——预测目标年生态用地面积；

　　　　s_t——预测目标年人均生态用地面积。

其中，t 为目标年，P_t 单位为万人，S_t 单位为公顷，s_t 单位为公顷/人。

生态敏感性分析

根据《四川省生态功能区划》，天府新区总体上属中度、轻度及不敏感区。为更合理地开展天府新区生态环境保护，对水土流失敏感性、生境敏感性、酸雨敏感性、城市热岛敏感性四个要素进行叠加综合评价，进一步把天府新区划分为四级敏感区：高度敏感、中度敏感、轻度敏感和不敏感（表4-4）。[4]

① 邱建. 四川天府新区规划的主要理念 [J]. 城市规划，2014，38（12）：84-89.

② 四川省住房和城乡建设厅，中国城市规划设计研究院. 四川省成都天府新区总体规划（省委常委会汇报稿）[DB/OL].
2011-08[2020-07-21]. http://www.doc88.com/p-1025429360547.html.

③ 赵欣. 鄂州市适度人口容量研究 [J]. 经营管理者，2015（08）：181.

④ 邱建. 四川天府新区规划的主要理念 [J]. 城市规划，2014，38（12）：84-89.

天府新区生态敏感性分类一览表　　　　　　　　　　表 4-4

类别	比例（%）	面积（km²）
高度敏感区	18	285
中度敏感区	17	269
轻度敏感区	24	379
不敏感区	41	645
合计	100	1578

通过分析，确定天府新区范围内总体生态承载力较高，其中轻度敏感和不敏感区总面积约 1024km²，可承载人口超过 1000 万。

根据四川省国土厅《天府新区土地利用专题研究报告》，所测算的生态用地面积为 627km²，参考上海、深圳、香港地区等地的人均生态用地面积标准，分别制定高、中、低三级标准来进行预测（表 4-5）。

天府新区环境容量预测结果　　　　　　　　　　表 4-5

生态用地标准（m²/人）		预测人口（万人）
低标准	80	783.8
中标准	100	627
高标准	120	522.5

预测人口范围为 523 万～784 万人，在低标准下可承受的最大人口为 784 万人。

四、水资源承载力分析

水资源承载力是某一地区的水资源在某一具体历史发展阶段下，以可预见的技术、经济和社会发展水平为依据，以可持续发展为原则，以维护生态环境良性循环发展为条件，经过合理优化配置，对该地区社会经济发展的最大支撑力。即在一定的水资源开发利用阶段，满足生态要求后的可利用水量能够维系最大的社会和经济发展规模。[1]

本次研究建立在该观点的基础上，以可持续发展为原则，以维护生态环境良性

---

[1]　景林艳. 区域水资源承载能力的量化计算和综合评价研究 [D]. 合肥：合肥工业大学，2007.

循环发展为条件，以可预见的技术、经济和社会发展水平为依据，预测天府新区水资源可以承载的最大人口规模。[①]

（一）天府新区水资源量

1. 现状河湖水系

天府新区内大部分区域处于都江堰灌区内，区域内天然河流和人工灌渠数目众多。主要河流和渠系有锦江、江安河、鹿溪河、岷江和东风渠，大中型水库有三岔湖、龙泉湖和张家岩水库。

（1）锦江

锦江是岷江流经成都市区的两条主要河流——府河、南河的合称。府河为走马河下段河道，与毗河同起于郫县石堤堰闸，南流经郫县团结乡，于郫县安靖乡南左分东风渠总干渠，以下行进于郫县与金牛区界，南至雍家渡，右纳沱江河。于金牛区洞子口，左分沙河，进入城区。南河上游为走马河尾段清水河，清水河流经龙爪堰后，又称浣花溪，在迎仙桥纳磨底河，后称南河，又称锦江。绕成都市南，东流经老南门大桥、锦江大桥、新南门大桥、安顺桥，于南河口汇入府河。

锦江进入双流县境，流经姐儿堰、中兴场（华阳镇），至二江桥右纳江安河，于黄龙溪镇有鹿溪河自左岸汇入，乃出双流县境，入彭山县境，又西南流至江口镇汇入岷江左岸。锦江自石堤堰至江口，全长 115km，流域面积 2090km²，进水口年平均流量 48m³/s，年径流量 14.33 亿 m³。[②] 锦江在天府新区境内长约 49km。

（2）江安河

江安河，又名新开河。经都江堰市、郫县、温江区入县境龙池，经通江、金花、文星、白家、协和、鹤林等乡镇于二江寺汇入府河，全长 106km，双流县境段长 31.15km，集水面积 159.4km²。河床宽 50 ~ 70m，多年平均径流量 13.3m³/s。区间暴雨和上游都江堰洪水相遇时，曾多次出现最大流量 350m³/s。[③] 江安河在天府新区境内长约 23km。

（3）鹿溪河

鹿溪河，又名黄龙溪，为天然山溪河流，属都江堰水系府河左岸支流。发源于成都市龙泉驿区长松山西坡王家湾。北流经清音溪至宝狮口，折向西南经柏鹤寺入

---

① 杨书娟. 基于系统动力学的水资源承载力模拟研究 [D]. 贵州：贵州师范大学，2005.
② 杨钉. 锦江天府新区直管段水环境问题研究 [D]. 西南交通大学，2016.
③ 四川省环境保护厅. 建设项目环境影响报告表：联工路道路工程环评报告 [DB/OL]. 2017–11[2020–07–21]. http: //www.docin.com/p–2081134421.html.

双流县境。过白沙坡、煎茶溪、石滚河，于籍田镇左纳来自东面龙泉山的赤水河（一称柴桑河，长28km，流域面积117.8km²）及来自东南二峨马鞍山的龙眼河（一称倒流水，长34km，流域面积191.8km²）。折向西流，至黄龙溪，汇入锦江。鹿溪河长77.9km，流域面积675km。鹿溪河在天府新区境内长约63km。

（4）岷江

岷江干流发源于松潘县岷山南麓的弓杠岭和郎架岭，流经松潘、茂县、汶川等县，过汶川县漩口镇后进入成都市境。在都江堰市二王庙附近有都江堰引水工程引其水源，在左、右岸布设成内、外江两大渠系，岷江中游干流在此改称金马河，至新津县南河汇合口以下复称岷江，干流在新津县邓双乡董坝子出成都市境，入乐山市属彭山、眉山、青神等县。[①] 岷江在天府新区境内长约11km。

（5）东风渠

天府新区内的东风渠主要有总干渠、老南干渠、新南干渠。总干渠从郫县安靖镇府河11km处左岸取水，至双流县太平镇罗家河坝止，全长54km，设计流量80m³/s，加大流量90m³/s。老南干渠从龙泉驿区团结镇总干渠取水，至双流县黄龙溪汇入府河，全长60km，设计流量12.5m³/s。[②] 新南干渠从罗家河坝取水，至仁寿县清水镇勤劳闸止，全长58km，设计流量50m³/s。东风渠干渠在天府新区境内长约65km。

（6）三岔湖

三岔湖又名三岔水库，属都江堰东风渠六期工程中的骨干囤蓄水利工程。[③] 水库位于沱江水系绛溪河，坝址以上集水面积161km²，多年平均当地径流量4400万m³，年均从都江堰引水量约17000万m³。水库总库容22870万m³，水面面积27km²，湖周长240km。设计灌溉面积93万亩，有效灌溉面积43万亩。

（7）龙泉湖

龙泉湖又名石盘水库，属都江堰东风渠六期工程中的骨干囤蓄水利工程。[④] 水库位于沱江水系赤水河，坝址以上集水面积84km²，多年平均当地径流量2500万m³，年均从都江堰引水量约3000万m³。水库总库容6960万m³，水面面积6km²，湖周长54km。设计灌溉面积17万亩，有效灌溉面积15万亩。

① 都江堰河流概况 [DB/OL].2017-11[2020-07-21]. http://www.docin.com/p-886799434.html.
② 四川省环境保护厅.建设项目环境影响报告表：澳科利耳成都新建项目环评报告 [DB/OL]. 2018-05[2020-07-21]. http://www.docin.com/p-2153879291.html.
③ 黄飞.三岔湖底泥污染物释放规律研究 [D]. 成都：西南交通大学，2011.
④ 四川省环境保护厅.建设项目环境影响报告表：滨湖城环评报告 [DB/OL]. 2017-07[2020-07-21]. https://jz.docin.com/p-1968956078.html.

（8）张家岩水库

张家岩水库属都江堰东风渠六期工程中的过水水库。水库坝址以上集水面积 17km²，多年平均当地径流量 500 万 m³，年均从都江堰引水量约 25000 万 m³（含三岔水库、石盘水库引水量）。水库总库容 1480 万 m³，设计灌溉面积 9 万亩，有效灌溉面积 8 万亩。

2. 水资源量及开发利用现状

天府新区当地降水基本上汇入了境内河道，主要岷江、府河、杨柳河、江安河、鹿溪河、西江河等，多年平均年径流量约 5.38 亿 m³/a。但是当地径流在时间分配上极不均匀，年际变化较大，丰水年的年径流量约为枯水年径流量的 2.4 倍。在年内分配上，径流主要集中在 5 ~ 10 月，径流量约占全年的 85.0%，枯水期的径流量仅占全年的 11.3%。

天府新区地下水包括两类：一是孔隙水，主要分布于平坝区上部的砂砾卵石含水层中，水量相对丰富，约 3.0 亿 m³，可开采量约 2.4 亿 m³。二是裂隙水，主要分部于东部丘陵低山地区，富水性较弱，但分布不均，无大规模开采价值。

在进行可用水资源量时，首先考虑利用当地水资源量。同时，天府新区作为国家级新区，四川省委省政府提出集全省之力建设天府新区，故从全省层面考虑水资源综合调配进行保障。

当水资源总量包括地表水、地下水，并扣除地表水和地下水中重复计算的部分，过境水单独计算，不计入在水资源总量中，因此天府新区水资源总量计算公式如下：[1]

$$W=R+Q-D \qquad （式 4-6）$$

式中　W——水资源总量（单位：m³）；

　　　R——地表水资源量（不含过境水量，单位：m³）；

　　　Q——地下水资源量（单位：m³）；

　　　D——地表水与地下水之间的重复计算量（单位：m³）。

前已述及，地表水资源量约为 5.38 亿 m³，地下水资源量约为 2.80 亿 m³，重复计算量为 2.24 亿 m³，则天府新区水资源总量为 5.94 亿 m³。

从外部来看，天府新区外来水主要通过岷江水系。根据相关水文资料，岷江鱼嘴多年平均来水量为 144 亿 m³，彭山站多年平均来水量为 130 亿 m³；沱江三皇庙

---

[1] 苏人琼. 黄土高原地区水资源合理利用 [J]. 自然资源学报，1996（01）：15 22.

水文站多年平均来水量 67.5 亿 m^3。[①]

综合考虑地下水、都江堰来水、回用污水和综合利用的雨水，按照三种节水水平考虑天府新区内可供水。节水水平主要考虑污水回用量和雨水综合利用量（表 4-6）。

天府新区内各类供水量一览表　　　　　　　　　　　　　　　　表 4-6

水资源种类	可供水量（亿 m^3/a）		
	一般节水水平	中等节水水平	高等节水水平
本地地下水资源可供量	0.2		
都江堰可供水量	13.00		
污水回用量	0.94	2.17	4.30
雨水综合利用量	0.27	0.40	0.80
可供水总量	14.41	15.77	18.30

（二）不同节水水平下的用水指标

水资源作为人类生产生活的重要支撑，具有十分重要的意义。天府新区规划之初，便对天府新区水资源承载能力开展了专题研究，分别对生活、农业、工业、污水回用指标进行了研究。

1. 生活用水指标

人均综合生活用水包括居民生活用水、公用建筑用水、市政用水等。天府新区涉及城镇和农村（龙泉、双流、新津等）现状生活用水水平均低于成都市五城区（表 4-7）。

成都市现状人均综合生活用水表 [②]　　　　　　　　　　　　表 4-7

地区	五城区	龙泉驿	双流	新津
城镇人均综合生活用水量（L/d）	333	266	295	275
农村人均综合生活用水量（L/d）	206	129	141	148

与国际国内先进城市相比。北京市 2009 年城镇人均综合生活用水为 233L/d，上海市 2009 年城镇人均综合生活用水为 263L/d。处于世界先进水平的英国，人均综合生活用水仅 160L/d。比较而言，成都市五城区现状城镇人均综合生活用水偏高，

---

① 加快构建节水型天府新区的对策研究 [DB/OL]. 2016-11-03[2020-07-21]. http：//blog.sina.cn/dpool/blog/s/blog_51df0f1f0102wtpf.html?vt=4.
② 数据来源于《成都市水资源开发利用评价（2010）》。

尚有很大的节水潜力。作为国家级新区，天府新区应大力推广节水器具，提高人民节水意识，强化供水设施建设，人均综合用水指标努力达到世界先进水平，城镇人均综合生活用水量要控制在 300（L/ 人·d）以内，农村人均综合生活用水量控制在 180（L/ 人·d）以内。

2. 农业用水指标

都江堰水利工程造就了千年来"水旱从人、不知饥馑"的天府盛景。但是传承千年的传统灌溉方式存在灌溉用水效率低，用水浪费严重的问题。

成都市全域农田亩均灌溉用水量 653m³/a，高于全国以及四川省平均水平，一方面是由于水田所占比重大，复种指数高；二是灌溉方式仍以漫灌为主，土壤特性造成蒸发渗漏量大。各水资源分区亩均灌溉用水量从 184 ~ 793m³ 不等。龙泉山东侧沱江丘陵区由于地形和种植作物原因，该地区现状亩均用水量较低，为 200 ~ 300m³（表 4-8）。

各地区现状农业灌溉用水量指标 表 4-8

地区	成都市	四川省	全国
亩均用水量（m³）	653	382	356

目前，四川省节水灌溉新技术的推广面积还很小，未来农业节水潜力很大。试验资料表明，配合土地平整以及其他农艺措施，改大水漫灌为小畦灌溉，可省水 20% ~ 25%，喷灌省水 50%，滴灌可省水 70%。在田间输水方面，低压软管道输水灌溉的用水量比一般渠灌省水 30%，[1] 各类节水灌溉技术措施的节水潜力情况如下（表 4-9）。

农业节水潜力估算一览表 [2] 表 4-9

节水类型	节水措施	节水潜力估计值	对照条件与说明
灌溉节水技术	滴灌（%）	40 ~ 50	地面灌溉
	喷灌、微灌（%）	30 ~ 35	地面灌溉
	小畦、管带（%）	20 ~ 25	地面灌溉
	暗灌、渗灌（%）	20 ~ 25	地面灌溉
	波涌、间歇（%）	15 ~ 20	地面灌溉

① 张新华，段永波. 浅谈沧州地区农业水资源高效利用发展方向 [J]. 农家科技：中旬刊，2018，000（005）：.163-163.
② 数据来源于《全国节水灌溉规划（2008）》。

续表

节水类型	节水措施	节水潜力估计值	对照条件与说明
减少输水损失	渠道衬砌（%）	30～40	无衬砌
	减小灌畦（%）	10	—
	低压软管（%）	30	—
灌溉节水制度	灌水定额（%）	30	与一般定额对照
	灌溉次数（次）	1	返青水与拔节水合并
	灌关键水（次）	2	小麦5次灌水
土壤保墒	覆盖技术（%）	10～20	抑制土壤蒸发
	深翻耕（%）	10	平原地区拦蓄雨水
	增肥调水（%）	30～50	提高水分利用率

　　天府新区规划都市农业地区通过调整种植结构，改变土地利用方式，推广先进灌溉技术并加强灌溉管理，提高水资源有效利用，亩均用水量测算可以控制在300（m^3/亩）。

3. 工业用水指标

　　工业节水程度一般用万元工业GDP用水量指标来衡量，一个地区的万元工业GDP用水量往往与工业类别与工业节水水平密切相关。中国与发达国家工业用水效率差距明显，每万美元工业增加值用水量是日本的8.6倍，高收入国家平均值的2.3倍。

　　2007年成都市全域现状工业万元GDP用水量为$89m^3$，其中成都市五城区为$59m^3$，龙泉、双流、新津县分别为$51m^3$、$70m^3$以及$69m^3$（表4-10）。全国范围内，2009年北京工业万元GDP用水量为$18m^3$，上海为$9.3m^3$，参照水利部2005年制定的《节水型社会建设评价指标体系（试行）》，北京、上海两地的工业节水已接近或达到世界先进水平。与之相比，成都地区工业尚有一定的节水潜力（表4-11）。

各地区工业万元GDP用水量　　　　　　　　表4-10

地区	成都五城区	龙泉	双流	新津
万元GDP用水量（m^3）	59	51	70	69

中国与发达国家万美元工业增加值用水量比较　　　　　　表4-11

国家	中国	日本	韩国	德国	英国	发达国家平均
万美元工业增加值用水量（m^3）	890	104	146	554	177	385

注：数据来源于《2009国际统计年鉴》。

天府新区产业发展的重点围绕以新能源产业、电子信息产业、新材料产业、生物医药产业为代表的新兴产业，以及以汽车制造业为主的现代制造业。这些产业均为低用水量产业，从产业类别角度来看，天府新区万元工业增加值用水量有望并应当达到国内先进水平。

按照一般、中等和高等三级节水水平进行划分，其中，一般节水水平为在成都现状用水水平下有一定程度的提高，中等节水水平为达到或略高于北京、上海等缺水地区的现状用水水平，高等节水水平基本达到目前世界领先水平，[1] 据此确定主要用水指标（表 4-12）。

天府新区主要用水指标一览表　　　　　　　　　　　　　　表 4-12

用水指标	一般节水水平	中等节水水平	高等节水水平
污水回用率（%）	10	20	30
雨水综合利用率（%）	2	3	6
城镇人均综合生活用水量 [L/（人·d）]	300	290	280
农村人均综合生活用水量 [L/（人·d）]	180	160	150
亩均灌溉用水（m³/ 亩）	300	260	240
万元工业 GDP 用水量（m³/ 万元）	25	21	18
其他水量占生活生产水量的比例（%）	10	8	6

（三）基于水资源平衡的人口容量

根据规划期末可供水资源总量，选取适宜的人均用水标准预测人口规模，按下式计算：[2]

$$P_t = W_t / w_t \qquad\qquad （式 4-7）$$

式中　　P_t——预测目标年末人口规模（单位：万人）；

　　　　W_t——预测目标年可供水量（单位：立方米 / 年）；

　　　　w_t——预测目标年人均综合用水量（单位：立方米 / 人·日）。

结合《天府新区水资源承载力专题研究》，预测人口规模如下（表 4-13）：

---

① 邱建 . 四川天府新区规划的主要理念 [J]. 城市规划，2014，38（12）：84-89.

② 李传新 . 城市总体规划中人口预测方法的应用 [D]. 呼和浩特：内蒙古师范大学，2011.

天府新区水资源承载能力预测结果 表 4-13

	一般节水水平	中等节水水平	高等节水水平
可供水量（亿 m³/a）	14.4	15.8	18.3
人均综合用水量（m³/人·d）	1100	920	810
可承载人口（万人）	360	475	620

可以看出若不考虑跨区域调水，三级不同节水水平下区域内可以承载的人口数分别为 360 万、475 万和 620 万。[①] 根据国内外节水现状及趋势分析，在对区域内水资源和用水情况进行严格管理的情况下，天府新区可以达到高等节水水平。如"引大济岷"工程在规划期内实施，区域内可用水量会大幅增加，可承载的人口数量还会大幅提升。

第三节 基于短板控制的城市规模

一、基于水资源承载力的城市规模

综合土地、生态、水资源承载力分析，天府新区基于资源承载力分析的人口最大规模预测如下（表 4-14）。

天府新区资源承载力预测结果一览表 表 4-14

	预测人口（万人）
土地承载力法	921
环境容量法	784
水资源承载力法	620

基于以上分析，天府新区各项要素支撑力中以水资源支撑能力最小，资源承载力预测的最大人口规模为 620 万。考虑到未来区域调水工程——"引大青济岷"工程的实施，将使水资源支撑能力有所提升。因此，基于承载能力短板控制的城市人

---

① 贾滨洋，张平淡，昝晓辉等. 如何利用水环境资源承载力确定城市规模研究——以天府新区为例 [J]. 环境科学与管理，2015（05）：16-19.

口规模控制在 600 万 ~ 650 万，建设用地规模控制在 600 ~ 650km²。

二、城市规模的减量控制

2015 年在修订天府新区总体规划时，基于国家严格控制特大城市人口规模的政策要求及规划实施以来人口增长趋势以及水资源、水环境对人口的承载能力的约束，[1] 进一步研究并调减规划人口规模。主要考虑了以下几个方面：

一是，《国家新型城镇化规划（2014—2020 年）》[2] 提出："严格控制城区人口 500 万以上的特大城市人口规模"，政策要求明确。同时，国务院关于设立天府新区的批复中也要求："要坚持最严格的耕地保护制度和最严格的节约土地制度，合理安排建设用地的规模、结构、布局和时序，统筹新增建设用地和存量土地挖潜，切实节约集约利用土地"，对节约集约利用土地提出了更高的要求。[3]

二是，规划 2011 ~ 2015 年五年常住人口年均增量为 30 万人，而实际 2012 ~ 2014 年三年年均增量为 20.5 万人（以天府新区实际建设的 2012、2013、2014 年三个年度计算人口年均增量），未实现规划目标。参考高速发展时期浦东新区、滨海新区两个发展较早的国家级新区的人口增速（前者在 2000 ~ 2009 年间常住人口由 240 万人增长到 419 万人，年均增速 6.4%；后者在 2008 ~ 2013 年间常住人口由 203 万人增长到 279 万人，年均增速为 6.6%），天府新区在 2015 ~ 2020 年间常住人口增速应在 6% ~ 7% 之间，因此应参照此增长率调低原总体规划人口规模预测。

三是，成都天府国际机场启动建设，将带动周边区域发展，天府新区周边设立的协调管控区成为新的产业拓展空间，这将有利于疏解成都人口、产业过度集聚的压力，有利于促进成都大都市圈的构建，带动龙泉山东侧区域加快发展。因此，规划调减天府新区范围内发展规模，并在规划协调管控区适度统筹安排发展空间。

四是，根据水资源量的测算，2020 年前，在"引大青济岷"工程未实施的情况下，通过增加都江堰调水、增加再生水供应量，并考虑主城区统筹供水，天府新区水资

① 赵坚. 助推新产业革命，当废止严控特大城市人口和土地政策 [DB/OL]. 2019-09-04[2020-07-21]. http://k.sina.com.cn/article_6192937794_17120bb4202000z0o2.html?from=news& subch=onews.
② 中共中央国务院. 国家新型城镇化规划（2014 ~ 2020 年）[DB/OL]. 2019-09-04[2020-07-21]. http://k.sina.com.cn/article_6192937794_17120bb4202000z0o2.html?from=news& subch=onews.
③ 中共中央国务院. 国务院关于同意设立四川天府新区的批复 [DB/OL]. 2014-10-14[2020-07-21]. http://www.gov.cn/zhengce/content/2014-10/14/content_9142.htm.

源支撑人口上限为 350 万人。

根据水环境容量的测算，在再生水重复利用率高、排放标准较高的条件下，2030 年天府新区的水环境容量适宜人口 500 万左右（国家《水污染防治行动计划》对于水环境保护及功能区达标率的要求将进一步提高，因此天府新区的水环境容量适宜人口较原总体规划低）。

因此，天府新区规划总人口 2020 年调整为 350 万人，2030 年调整为 500 万人。其中，城镇人口 2020 年为 320 万人，2030 年为 480 万人。随着人口规模调减，规划城镇建设用地 2020 年控制在 400km² 以内，2030 年控制在 580km² 以内。

本章参考文献：

[1] 周一星. 城市地理学 [M]. 北京：商务印书馆，1999.

[2] 许学强，周一星，宁越敏. 城市地理学 [M]. 北京：高等教育出版社，2008.

[3] 陆林. 人文地理学 [M]. 北京：高等教育出版社，2006.

[4] Jefferson M. The Law of the Primate City [J]. Geographical Review，1939，29：226–232.

[5] 许学强，周一星，宁越敏. 城市地理学 [M]. 北京：高等教育出版社，2008（4）：124–128.

[6] 张毓. 三大都市圈城市规模与旅游发展的关系及互动机制 [D]. 西安：陕西师范大学，2017.

[7] 石薇. 基于生态承载力的城市发展规模研究 [D]. 苏州：苏州科技学院，2013.

[8] 周一星. 城市地理学 [M]. 北京：商务印书馆，1999.

[9] 顾海燕. 城市建设用地总规模预测研究 [D]. 南京：南京师范大学，2014.

[10] 张志强，孙成权，程国栋等. 可持续发展研究进展与趋向 [J]. 地理科学进展：1999，14（6）：589–595.

[11] 刘思华. 对可持续发展经济的理论思考 [J]. 经济研究，1997（3）：46–54.

[12] 李松志，董观志. 城市可持续发展理论及其对规划实践的指导 [J]. 城市问题：2006（7）：14–20.

[13] 陈英，张仁陟，张军. 土地利用可持续发展位理论构建与应用 [J]. 中国沙漠：2012，32（2）：574–579.

[14] 刘淑苹，张文开，张军. 基于生态足迹的可持续发展建设用地面积预测——以福建省为例 [J]. 水土保持研究，2008，15（4）：196–203.

[15] 马玉香，陈学刚，高素芳. 基于生态足迹的新疆可持续发展建设用地面积预测研究 [J]. 干旱区资源与环境，2011，25（5）：25–29.

[16] 唐奈勒·梅多斯，丹尼斯·梅多斯，约恩·兰德斯. 超越极限——正视全球性崩溃，展望可持续的未来（Beyong the Limits：Confronting Global Collapse Envisioning a Sustainable Future）[M].

上海：上海译林出版社中译本出版，2001.

[17] 吕玉婷. 基于区域环境承载力的西北干旱地区小城镇发展规模及模式研究 [D]. 西安：西安建筑科技大学，2008.

[18] 邱建. 四川天府新区规划的主要理念 [J]. 城市规划：2014，38（12）：84-89.

[19] 王浩，江伊婷. 基于资源环境承载力的小城镇人口规模预测研究 [J]. 小城镇建设：2009（03）：53-56.

[20] 蒋蓉. 城乡统筹背景下成都市地震应急避难场所规划研究 [D]. 成都：西南交通大学，2012.

[21] 李大虎. 川滇交界地段强震潜在危险区深部结构和孕震环境研究 [D]. 北京：中国地震局地球物理研究所，2016.

[22] 董顺利，李勇，乔宝成，马博琳，张毅，陈浩，闫亮. 汶川特大地震后成都盆地内隐伏断层活动性分析 [J]. 沉积与特提斯地质，2008（03）：1-7.

[23] 徐水森，任寰，宋杰. 龙泉山断裂带地震活动性浅析 [J]. 四川地震，2006（02）：21-27.

[24] 黄祖智，唐荣昌. 龙泉山活动断裂带及其潜在地震能力的探讨 [J]. 四川地震，1995（01）：18-23.

[25] 王巍巍，莫罹. 低冲击发展模式下水源地保护的新路径 [J]. 环境科学与管理，2011，36（10）：12-16+40.

[26] 四川省住房和城乡建设厅，中国城市规划设计研究院. 四川省成都天府新区总体规划（省委常委会汇报稿）[DB/OL]. 2011-08[2020-07-21]. http：//www.doc88.com/p-1025429360547.html.

[27] 赵欣. 鄂州市适度人口容量研究 [J]. 经营管理者，2015（08）：181.

[28] 景林艳. 区域水资源承载能力的量化计算和综合评价研究 [D]. 合肥：合肥工业大学，2007.

[29] 杨书娟. 基于系统动力学的水资源承载力模拟研究 [D]. 贵州：贵州师范大学，2005.

[30] 杨钉. 锦江天府新区直管段水环境问题研究 [D]. 成都：西南交通大学，2016.

[31] 四川省环境保护厅. 建设项目环境影响报告表：联工路道路工程环评报告 [DB/OL]. 2017-11[2020-07-21]. http：//www.docin.com/p-2081134421.html.

[32] 都江堰河流概况 [DB/OL]. 2017-11[2020-07-21]. http：//www.docin.com/p-886799434.html.

[33] 四川省环境保护厅. 建设项目环境影响报告表：澳科利耳成都新建项目环评报告 [DB/OL]. 2018-05[2020-07-21]. http：//www.docin.com/p-2153879291.html.

[34] 黄飞. 三岔湖底泥污染物释放规律研究 [D]. 成都：西南交通大学，2011.

[35] 四川省环境保护厅. 建设项目环境影响报告表：滨湖城环评报告 [DB/OL]. 2017-07[2020-07-21]. https：//jz.docin.com/p-1968956078.html.

[36] 苏人琼. 黄土高原地区水资源合理利用 [J]. 自然资源学报，1996（01）：15-22.

[37] 加快构建节水型天府新区的对策研究 [DB/OL]. 2016-11-03[2020-07-21]. http：//blog.sina.cn/dpool/blog/s/blog_51df0f1f0102wtpf.html?vt=4.

[38] 张新华，段永波．浅谈沧州地区农业水资源高效利用发展方向 [J]．农家科技：中旬刊，2018，000（005）：163-163.

[39] 全国节水灌溉规划（2008）.

[40] 李传新．城市总体规划中人口预测方法的应用 [D]．呼和浩特内蒙古师范大学，2011.

[41] 贾滨洋，张平淡，昝晓辉等．如何利用水环境资源承载力确定城市规模研究——以天府新区为例 [J]．环境科学与管理，2015（05）：16-19.

[42] 赵坚．助推新产业革命，当废止严控特大城市人口和土地政策 [DB/OL]．2019-09-04[2020-07-21]. http：//k.sina.com.cn/article_6192937794_17120bb4202000z0o2.html?from=news&amp；subch=onews.

[43] 中共中央国务院．国家新型城镇化规划（2014 ～ 2020 年）[DB/OL]．2019-09-04[2020-07-21]. http：//k.sina.com.cn/article_6192937794_17120bb4202000z0o2.html?from=news&amp；subch=onews.

[44] 中共中央国务院．国务院关于同意设立四川天府新区的批复 [DB/OL]．2014-10-14 [2020-07-21]. http：//www.gov.cn/zhengce/content/2014-10/14/content_9142.htm.

生态优先的规划路径

生态优先发展思想是英国等西方国家在经历了工业革命所带来的环境污染和生态破坏之后进行深刻反思的结果。在城市规划和建设过程中，为人类提供的生产生活方式及强度在时间和空间尺度上存在一个生态健康范围，当规划超过这个范围时，如果生态环境的保护具有优先权，即是生态环境保护优先的规划路径。生态优先主张经济过程与自然过程的协调，强调生态环境建设与资源合理利用在经济、社会发展中的优先地位，藉此来引导社会经济活动。生态优先是协调社会各项发展的前提基础，强化了生态与环境保护的意识，将人类的发展和自然生态环境的发展统一起来，是生态经济生产力系统运行的基本规律，体现了生态理性规划的本质要求。

第一节　生态保护优先的理论基础

在城乡规划建设领域，生态优先要求把生态环境的保护放在首要考虑的位置，保持生态安全底线思维，保持生态系统结构不断优化和持续更新演替，保持规划建设与生态环境的和谐。对于面临全新规划和建设的新城而言，生态优先作为一种思想方法，其目的是加强人们的生态意识，避免以牺牲生态环境来谋取经济利益的发展方式，将人的发展和自然环境的发展协调起来，实现城市与自然的耦合，最终创建可持续的适宜于健康生活的人类聚居环境。为此，国内外学者开展了富有成效的探索，积累了丰硕的理论和实践成果，有效指导了天府新区的规划设计构思与实践。

一、设计结合自然

伊恩·麦克哈格（Ian L. McHarg）是第一个把生态学引入城市规划中的景观设

计学家，被公认的生态规划与设计的创始人。其著作《设计结合自然》（Design with Nature）深刻地阐述了人与自然的关系，猛烈抨击了现代城市发展由于轻率和不假思索地应用科学技术，已经损坏了环境、降低了其可居住性。麦克哈格从生态的角度出发，将"规划"与"设计"提升到了生态科学的高度，提出以生态原理进行规划操作和分析的方法，辨识了空间规划设计应充分考虑的生态要素，提炼出设计结合自然的生态设计思想和方法，遵循下面两个基本原则：

一是，生态系统可以在一定干扰范围内承受人类活动所带来的压力，但这种承受能力是有限度的。因此，人类应该与大自然合作，而不是与大自然为敌。

二是，某些生态环境对人类活动特别敏感，从而影响整个生态系统安全，设计结合自然告诉我们人类的活动不应该破坏人类赖以生存的自然环境。

作为生态设计方法，设计结合自然是一种与自然相作用、相协调的工作方法，是一个统一的框架，帮助重新审视对景观、城市、建筑的设计以及人们的日常生活方式和行为。主要体现在四个方面：

（1）自然过程规划：视过程为资源，通过提出"千层饼"模型，对自然过程逐一分析，然后叠合相关因素，找出具有良好开发价值又能满足环境保护要求的地域。

（2）生态因子调查：收集土地信息，包括：原始信息和派生信息。

（3）生态因子分析综合：对各种因素进行分类、分级，构成单因素图，再根据具体要求用叠图技术进行叠加或用计算机技术归纳出各级综合图。

（4）规划结果表达：进行土地适应性分区，每个区都能显示规划区的最优化利用方式，如：保护区、保存区和开发区。

生态设计方法在单一土地利用基础上进行土地利用集合研究，即多种利用方式研究，通过矩阵分析土地利用的兼容度，绘在现存和未来的土地利用图上，揭示出地域是个相互作用的系统，强调土地利用应当适应生态结构，并以此来保证城市生态系统的安全。

"千层饼"模型通过将多个环境科学、社会科学和经济学学科知识进行综合来解决问题，考虑场所中的阳光、水、风、土壤、植被以及能量等设计要素，并将其带有场所特性的自然因素结合在设计之中，从而维护人与自然的和谐健康，[①] 目前仍然是确定生态安全格局中"生态源"的支撑方法，被广泛应用于天府新区规划设计过程。

---

① 林晓光. 基于生态优先的新城规划——以成都天府大道南延片区为例 [D]. 重庆：重庆大学，2007.

二、景观生态学理论

景观生态学是近 40 年迅速崛起的一门关于景观结构、功能和动态特征研究的新学科，是一门建立在地理学与生态学基础上的交叉学科，着重分析由不同生态系统组成的异质性地表空间单元的整体空间结构、相互作用、功能协调以及动态变化，尤其关注空间格局和生态学过程的多尺度相互作用研究。[①] 它将地区环境的生态系统和各种类型的土地使用分布进行整合，把整个"城市—区域"视为一个土地嵌合体，用斑块—廊道—基质模式来描述在区域及景观尺度里空间模式的过程与变迁（Forman，1995 年）。景观生态学与传统的生态学不同，并不限于研究"纯粹的"自然环境系统，而是特别关注受到人为影响与改变的自然系统形式、功能运作与空间布局模式。[②]

土地嵌合体这个概念由哈佛大学设计学院景观建筑系理查德·福尔曼教授提出。土地嵌合体系统相当于一个景观单元，是由各类景观空间元素组成的若干个生态系统的集合体。从更大空间范围而言，土地嵌合系统可扩充为一个由各种景观单元组成的区域单元，构成一个更为复杂的整体。通常都市圈或者城市—区域即落在这样的区域单元尺度上。土地嵌合理论为生态科学与城市规划设计两个不同领域的研究者与从业者进行沟通提供了理论基础，例如大小、形状不等的斑块，宽度与连接度不同的廊道，以及各种聚合或者分散形式的基质分别为栖息地研究、地文与水文过程以及土地使用规划提供各自有用的、不同的分析与分类范畴。

景观生态规划理论以景观生态学为基础。关注景观单元尺度下景观空间布局及其生态流动在一定时间内的变化规律。景观可以被看作是一种介于社会过程与自然过程的人类活动空间，由社会过程与自然过程互动交织而成，景观正是其空间载体和表现。因此，自然与社会两个过程在空间层面上的整合，正是景观生态学被发展成为一种规划理论的根本原因之一。

景观生态规划与景观生态学一样，所作用的是自然与人类社会所构成的空间整体及其在空间与时间上的变迁。其所隐含的整体性原则强调整体并不等同于个别元素的简单相加。这就要求景观生态规划不仅仅要强调景观建筑所关注的视觉品质或者地理学所关注的实质环境因素等单一的方面，而是更关注景观作为人类生存环境的空间整体这个复杂的系统，并了解应如何介入或改变其整体的空间模式与生态流

---

① 曾辉，陈利顶，丁圣彦 . 景观生态学 [M]. 北京：高等教育出版社，2017.
② 林晓光 . 基于生态优先的新城规划——以成都天府大道南延片区为例 [D]. 重庆：重庆大学，2007.

动过程。整体性原则使得景观生态规划不可避免地成为一种跨领域的知识与方法。从而揭示复杂的区域景观是如何产生、如何运作以及如何被改变的。[①]

三、生态安全格局理论

1995 年，Forman 提出了"斑块—廊道—基底"的景观空间格局表达模式，大大促进了景观格局的研究。[②]景观生态学对水平生态过程的关注，加深了人们对景观过程的认识，为景观规划提供了新的科学基础。俞孔坚在 Forman 的基础上，提出了生态安全格局概念，定义为：特定的景观构型和具有重要生态意义的少数景观要素，由一些关键性的局部、点及位置关系构成，这些结构和景观要素对景观生态过程具有关键支撑作用，一旦遭受破坏，生态过程和功能将受到极大影响。[③、④] 这种对维护和控制某种生态过程有着关键作用的格局，称之为安全格局。

俞孔坚基于 Knaapen 等人（1992 年）提出的最小累积阻力表面（MCR）模型以及 GIS 表面扩散技术对景观生态规划进行了实践探索，构建了城市生态安全景观格局，包括：重要生态用地（源）的辨识、阻力面的建立和安全格局的判别。其中，在生态安全格局缓冲区的识别时，通过分析获得的最小累计阻力面，可形成两种曲线，其中一条曲线是最小累计阻力值与面积的关系曲线。通常情况下，这种曲线存在一些阶段性的门槛值，景观对物种的阻力会因缓冲区范围向外不断扩展而增加，但并不是呈均匀的速率增加，有时增加平缓，有时增加迅速，这些门槛值确定了缓冲区范围。[⑤-⑧]

生态安全格局的研究成果，从国家、区域及城市不同尺度上开展了大量实证研究，取得了一系列代表性成果，建立了宏观、中观、微观三个尺度的生态基础设施

① 杨沛儒."生态城市设计"专题系列之三——景观生态学在城市规划与分析中的应用 [J]. 现代城市研究，2005（9）：32–44.

② Forman R T T. Some general principles of landscape and regional ecology[J]. Landscape Ecology，1995，10（3）：133–142.

③ 俞孔坚，王思思，李迪华等.北京市生态安全格局及城市增长预景 [J]. 生态学报，2009（03）：1189–1204.

④ 苏泳娴，张虹鸥，陈修治等.佛山市高明区生态安全格局和建设用地扩展预案 [J]. 生态学报，2013，33（5）：1524–1534.

⑤ 俞孔坚.生物保护的景观生态安全格局 [J]. 生态学报，1999，19（1）：9–14.

⑥ Yu K J. Security patterns and surface model in landscape ecological planning[J]. Landscape and Urban Planning，1996，36（1）：1–17.

⑦ Yu K J. Ecological security patterns in landscape and GIS application[J]. Geographic Information Sciences，1995，1（2）：88–102.

⑧ Knaapen JP，Scheffer M，Harms B.Estimating habitat isolation in landscape planning[J]. Landscape and Urban Planning，1992，23（1）：1–16.

规划。在国土尺度上，对江河源区中的水源涵养、洪水调蓄、沙漠化防治、水土保持和生物多样性保护等五个最关键的生态过程进行系统性分析，构建了基于五种生态过程的国土尺度生态安全格局。① 在城市尺度，通过对水资源安全、地质灾害、生物多样性保护、文化遗产和游憩过程的系统分析，判别出维护过程安全的关键性空间格局，进而叠加单一过程，构建具有不同安全水平的综合生态安全格局。② 在小区尺度上，注重雨洪管理和生物保护的生态用地的保护。③

生态安全格局理论方法较好地解决了之前景观生态规划在实际案例操作层面上的困难，景观生态学的理论观点在实践中得以更好的体现。相对于传统规划设计试图回答"在哪些地方做些什么"，生态安全格局首先回答的是"在这些地方不能做什么"的问题，使规划设计对自然和社会的风险降到一个较低的范围。④

四、可持续发展思想

可持续发展是当今世界发展的主题，其核心思想是实现环境、资源与社会的协调发展。可持续发展思想的形成经历了相当长的历史过程，早在中国古代《吕氏春秋》一书中便提到："竭泽而渔，岂不得鱼，而明年无鱼；焚薮而田，岂不获得，而明年无兽"，其中便包含可持续利用、可更新资源的思想。

20世纪50～70年代，人们在经济增长、城市化加快、人口压力、资源浪费等环境压力下，对增长简单等于发展的模式产生怀疑。美国学者巴巴拉·沃德（Barnara Ward）和雷内·杜博斯（Rene Dubos）于1972年出版的《只有一个地球》一书，把人类生存与环境的认识推向一个新境界——可持续发展境界。同年，罗马俱乐部发表的研究报告——《增长的极限》，明确提出"持续增长"和"合理的、持久的均衡发展"概念。1972年，在斯德哥尔摩"人类环境会议"上通过了《人类环境宣言》。1987年召开的"世界环境与发展委员会"（WCED）发表了《我们共同的未来》，第一次真正科学的论述了可持续发展的概念。1992年，在巴西里约热内卢举行的联合国环境与发展大会上，提出了全球可持续发展框架，获得与会者共同承认。自此，

① 王萌萌，李海龙，俞孔坚等.国土尺度土壤侵蚀生态安全格局的构建[J].中国水土保持，2009（12）：32-35.
② 俞孔坚，王思思，李迪华等.北京城市扩张的生态底线——基本生态系统服务及其安全格局[J].城市规划，2010（02）：19-24.
③ 俞孔坚，乔青，李迪华等.基于景观安全格局分析的生态用地研究——以北京市东三乡为例[J].应用生态学报，2009（08）：1932-1939.
④ 朱怀.基于生态安全格局视角下的浙北乡村景观营建研究[D].杭州浙江大学，2014.

可持续发展作为一种通向未来的新的发展观，在各个国家未来的发展规划中被广泛采纳。

可持续发展思想的本源是人和自然环境在历史发展进程中的相互协调关系，人是可持续发展的主体，人类的生存环境是可持续发展思想讨论的主题。经过近 30 多年的探讨与发展，可持续发展不仅涉及生态环境，其外延已经扩展到经济、社会、政治、文化、科技等方面。

世界大多数城市都以可持续发展观来分析研究自身发展问题，并作为城市发展的重要指导原则之一。随着 20 世纪 70 年代以来世界范围的环境污染、资源浪费、人口剧增等一系列问题的日益严重，人们越来越重视社会、经济与环境的协调发展和人工生态系统的良性循环，"生态城市"作为国际第四代城市的发展目标被正式提出，人们开始运用生态学原理和方法来指导城市建设。

城市可持续发展是以城市发展的理想值为城市建设目标，运用新的理念、方法和技术手段研究城市的发展要素、物质要素以及生态环境要素的特征和互相协调关系，以保证城市能长期处在和谐、高效的动态运转状态。城市可持续发展强调城市在面向未来的发展过程中，要形成一种以人为主体的有机结构体，充分考虑人和城市环境的有机融合性，最终实现城市人、经济、社会文化活动与城市环境一体化的高度有机协调发展。[①]

五、人居环境科学理论

20 世纪 50 年代道萨迪亚斯（C.A.Doxiadis）创立了"人类聚居学"，以人类聚居为研究对象，最终目标是"创造使居民能幸福、安全地生活"的人类聚居。[②]道萨迪亚斯借鉴了自然界中有机物的组织结构，认为城市里既要包含有不同层次、不同规模的活动单位，又要把宜人的居住社区与高效的交通网络结合起来，两者缺一不可。为了使人们获得一个平衡的环境，必须使城市细胞（如居住社区）保持静止，城市的发展靠不断增加新的细胞来实现。道萨迪亚斯还提出了城市在宏观上的动态发展模式——"动态城市结构"，即城市及其中心区沿一条预先确定的轴自由扩展。强调要使目前的城市走出混乱境地走向有序，就必须注意从自然系统、人类系统、社会系统、居住系统到网络系统的五个要素，"我们必须力求五个要素在各个层次

---

① 林晓光.基于生态优先的新城规划——以成都天府大道南延片区为例 [D]. 重庆：重庆大学，2007.
② 吴良镛.人居环境科学导论 [M]. 北京：中国建筑工业出版社，2001.

上达到和谐"。^① 在其设想中，城市发展的理想模式就是一个静态的细胞和动态的整体结构的综合体，即在微观上每一部分都是静止的、稳定的，在宏观上整个城市呈现动态发展。

人居环境科学理论是在"人类聚居学"的基础上发展而来，并在实践过程中不断发展完善。我国著名城市规划专家吴良镛先生（2001年）在其《人居环境科学导论》一书中进一步发展了人类聚居学理论，提出了系统的人居环境理论框架，初步建立起一套由多学科组成的开放的人居环境学科体系。该体系以建筑、地景、城市规划三位一体的广义建筑学为"主导专业"，同时融合经济、社会、地理、环境等外围学科，用于指导人居环境建设。该书指出：人居环境的核心是"人"，人居环境研究以满足"人类居住"需要为目的；大自然是人居环境的基础，人居环境是人类与自然之间发生联系和作用的中介，理想的人居环境是人与自然的和谐统一。吴良镛教授通过对全球和中国人居环境问题和矛盾的深入思考，提出人居环境建设的五大原则：

（1）正视生态的困境，增强生态意识。

（2）人居环境建设与经济发展良性互动。

（3）发展科学技术，推动经济发展和社会繁荣。

（4）关怀广大人民群众，重视社会发展整体利益。

（5）科学的追求与艺术的创造结合。

就具体规划实践而言，提出了人居环境的设计观："在规划设计管理中，对区域—城市—社区—建筑空间的发展予以协调控制，使人居环境在生态、生活、文化、美学等方面，都能具有良好的质量和体形秩序"。提出人居环境规划设计汇"时间—空间—人间"为一体的规划设计时空观，并认为这种时空观应是永远不断发展变化的。^②

尽管《人居环境科学导论》理论研究更多处在宏观层面，还需不断充实发展，但是该理论思想的形成对于建立具有中国特色的城市规划科学和解决城市发展中的众多问题均有重大意义。^③

综上所述，生态环境保护与城乡规划结合已有丰富的理论基础，对天府新区规划设计产生了深远的影响。天府新区规划在吸收已有理论和方法的基础上，在实践

① 邢海峰. 新城有机生长规划论：工业开发先导型新城规划实践的理论分析 [M]. 吉林：吉林出版集团有限公司，2004：38.

② 吴良镛. 人居环境科学导论 [M]. 北京：中国建筑工业出版社，2001.

③ 林晓光. 基于生态优先的新城规划——以成都天府大道南延片区为例 [D]. 重庆：重庆大学，2007.

中进一步完善城市规划理论内涵，重塑"价值理性"思维范式，从生态视角调整理性思维内部不同维度关系，视人、自然和社会为有机联系、相互制约的统一整体，从生态优先角度保证生态本底安全，兼顾人—自然—社会复合系统的整体利益，并实现人与自然的协调共生。

第二节　天府新区生态基底分析

前述天府新区城市人口和建设用地规模预测过程体现了科学理性的精神，遵循了生态环境优先的原则。在此基础上，天府新区规划从生态基底分析入手，首先辨识出以"山、水、田、林、湖"为生态本底的非城市建设用地范围并在规划时予以刚性保护，构建天府新区区域生态保护格局，[①] 突显生态本底完整性，切实践行生态优先、绿色发展的规划理念，为规划建设高品质的城乡人居环境奠定良好的生态基础。

一、自然格局

天府新区地貌特征丰富，具有山体、湖泊、丘陵、台地、平原等多种地貌，形成了"三山四水两湖"的整体自然格局。区内高程在海拔 350 ～ 1050m 之间，总体西北、西南较高，东南较低。

二、山

在天府新区内平行分布着三座山脉，分别为：龙泉山、彭祖山、长秋山（余脉延伸至牧马山）。东侧的龙泉山脉是规划区内最重要的城市景观风貌要素，是天府新区东部的自然生态屏障。牧马山、彭祖山由西南方向延伸至天府新区境内。山区现状生态保育较好，林地资源较丰富。这三座山脉不仅界定了新区的边界，也是新区建设布局的重要生态风貌影响要素（图 5-1、图 5-2）。

---

① 邱建. 四川天府新区规划的主要理念 [J]. 城市规划，2014，38（12）：84-89.

图 5-1　天府新区境内山体分布图
图片来源：引自《四川省成都天府新区成都分区生态环境与绿地系统控制规划（2012—2030）》

图 5-2　龙泉山实景
图片来源：朱勇拍摄

三、水

　　天府新区内包括岷江和沱江两条水系，区内水网纵横，蜿蜒曲折，不仅有东风渠、鹿溪河、锦江等河流水系，也形成了三岔湖、龙泉湖、张家岩等三座大、中型水库，鲢鱼水库、土门子水库、百工堰水库等数十座小型水库，主要分布于龙泉山。另外还有大小溪流无数，河流、沟渠丰富，总水面面积逾 40km²。成都平原独特的水网系统是天府新区生态环境的重要要素，也是景观风貌营造的重要因素（图 5-3）。

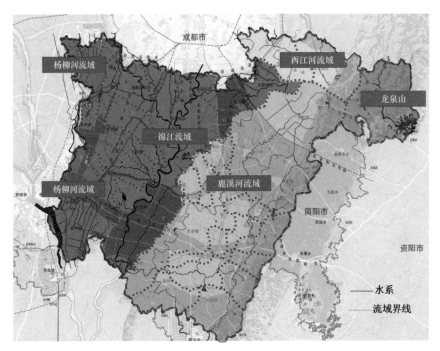

图 5-3　天府新区境内水系分布图

图片来源：四川省成都天府新区总体规划（2010—2030）

四、田

成都平原为冲积平原，土地肥沃，农业发展水平较高，2000多年来形成了独特的平原农田景观和郊野休闲文化。天府新区范围内除城镇和丘地外，还有一定数量的农田。传统的田埂分隔与多样化的农业品种，形成了随四季变换色彩、风貌独特的农田景观。而四川地区独有的林盘景观，更是体现了传统人与自然和谐相处的共生关系（图5-4、图5-5）。[①]

五、林

天府新区是成都平原森林资源相对较少的地区，现状林地主要集中于龙泉山脉以及双流县南部丘陵台地地区，现状林地资源以有林地为主，其次为灌木林地、宜林地。林地总面积为281km²，占总面积的约22%（图5-6）。坝区、丘陵地区分布

---

① 吴岩，王忠杰. 公园城市理念内涵及天府新区规划建设建议 [J]. 先锋，2018（04）：27-29.

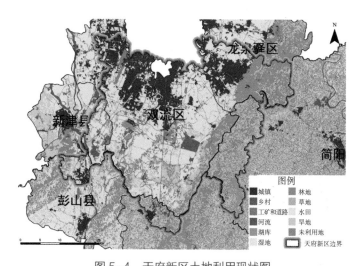

图 5-4　天府新区土地利用现状图

图片来源：四川省成都天府新区总体规划（2010—2030）

图 5-5　田园实景图

图片来源：朱勇　拍摄

图 5-6　锦江生态带

图片来源：天府新区自然资源和规划建设局信息中心提供

有极具成都平原特色的林盘。另外，现状城市建设区已建成一定城市绿地，主要包括：道路、河道两旁的绿带、城市周边防护林带、高速公路和铁路周围防噪林、城市广场绿地等，总面积约 3.6km²。

六、湖

天府新区境内大小湖泊散布，主要以两大湖泊为代表：三岔湖和龙泉湖。三岔湖位于成都市简阳市，是都江堰龙泉山灌区水利工程的大型屯蓄水湖泊，也是四川省第二大湖泊。[①] 三岔湖面积 121km²，水域面积 27km²，蓄水 2.27 亿 m³，镶嵌着 113 个孤岛和 160 多个半岛，有 240km 迂回曲折的湖岸线，湿地面积达 3km²。[②] 龙泉湖位于西距三岔湖 28km 的成渝高速路旁，水域面积 5.5km²，库容 7000 万 m³，湖内岛屿 14 个，半岛 12 个，湖岸线长 54km，[③] 形成了山、水、岛环抱的湖光山色（图 5-7）。

天府新区现状"山、水、田、林、湖"等生态资源较丰富，规划注重保护自然生态本底，优化生态系统，为建设生态田园城市提供了生态环境保障。

---

① 焦梦歌，张帅，孙静 . 从人工到自然——四川简阳市三岔湖景观规划设计探讨 [J]. 中国园艺文摘，2014，30（06）：149-150.

② 刘琴 . 区域合作：三岔湖迎来"西部"机遇 [N]. 成都日报，2009.

③ 阳帆，刘星 . 简阳旅游谱新篇 天府雄州展新颜 [N]. 四川日报，2014-04-16（16）.

图 5-7　远眺龙泉湖

图片来源：朱勇　拍摄

第三节　天府新区生态格局保护

一、系统构建原则

（一）有利于建设长江上游生态屏障

天府新区位于长江上游，其生态环境，特别是水质安全直接影响四川省乃至整个长江中下游地区的经济社会发展和生态环境安全。必须控制和维护天府新区生态系统安全，降低对全省污染，以涵养水源、保持水土、改善人类自身及众多野生动物的生存环境，为长江上游生态屏障建设乃至长江流域的生态平衡和国土安全做出积极贡献。

（二）有利于保障成都平原生态安全

天府新区所处的成都平原城镇群是四川省人口最密集、城镇最集聚、工业最发达的地区，强烈的人类活动，高强度的开发，造成植被稀少，水土流失比较严重，生态环境比较脆弱。必须维护天府新区良好的生态环境，降低水土流失，恢复植被、涵养水源、调节气候，[1] 为保障成都平原经济区的生态安全发挥示范作用。

（三）有利于形成完整的天府新区生态空间系统

城市的总体空间布局对生态系统的构建和完善具有基础性作用。天府新区紧邻

---

[1] 邢宇. 基于"反规划"方法下的成都天府新区绿色空间体系构建 [D]. 成都：四川农业大学，2013.

成都老城区，建设用地安排必须与老城区实现安全的生态隔离，防止"摊大饼"式粘连发展、无序蔓延。整体空间布局要留足功能区之间的生态空间安全距离，预留城市生态隔离带、走廊、通风口、"绿肺"等生态屏障空间，安排具有生态战略意义的"留白"区域，形成完整的生态网络空间系统。

二、总体生态格局

成都市市域生态总体格局为"两环两山，两网六片"。其中，"两环"指环城生态区和成都市第二绕城高速生态带；"两山"为龙门山和龙泉山，是成都市重要的生态屏障，面积达 4477km²；"两网"为市域水网和绿道网；"六片"为六个防止中心城区与卫星城粘连发展的功能明确的生态隔离区（图 5-8）。[①]

天府新区位于成都市的东南部地区，与中心城区以环城生态区相隔离，形成相对独立的发展格局。同时，位于天府新区东部的龙泉山是市域重要的生态廊道之一，并通过龙泉山—三圣乡生态绿楔和彭祖山—锦江生态绿楔延伸至天府新区，也是天

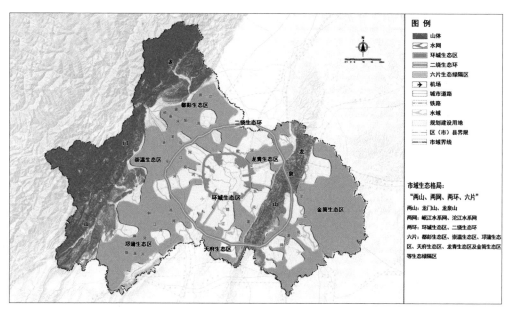

图 5-8　成都市域生态格局图
图片来源：成都市城市总体规划（2011—2020）

---

① 成都市风景园林规划设计院，成都市规划设计研究院.成都市绿地系统规划（2013～2020）.成都市林业和园林管理局，2015.

府新区生态格局的重要组成部分。①

区域生态系统保护不仅与受保护对象的面积有关，而且与其空间格局有直接影响。生态系统的质量不是一个单纯由量决定的问题，最重要的是空间格局和质的问题，应建立一个战略性的自然系统结构，最大限度、最高效地保障自然和生物过程的完整性和联系性，同时给城市扩展留出足够的空间，②并避免城市对自然系统造成过多人为干扰，恢复并增强自然系统的自我调节能力，让生态发挥服务功能，以此增强整个城市对自然灾害的抵御能力和免疫力。③

构建区域生态安全格局的根本目的就是通过自然生态与经济社会的空间统筹，促进经济发展与自然生态保育的共生，实现生态与经济的良性循环和可持续发展。④根据前述 Forman 的景观格局优化模式，区域生态安全格局的构建包括两个方面：一是，对大型的自然植被斑块、水面作为物种生存和水源涵养等重要生态功能区进行保护，促进区域生态系统稳定发展。二是，通过生态绿楔、生态廊道和生态节点的建设，以水平方向的链接，强化城镇发展空间与生态源（或种群源）的有机联系，拓展生态源的服务功能，缓解经济开发活动对自然生态系统的影响和破坏，增加城镇发展空间内部的景观异质性。⑤

天府新区规划依托龙泉山生态源和彭祖山生态源组织多条生态绿楔和生态廊道，并在生态源和廊道之间构建有机联系，将生态环境引入了城市组团，构建一个有机、稳定的生态系统网络，形成"双屏藏源，多廊融城"的宏观生态格局（图 5-9）。⑥

三、生态用地规划

天府新区通过构建区域总体生态格局，优先保护区域内的生态用地，并予以刚性规划控制，在生态用地之外再合理布局城镇建设用地。通过设定核心生态网络体系，保持天府新区生态本底整体形态，坚持维持自然地貌的连续性，顺应自然地形

① 唐泽文. 天府新区规划生态布局优先 成都采用反规划手段 [DB/OL]. 2011-12-14[2020-07-21]. http://news.cntv.cn/20111214/102965.shtml.
② 洪铁城. 景观设计学在中国的诞生 [J]. 鄱阳湖学刊, 2015（01）: 19-40.
③ 杨圣勇. 基础工程设施景观化 [J]. 黑龙江科技信息, 2008（02）: 115, 149.
④ 唐燕秋, 陈佳, 颜文涛. 基于空间途径的快速城市化区域生态安全战略研究——以重庆北部新区为例 [J]. 安徽农业科学, 2012, 40（03）: 1702-1705.
⑤ 李永春, 梅雪. 基于生态与景观安全格局的城市新区空间规划——以泉州市东海新区为例 [J]. 国土与自然资源研究, 2010（03）: 14-15.
⑥ 丁一, 卢庆芳. 城市生态安全构建研究——成都市天府新区新型城镇化的建设 [J]. 西南民族大学学报: 人文社会科学版, 2014, 35（10）: 156-159.

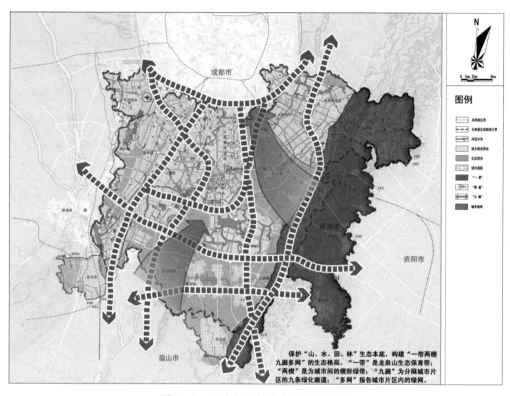

图 5-9　天府新区总体中生态格局图

图片来源：四川省成都天府新区生态绿地系统与水系规划（2012—2030）

地貌的形态，[①] 维系岷江、锦江、鹿溪河、东风渠、龙泉湖、三岔湖、湖泊及滨水地带的自然形态，保留水系、蓄水、泄洪等通道，保护湿地系统，[②] 注重龙泉山地区的生态修护，在城镇、产业发展组团间预留足够的生态用地（图 5-10）。

在保护生态用地的基础上，天府新区进一步深化形成了"一区两楔十一带"的生态绿地系统结构（图 5-11）。依托天府新区优越的山水资源，通过优化绿地布局结构，提高绿地配置效率和水平、丰富城市景观效果、改善城市环境质量等措施，将天府新区建设成为一个人居环境优良、生态系统良性循环的宜业、宜商、宜居的生态新区。

其中，一区：龙泉山生态修复区。是区域重要的生态绿地，规划围绕龙泉山建设天府新区最重要的生态服务区，实施严格的生态保育措施。规划，一方面划定龙泉湖水源保护区并严格保护，加强水库涵养林建设，维护水生态系统，改善水质。

① 胡存智 . 新《规划纲要》是这样编成的 [J]. 中国土地，2008（11）：18-20.
② 刘扬 . 民乐县土地利用结构优化与布局调整研究 [D]. 兰州：西北师范大学，2011.

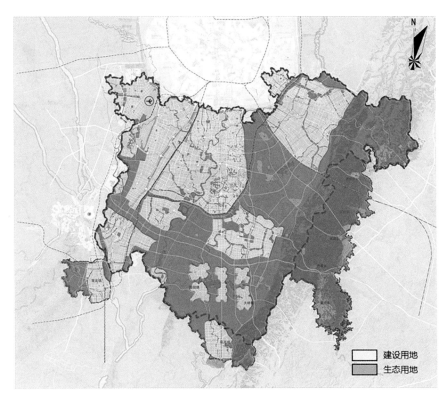

图 5-10　天府新区生态用地分布图

图片来源：四川省成都天府新区生态绿地系统与水系规划（2012—2030）

另一方面，加强修复森林植被，形成稳定的山地森林生态系统，强化东部生态屏障功能。

两楔：三圣乡—龙泉山绿楔和彭祖山绿楔。其中，三圣乡—龙泉山绿楔天府新城东侧楔形绿带规划作为都市休闲生态功能区，将建设都市郊野公园，形成天府新区的自然生态地标；彭祖山绿楔规划为文化休闲生态功能区，依托黄龙溪古镇、鹿溪河等特色资源，发展文化旅游、休闲度假旅游。规划保护绿楔内部耕地，协调区域绿地系统布局。三圣乡—龙泉山绿楔延续中心城三圣花乡绿楔格局，保护中心城通风廊道，并规划建设1处郊野公园，为鹿溪源郊野公园。彭祖山绿楔作为天府新区的"绿肺"，为新区提供良好的生态服务，规划建设2处郊野公园和1处森林公园，分别为跳蹬河郊野公园、锦江郊野公园、毛家湾森林公园。

十一带：规划在新区内各组团之间，沿重要水系、铁路、高速路、快速路形成"四横七纵"11条生态廊道。其中"四横"分别为环城生态区、货运外绕线生态绿

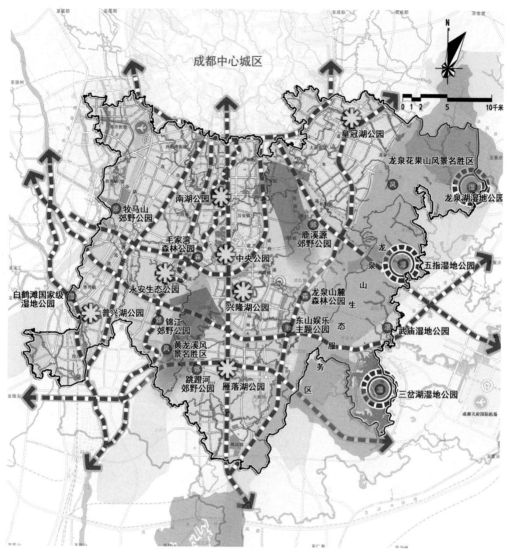

图 5-11 天府新区绿地系统规划图

图片来源：四川天府新区总体规划（2010—2030）（2015 版）

带、第二绕城高速生态绿带、跳蹬河生态绿带；"七纵"分别为岷江生态绿带、成昆铁路生态绿带、利州大道隔离绿带、天府大道绿带、锦江生态绿带、东风渠生态绿带和新机场高速生态绿带。严格保护水系岸线的自然走向并充分加以利用。以河流和绿带为主要生态廊道，串连楔形绿地、城市公园、公园绿地和湖泊，共同构建城乡生态格局，提高天府新区生态系统稳定性，形成绿网，分隔各城市组团和产城单元。

第四节 天府新区生态功能区划

天府新区制定了具有针对性和差异化的生态管控措施和生态建设引导，结合区域总体生态安全格局，对生态用地明确生态功能区划。

生态功能区的空间划分首先满足符合生态空间格局的安排，考虑不同片区的自然生态特征和具备的核心生态要素，便于管控和有利于生态建设的实施，功能区划分还考虑到城乡边界和行政区划，使生态控制和建设要求落到实处。规划将天府新区生态用地划分为三类生态功能区，分别为：生态涵养区、生态服务区和生态协调区（图5-12）。

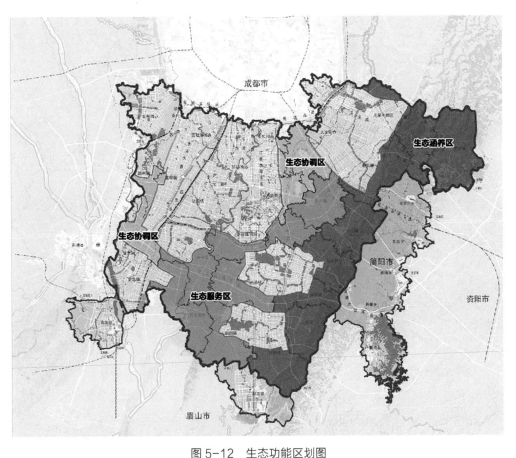

图 5-12　生态功能区划图

图片来源：四川省成都天府新区成都分区生态环境与绿地系统控制规划（2012—2030）

一、生态涵养区

生态涵养区主要为龙泉山区域，该片区以山地为主，有大量湖泊水库点缀分布，主要生态功能为水源涵养、水土保持、气候调节、生物多样性保护、雨水蓄留、林产品提供和景观展示，是规划区范围内主要的生物栖息地。

二、生态服务区

生态服务区主要是三圣乡—龙泉山绿楔和彭祖山绿楔，基本上属于鹿溪河流域和锦江流域，地形以浅丘为主，河流沟渠等水体较多，主要的生态功能是雨水调蓄、气候调节、景观展示、污水净化、生物迁徙、文化展示和农产品，因其生态要素和区位，应当成为规划区内的生态空间组织枢纽，为生物提供迁徙廊道，为市民提供游憩空间。

三、生态协调区

生态协调区主要是临近城市的乡镇区域，地形以浅丘、台地为主，主要生态功能是生态隔离防护、景观展示和农产品提供（图 5-12）。[①]

本章参考文献：

[1]　林晓光 . 基于生态优先的新城规划——以成都天府大道南延片区为例 [D]. 重庆：重庆大学，2007.

[2]　曾辉，陈利顶，丁圣彦 . 景观生态学 [M]. 北京：高等教育出版社，2017.

[3]　杨沛儒 . "生态城市设计"专题系列之三——景观生态学在城市规划与分析中的应用 [J]. 现代城市研究，2005（9）：32-44.

[4]　Forman R T T. Some general principles of landscape and regional ecology [J]. Landscape Ecology，1995，10（3）：133-142.

[5]　俞孔坚，王思思，李迪华等 . 北京市生态安全格局及城市增长预景 [J]. 生态学报，2009（03）：1189-1204.

---

① 汤萌萌 . 基于低影响开发理念的绿地系统规划方法与应用研究 [D]. 北京：清华大学，2012.

[6] 苏泳娴，张虹鸥，陈修治等.佛山市高明区生态安全格局和建设用地扩展预案 [J].生态学报，2013，33（5）：1524-1534.

[7] 俞孔坚.生物保护的景观生态安全格局 [J].生态学报，1999，19（1）：9-14.

[8] Yu K J. Security patterns and surface model in landscape ecological planning[J]. Landscape and Urban Planning, 1996, 36（1）: 1-17.

[9] Yu K J. Ecological security patterns in landscape and GIS application[J]. Geographic Information Sciences, 1995, 1（2）: 88-102.

[10] Knaapen JP, Scheffer M, Harms B.Estimating habitat isolation in landscape planning[J]. Landscape and Urban Planning, 1992, 23（1）: 1-16.

[11] 王萌萌，李海龙，俞孔坚等.国土尺度土壤侵蚀生态安全格局的构建 [J].中国水土保持，2009（12）：32-35.

[12] 俞孔坚,王思思,李迪华等.北京城市扩张的生态底线——基本生态系统服务及其安全格局 [J].城市规划，2010（02）：19-24.

[13] 俞孔坚,乔青,李迪华等.基于景观安全格局分析的生态用地研究——以北京市东三乡为例 [J].应用生态学报，2009（08）：1932-1939.

[14] 朱怀.基于生态安全格局视角下的浙北乡村景观营建研究 [D].杭州：浙江大学，2014.

[15] 吴良镛.人居环境科学导论 [M].北京：中国建筑工业出版社，2001.

[16] 邢海峰.新城有机生长规划论：工业开发先导型新城规划实践的理论分析 [M].吉林：吉林出版集团有限责任公司，2004.

[17] 邱建.四川天府新区规划的主要理念 [J].城市规划，2014，38（12）：84-89.

[18] 吴岩，王忠杰.公园城市理念内涵及天府新区规划建设建议 [J].先锋，2018（04）：27-29.

[19] 焦梦歌，张帅，孙静.从人工到自然——四川简阳市三岔湖景观规划设计探讨 [J].中国园艺文摘，2014，30（06）：149-150.

[20] 刘琴.区域合作：三岔湖迎来"西部"机遇 [N].成都日报，2009.

[21] 阳帆，刘星.简阳旅游谱新篇　天府雄州展新颜 [N].四川日报，2014-04-16（16）.

[22] 邢宇.基于"反规划"方法下的成都天府新区绿色空间体系构建 [D].成都：四川农业大学，2013.

[23] 成都市风景园林规划设计院，成都市规划设计研究院.成都市绿地系统规划（2013～2020）.成都市林业和园林管理局，2015.

[24] 唐泽文.天府新区规划生态布局优先　成都采用反规划手段 [DB/OL].2011-12-14[2020-07-21].http://news.cntv.cn/20111214/102965.shtml.

[25] 洪铁城.景观设计学在中国的诞生 [J].鄱阳湖学刊，2015（01）：19-40.

[26] 杨圣勇.基础工程设施景观化 [J].黑龙江科技信息，2008（02）：115，149.

[27] 唐燕秋，陈佳，颜文涛.基于空间途径的快速城市化区域生态安全战略研究——以重庆北

新区为例 [J]. 安徽农业科学，2012，40（03）：1702–1705.

[28] 李永春，梅雪 . 基于生态与景观安全格局的城市新区空间规划——以泉州市东海新区为例 [J]. 国土与自然资源研究，2010（03）：14–15.

[29] 丁一，卢庆芳 . 城市生态安全构建研究——成都市天府新区新型城镇化的建设 [J]. 西南民族大学学报：人文社会科学版，2014，35（10）：156–159.

[30] 胡存智 . 新《规划纲要》是这样编成的 [J]. 中国土地，2008（11）：18–20.

[31] 刘扬 . 民乐县土地利用结构优化与布局调整研究 [D]. 兰州：西北师范大学，2011.

[32] 汤萌萌 . 基于低影响开发理念的绿地系统规划方法与应用研究 [D]. 北京：清华大学，2012.

组合城市的布局结构

天府新区在规划总体布局遵循整体性、约束性、适应性、地域性原则，优先布局并刚性保护生态等非建设用地，在第三章所述"一区两楔十一带"生态绿地系统结构界定的范围之外寻找建设用地空间，因势利导地"催生"并形成组合城市空间布局结构形态，从空间布局实践上验证了生态理性规划理论的合理性。

第一节　组合城市规划布局理论基础

古希腊哲学家亚里士多德说："人们为了生活来到城市，为了生活得更好留在城市"。从空间属性看，城市是人类进行各种行为的产物，是在物质空间环境中体现和反映了城市经济活动、文化特色、生态环境及社会发展过程。城市空间布局作为城市空间组合的具象结果，在传统城市中呈现两极化趋势：一是，过于拥挤的中心区（产业区），如：北京、上海城市核心区，普遍存在交通拥堵、环境恶化、噪声污染等大城市病。二是，相对分散的城外空间，如：新城、新镇等，虽然有较好的自然生态本底和生活品质，但受制于社会效率、经济成本等，持续发展动力不足[1]。因此，深入研究城市空间布局发展规律和创新发展模式，科学布局城市人口、产业、土地等城市空间各构成要素，审慎决策城市框架结构，对实现城市更好发展具有重大意义[2]。

一、城市空间布局

（一）城市空间布局相关理论

城市化进程的高速推进，城市出现了一系列城市问题，也唤醒了人们对于城市

---

[1]　杨艳. 城市空间布局与规划发展研究 [J]. 科技展望，2016，26（014）：280.
[2]　魏广龙，任登军. 城市空间布局现状与未来趋势探讨 [J]. 人民论坛，2014，000（002）：241-243.

的关注，并形成了许多理想化的城市布局结构模型[①]。其中，城市地域结构理论作为研究城市空间特征及其演化规律的城市学基本理论，在 20 世纪 20 年代逐渐系统化、理论化。第二次世界大战之后随着城市的发展，城市地域结构的划分从传统地域结构模式的"城区—郊区"二分法演变为现代地域结构模式的"城区—边缘区—影响区"三分法，并形成"同心圆、扇形和多中心"三大经典模式（表 6-1），对后期城市规划理论的发展影响巨大，也为规划与生态的结合奠定了基础[②]。

三大经典城市布局结构模型   表 6-1

类别	模式图	特征
同心圆模式	同心圆学说示意图 1. 中心商业区；2. 过渡地带；3. 工人居住地带；4. 较好的居住地带；5. 使用月票者居住地带（通勤带）	1925 年，美国芝加哥大学教授伯吉斯根据芝加哥的土地利用和社会—经济构成的分异布局，提出同心圆模式，认为城市不同功能的用地围绕单一核心，有规则地向外扩展形成中央商务区、过渡带、工人阶级住宅区、高级住宅区和通勤居民等五个同心圆地带。该理论的中心观点认为人口的流动、分化导致地域的分异，最大的贡献在于运用动态的眼光研究城市，最大缺陷是没有考虑交通的作用，适用性有局限
扇形模式	扇形学说示意图 1. 中心商业区；2. 批发商业区、轻工业区；3. 低级住宅区；4. 中等住宅区；5. 高级住宅区	1939 年，美国土地经济学家霍伊特通过对北美 142 个城市的房租和城市地价分布的研究提出扇形理论，认为城市总是从中心向外沿交通干线或发展阻碍最小的路线延伸，也就是城市某一扇形方向的性质确定后就不会有很大变化。这一理论虽然强调了交通干线对城市地域结构的影响，但其最大缺陷也很明显：研究指标单一，忽略了对城市其他因素的描述
多中心模式	多核心学说示意图 1. 中心商业区；2. 批发商业区、轻工业区；3. 低级住宅区；4. 中等住宅区；5. 高级住宅区；6. 重工业区；7. 外围商业区；8. 近郊住宅区；9. 近郊工业区	1945 年，美国地理学家哈里斯和乌尔曼在研究不同类型城市的地域结构后发现，许多城市并非单一核心的整体，而是由若干围绕不同核心形成的不连续的地域组成，从而提出多核心理论。多核心模式比前两种模式更接近实际，认识到多元因素作用下城市形成的多元结构，涉及了地域分化中各种职能的结节作用，但对多核心之间的职能联系和等级分工缺少更深入的讨论

注：根据《城市规划原理》相关资料整理。

---

① 欧阳婕. 融合自然生态要素的丘陵城市空间布局研究 [D]. 长沙：湖南大学，2013.
② 秦鹤洋. 基于紧凑城市理论的大城市空间布局形态研究—济南为例 [D]. 济南：山东建筑大学，2016.

（二）城市空间布局内涵特征

城市空间布局结构是城市内人类活动与城市功能组织在空间上的投影，是城市经济、社会存在和发展的空间形式，表现了城市各种物质要素在空间范围内的分布特征和组合关系，它反映了城市资源要素的分布状况和利用程度[①]。作为一种组合状态，受城市地理、交通、经济、政策和文化等因素综合影响，城市空间布局结构也在不断发生变化（表6-2）。其中，地理和交通要素是影响城市空间布局的基础要素，经济和政策要素是影响城市空间布局的主导因素，文化要素是影响城市空间布局的内在因素。

城市空间布局结构的影响因素

表6-2

类别	内涵
地理要素	地理条件是影响城市空间布局的基础要素，决定了城市发展的客观可能性、城市空间结构形态、城市空间扩展的潜力、方向、速度和模式等。平原地区用地限制因素较少，传统的城市扩展基本表现为核心向外均匀扩展；山地丘陵地区地形条件复杂，建设成本较高，城市空间布局一般因地就势，表现为城依山、城嵌山、城落山和城融山等四种空间组合方式，城市空间布局相应表现为带状、组团状等模式；河网密布地区的河流或贴城，或夹城，或穿城，城市一般表现为跨江组团状发展或沿江带状发展
交通要素	地区空间的可达性在很大程度上决定了这一地区的土地用途和土地价格，从而对城市功能结构造成重大影响，而城市空间布局形态是城市功能结构变化的直接反应。空间可达性随着交通方式的改进和交通设施的建设而变化，这种变化会引起某一特定区位土地使用能力的连锁变化。土地价格的改变将直接影响到众多城市活动对此区位的竞争行为，导致土地使用方式经历相应的变化，从而引导城市的空间布局。另一方面，城市交通引导城市土地开发，从而对城市空间扩展具有先导作用，大容量公共交通可引导城市进行高强度、高密度的土地开发，形成紧凑的空间布局，小汽车交通则相反
经济要素	城市空间是经济发展的物质表现，经济要素是影响城市空间布局的主导因素，特别是在市场经济全球化的背景下，经济要素的全球流动导致城市正由"场所空间"向"流动空间"转变，即城市空间随着经济要素的流动而不断流动，经济要素流动对城市发展方向、空间扩张速度和城市更新节奏三个方面都带来极大影响
政策要素	城市发展在很大程度上依赖国家的投资和有关政策。国家层面的城镇化政策、管理体制、财税体制和土地管理体制，区域层面的城镇群规划、都市圈规划及行政区的调整，城市层面的工业园、高新区和科技园等园区的设置及城市发展方向的确立都直接影响城市的空间布局和空间形态的演变
文化要素	城市建筑是凝固的历史和文化，不同的文化价值观会对城市的空间布局产生不同的影响，我国封建社会中轴对称的城市空间布局与西方传统城市以教堂为中心的空间布局就形成鲜明对比，现代中西方汽车文化的盛行也在一定程度上促进了城市的蔓延

注：根据李强森《我国城市空间结构演变及其影响因素分析》资料整理。

[①] 李强森. 我国城市空间结构演变及其影响因素分析 [D]. 成都：西南财经大学，2009.

（三）城市空间布局与组合城市

在各类影响因素的综合作用和不同空间布局模式的指导下，城市逐渐进化出不同的结构，单中心集聚的城市布局结构和多中心组团式的城市布局结构（表6-3），并表现为单中心结构、带形结构、组团结构、星座结构等。[①]

城市空间布局结构的类型   表6-3

类别	基本特征
单中心集聚的城市布局结构	城市功能的组织基本是围绕核心区展开。单中心集聚发展导致城市无序蔓延与扩张，带来的人口密度过高、用地紧张、交通拥挤和环境恶化等一系列城市病
多中心组团式的城市布局结构	将大城市中心区过分集中的产业、人口和吸引大量人流的公共建筑分散布置在中心区外围的各个组团之中，组团之间以绿带分隔，此布局模式使城市各部分都能自由地扩展，其新的发展部分不会对原有城市产生破坏和干扰。因而，多中心组团式布局被认为是大城市扩张的主要发展趋势

注：根据相关资料整理。

随着城镇化进入高级阶段，城市与城市之间的经济产业、基础设施、人口流动等联系也愈发密切，城市组合发展的趋势愈发明显，这种趋势投射在空间上就形成了城市组合发展结构。典型的组合发展结构包括：城市群、大都市区、都市圈、组合城市等。

可见，组合城市是城市空间布局结构从单中心到多中心再到多个城市组合发展的发展状态，是统筹区域发展、高效组织城市空间、促进经济社会环境协调发展必然的选择，是天府新区作城市空间布局的重要指导。

二、组合城市解读

（一）组合城市的概念

组合城市在促进城市及区域经济协调发展方面具有重要作用，并得到部分学者的积极关注，形成一定的研究深度和广度。但随着都市圈、城市群、同城化、一体化等既具有合作价值又更容易被民众特别是政府所接受的新型城市合作形式在国内的出现，组合城市建设逐渐趋于边缘化，[②、③] 但作为城市合作的重要表现形式之一，

① 何枫鸣,胡安乾,刘志鹏."多中心、网络化"城市布局模式下滨海新区交通发展模式研究[J].城市,2011,000(009):34–38.
② 王宁.略论组合城市的理论与实践——以浙江省奉化市为例[J].规划师,2000(4).
③ 胡刚，姚士谋.构建环杭州湾巨型组合城市研究[J].经济地理,2002(3).

其发展理念一直影响着部分城市间的合作与协作，具有积极的现实意义，[①]并在天府新区规划实践中得到有效应用。[②]

结合国内外学者关于组合城市在城市形态、内涵界定、发展模式及区域融合等方面研究，将组合城市界定为由两个或多个功能全面复合的地域空间单元，同时在功能联系方面，每个地域空间单元都是共同联合进行发展的，这样由各个地域空间单元组合而成的一个城市地域实体。[③]组合城市实质为把城市划分为若干个单元城市，每个单元城市内部具有相似的功能，且它们都是独立的新城的概念，城市主城区相当于大型尺度的城市，城市副中心相当于中型尺度的城市，城市产业区相当于小型尺度城市，在每个尺度的城市内部就能进行居住和工作生活，不需要过长的通勤交通。[④]"组合"的含义不仅具有形态的特征，同时也有结构的特征，而正是后者使组合与非组合城市的区分增加了难度，因为城市都是结构要素的"组合"。组合城市结构要素的特点可展开单独研究，但应肯定的主要特点应是每一空间单元的综合功能，单纯按功能分区作为要素而布局的工业区、居住区等或仅为城市的一处"飞地"不应称为组合城市。

（二）组合城市的特征

同为多中心组团式的布局模式，组合城市与城市群、都市圈、组团城市在空间模式上有相近之处，但在地域尺度、功能联系、组织模式等方面存在不同的特征（表6-4）。

城市群、都市圈、组团城市等特征分析 表6-4

类别	核心区别	基本内涵
城市群	城市群是多个城市由于功能产业的联系形成的发展组合，是城市的集群但不具备一个城市的整体性	城市群是在特定的区域范围内云集相当数量的不同性质、类型和等级规模的城市，一般以一个或两个（有少数的城市群是多核心的例外）特大城市（小型的城市群为大城市）为中心，依托一定的自然环境和交通条件，城市之间的内在联系不断加强，共同构成一个相对完整的城市"集合体"。城市群是相对独立的城市群落集合体，是这些城市际关系的总和。城市群的规模有一定的大小，都有其核心城市，一般为一个核心城市，有的为两个，极少数的为三四个，核心城市一般为特大城市，有的为超大城市或大城市[⑤]

① 胡刚.从城市群走向组合城市 [J].特区经济，2006（12）.
② 邱建.四川天府新区规划的主要理念 [J].城市规划，2014（12）.
③ 王宁.略论组合城市的理论与实践：以浙江省奉化市为例 [J].规划师，2000，16（4）：103–111.
④ 伍伟伟.基于组合城市理论的四川天府新区空间布局研究 [J].住宅与房地产，2019（31）.
⑤ 戴宾.新型城乡形态的内涵及其建构 [J].财经科学，2011（12）.

续表

类别	核心区别	基本内涵
都市圈	都市圈是城市群内部围绕核心城市形成的圈层式空间，组团型城市是单个城市呈多中心发展的空间格局	都市圈是在城市群中出现的以大城市为核心，周边城市共同参与分工、合作，一体化的圈域经济现象。都市圈是一种特殊的地域空间组织形式，是经济、政治、文化和社会共同作用的结果。一般认为都市圈是在特定的地域范围内，以有一个或者多个经济较发达并且有较强城市功能的大城市或者特大城市为核心，以一系列不同性质、规模、等级的中小城市为主体，共同组成在空间上位置相近，在功能上紧密联系、相互依存的具有圈层式地域结构和经济一体化趋势的地域空间组织。都市圈最大的特点是圈内城市之间存在密切的互动关系，不同城市形成一个有机整体。可以认为，每个城市群都有一个或多个都市圈。都市圈属于同一城市场的作用范围，一般是根据一个或两个大都市辐射的半径为边界并以该城市命名[①]
组团城市	组团型城市是指单个城市各组团呈分散状布局，是大城市的城市形态	组团型城市是指单个城市各组团呈分散状布局，各组团在产业经济、功能、交通等方面都有密切的联系，是现代都市达到巨大规模后，为避免交通拥堵和环境恶化通过建立新区形成的多中心格局，也有将周围的城市扩展进来，从而形成一个新的组团型城市[②]
组合城市	组合城市的各城市组团在空间上相互独立，在功能上充分联系	组合城市是多个城市组合之后，在功能结构、空间布局、基础设施、生态格局上呈现出作为一个城市的整体性，内部各城市是平等的、行政独立的个体，并且组合城市常常会组建一个具有议事协调性质的管理机构，负责开展支撑组合城市发展的政策研究、规划管理、重大产业布局、重大项目推进和招商引资等工作，协调解决在推进建设过程中遇到的困难和问题，指导、督促各个片区管理机构加快推进组合城市建设

注：根据相关资料整理。

对比组合城市与其他各个概念可以看出，组合城市与城市群、都市圈、组团型城市最大的区别在于组合城市是多个城市组合之后，在功能结构、空间布局、基础设施、生态格局上呈现出作为一个城市的整体性，内部各城市是平等的、行政独立的个体，并且组合城市常常会组建一个具有议事协调性质的管理机构，负责开展支撑组合城市发展的政策研究、规划管理、重大产业布局、重大项目推进和招商引资等工作，协调解决在推进建设过程中遇到的困难和问题，指导、督促各个片区管理机构加快推进组合城市建设。由此，组合城市的各城市组团在空间上相互独立，在功能上充分联系，同时严格控制各组团边界，避免城市组团蔓延，组团镶嵌在生态空间、乡村空间之中，三者高度融合，体现了整体性和约束性原则。组合城市尊重现有城市发展基础，并因地制宜地有序、有机

① 张京祥，邹军，吴君焰等.论都市圈地域空间的组织 [J]. 城市规划，2001，25（5）：19–23.
② 王海燕.基于紧凑型的多中心组团式城市发展策略研究 [D]. 长沙：中南大学，2009.

生长出功能更完善的各独立组团，体现了适应性和地域性特征。组合城市的构成充分尊重了经济产业集聚规律、城市空间组织规律、生态系统良性发展规律、社会运行管理规律等，是在充分尊重规律的基础上构建起的城市空间结构，体现了科学性原则。

（三）组合城市的作用

城市组合的目的是在保持组团城市空间结构的前提下，集中城市资源，减轻区域经济内耗，降低交易成本，培育区域经济增长极，谋求区域经济的协调和发展，解决城市问题具有重要作用。首先，组合城市有利于集聚规模经济，促进区域交流合作，打造区域增长极，实现区域竞争优势。其次，有利于城市产业和要素互补，避免城市产业发展的趋同性，建立合理的产业分工，实现城市产业之间的优势互补，协同发展和合作共赢。再次，有利于解决"城市病"，利用多中心结构的城市总体布局，解决和避免了城市的无序蔓延，使更多的地区也能享受到生活工作所需的基础服务，防止人口向中心城区的高度集中，缓解了大城市的交通拥挤、资源短缺、环境污染等一系列"城市病"。[1]、[2]

总之，组合城市在生态优先的基础上充分结合现有的城市发展基础、产业功能、文化传统、空间特点以及管理方式，创新组合城市的布局结构，从规划层面避免了城市规模过大带来的无序蔓延、交通拥堵、环境污染等"城市病"，提高了城市空间的组织效率、城市生态环境品质、城市安全性和宜居性，为新时代的城市治理提供了非常适宜的空间尺度。

三、组合城市案例

组合城市提倡城市间平等互利合作，在不打破城市原有行政区划的状态下，高效配置各项资源促进区域协调发展，促进区域基础设施建设一体化和统筹区域生态格局，是加快大都市发展的一个比较切实可行的途径。当下，国内外知名城市以组合城市的建设逻辑，推动区域高速发展（表6-5）。

---

① 胡刚. 从城市群走向组合城市 [J]. 特区经济，2006（12）：12-14.
② 邱建. 四川天府新区规划的主要理念（MAIN CONCEPTS OF TIANFU NEW DISTRICT PLANNING IN SICHUAN PROVINCE）[J]. 城市规划，2014，038（012）：84-89.

组合城市案例分析 表6-5

城市	规模	特征
采用组合城市的模式聚集发展，形成了具有世界影响力的组合城市	旧金山湾区	旧金山本身只有120km²，75万人，但与另外一个大城市奥克兰和著名的伯克利大学所在地——伯克利城组合成一个大都市。这样，虽然行政区划不同，但大家所认可的是人口660万的大城市旧金山，即由上述旧金山市、奥克兰市、伯克利市等城市组合而成
	洛杉矶大都市区	洛杉矶80年前仅仅是一个几万人的小城市，在后来的发展中，经过不断的组合，现在已经成为一个由15个城市组合成的、1万多km²、由数千万人组成的巨大的组合城市
	达拉斯市—沃斯堡市	达拉斯市和沃斯堡市，两市相距50km，中间有阿灵顿、大草原城等城市和横跨两市全美第二大的达拉斯—沃思堡机场。这是一个非常典型的美国组合城市，拥有人口450万人，形成完整地城市，但是却没有一个统一的城市名称
构建组合城市核心是建立互惠互利的协调机制	孟哈姆—奈克	德国的城市孟哈姆，它与新城市奈克已连成一片，二者的协调是通过每周一次的市长联合办公会议解决，而不是简单地将城市合并
	厦门—漳州—泉州	厦门、漳州、泉州积极探索以建立城市联盟的方式实现城市组合发展。城市联盟第一次市长联席会议签订了《厦泉漳城市联盟宣言》，确定近期先从基础设施和社会事业项目开始，突破行政区划，在规划建设、区域交通建设、港口建设和岸线资源分配、区域基础设施建设、生态环境保护、旅游业发展等六个方面加强协调和衔接，加快厦、漳、泉组合城市的发展
构建组合城市重要的抓手是推进城区对接，对城市间的"空白"地，由组合城市双方共同投资开发是一种比较好的方法	深港湾区	深圳在河套地区创立"深港创新圈"，以科技合作为核心，以政府为主导、民间为基础、市场为准则，以港北教育研发集群及深南产业集群为主轴，全面推进和加强深港科技、经济、教育、商贸等领域的广泛合作。"深港湾区"又是一种合作开发的模式，它是指深圳与香港之间的海域，包括：深圳湾、大鹏湾、大亚湾等内的一个组合港湾。以"深港湾区"组合城市的视角来看深港两地海洋产业，能更好整合两地的岸线、岛屿、滩涂等海洋资源，充分发挥湾区整体的、综合性的资源优势，共同构建一个具有全球影响力的湾区组合城市
	宁波与舟山	宁波与舟山共同开发金塘岛，金塘岛是舟山离宁波最近的大岛，且深水岸线资源丰富，适宜建设大型深水港区。2005年3月，在大浦口深水岸线建设集装箱码头。舟山大陆连岛工程的实施，为金塘岛岸线资源的开发提供公路集疏通道的保障，极大地提升金塘岛的开发价值，金塘岛成为宁波舟山两城市组合发展的切入点和突破口

注：根据相关资料整理。

从国内外组合城市的发展历程可以看到，国外城市组合发展的时机更早，组合城市的空间形态和运行机制也更完善。而国内关于城市的组合的研究和发展相对滞后，大多是在城市高速发展和空间扩张后的被动选择，难以实现真正意义上的完全组合发展，于是通常采用城市合作共同开发新区的形式，这样很难完全达到组合城市的发展优势。相比之下，天府新区的组合城市之路更加具有前瞻性，在规划早期便及时把握住成眉、成资同城化，以及成都市内各区市县协同发展的趋势与机遇，有利于充分实现组合城市的发展红利和后发优势。

第二节 天府新区组合城市布局思路

在生态理性规划理念基础上发展而来的组合城市布局方法具有较强的普适性，在城市新区拓展规划、旧城更新规划、城镇群规划中均具有指导意义。但同时也应当注意，各地地理环境、发展阶段、发展诉求不同，实际运用中要理清思路，抓住工作的重点和主线，才能更好地发挥组合城市布局方法的价值。

一、影响因素

天府新区的城市布局重点考虑以下几个影响因素：

（一）强化区域联系

成渝经济区成为国家经济发展第四极，成都与重庆在各方面的联系将进一步增强。天府新区通过强化廊道和引入重要交通枢纽等方式应对成渝联动发展的需求（图6-1），同时辐射带动周边地区发展，从而实现优化四川省区域发展结构的目标。

（二）依托现有城镇及产业基础

天府新区范围内，已有双流城区、双流华阳片区、龙泉驿区城区、高新区综合片区、高新区大源片区等具备城市功能的城市组团或片区，同时成都高新区、龙泉国家经济技术开发区、双流航空港开发区等已具备一定的产业规模，产业基础良好，在空间布局上应充分结合（图6-2）。

图 6-1 天府新区区域联系示意图

图片来源：牟秋 绘制

图 6-2 天府新区产业基础示意图

图片来源：牟秋 绘制

（三）结合交通条件

天府新区范围内现状形成的道路交通骨架主要为环形放射结构，包括：成都第二绕城高速，铁路货运外绕线，成渝、成自泸、成雅高速以及多条跨龙泉山的通道。向南、西南及东南方向的交通放射走廊是城市空间拓展的重要影响因素（图6-3）。

（四）尊重生态环境

龙泉山、彭祖山、长秋山三条平行的山脉及余脉伸入天府新区内部，岷江、沱江两条水系的支流遍布区内。保护和利用山脉水系，选择大型生态绿化空间同样也影响新区的空间布局结构（图6-4）。

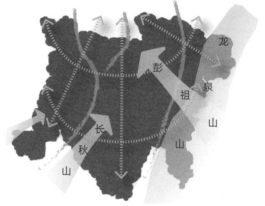

图6-3　天府新区交通条件示意图　　　　　图6-4　天府新区生态环境示意图
　　　图片来源：牟秋　绘制　　　　　　　　　　　图片来源：牟秋　绘制

二、布局原则

在充分考虑空间布局影响因素的基础上，天府新区规划借鉴田园城市、生态城市的先进理念，落实新型城镇化和生态文明建设的发展要求，形成合理的空间布局结构。总体布局原则包括：[①]

[①] 张毅．"四态合一"理念指导下的成眉战略新兴产业功能区（新津部分）城市设计[J]．规划师：2013年成都市规划设计研究院专辑，2013，29．

（一）山水环绕、组合布局

以资源约束和生态保护为前提，严格保护和控制区域生态环境；以自然山水和生态绿地为本底，促进城市与两湖一山、锦江等自然山水格局的有机融合；按照组合型城市的理念组织新区的空间布局结构，形成相对独立、功能互补、联系便捷、特色鲜明的各功能区。

（二）产城融合、三位一体

避免以往新区建设中重产业、轻城市的弊病，强调现代产业、现代生活、现代都市"三位一体"的协调发展，实现"两化"互动、"产城一体"融合发展，实现产业用地、生活用地、公共服务设施均衡布局，提供多元化的居住社区和完善的社会公共服务，充分体现"产城融合、三位一体"。

（三）集约高效、低碳智能

鼓励发展资源节约和环境友好型的产业，集约、节约利用资源；充分体现公交主导的绿色交通理念，强化公共交通和慢行交通在空间布局中的组织作用；构建低碳智能的基础设施保障体系，实现节水、节能和减少污染排放，提高资源配置和设施运行效率，提升城市应对重大灾害的能力。

（四）城乡统筹、生态田园

注重统筹城乡发展，以四川和成都的传统文化为基础，建设适合天府新区自身特点和发展阶段、具有创新性的城乡融合发展模式，建立城乡一体的产业布局和交通格局，统筹安排城乡公共服务和市政基础设施。规划强调城乡建设用地布局与自然生态资源、田园风光的有机相融，通过采用多中心、组团式、网络化布局，构建现代城市与现代农村和谐相融的新型城乡形态。

三、布局考量

遵循上述布局原则，结合实际对天府新区布局作如下考量：

（一）充分利用现有城市发展基础

天府新区范围内现状已具有多个较好发展基础上的城市区域，其中，高新区作为国家级高新技术开发区，既有雄厚的产业发展基础，也有良好的现代城市形态。双流县有东升、华阳两个规模较大的城区，依托双流机场发展的空港片区也初具规模。龙泉城区人口集中，同时拥有国家级经济技术开发区，产业发展势头良好。新津的普兴、金华片区主要为新材料产业功能区，具备一定的产业和人口基础，并有铁路货运枢纽。

（二）有利于优势集成和功能互补

天府新区现有的各个片区均具有一定规模的人口、产业，并且各有优势和特色。高新区的科研创新水平突出，高新技术优势明显，而且承接了中心城区行政办公、总部经济、高端商业、金融商务等功能，服务业聚集态势良好，中心地位显现；双流、龙泉、新津制造业基础深厚，并拥有空、铁国际交通枢纽的便利条件，与高新区能形成互补格局。

（三）具备区位和交通关联性、规模大致相当

高新区、双流华阳城区位于成都中心城区向南发展走廊上，龙泉位于成都中心城区向东发展走廊上，双流东升城区、新津位于成都中心城区西南向发展走廊上，几大区域均在成都中心城区 20km 范围内，相互之间距离也不超过 20km，交通联系性强。

同时，几个区域人口、经济规模大致相当。

（四）具备功能的综合性和相对独立性

高新、双流、龙泉、新津现状即为独立的城区，行政、商业、文化、教育、医疗、体育等各项城市功能相对完善，城市独立性强，对中心城区的功能依赖相对较少。

（五）减少行政区划调整带来的发展成本

通过组合城市的方式，实现各个城区的统筹协调，一体发展，可以避免行政区划调整带来的政府管理变动，减少发展成本。

因此，基于天府新区的发展基础和对未来特大城市发展趋势的判断，组合城市的布局结构应是适合的规划路径。

（六）确定空间组织方式

综合上述影响因素和布局思路，天府新区的空间组织方式确定为"中心集聚，

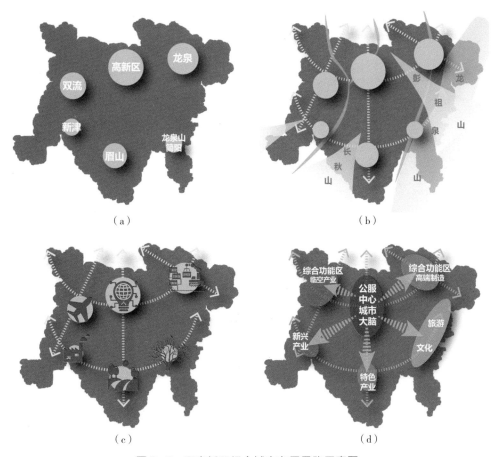

图6-5 天府新区组合城市布局思路示意图

（a）中心集聚；（b）走廊拓展；（c）组团分布；（d）中心服务

图片来源：牟秋 绘制

走廊拓展，组团分布"（图6-5）。其中：

（1）中心集聚：延续成都各级公共中心向南拓展的趋势，沿天府中轴集聚高端服务功能，集中布置各类生产、生活组织中心。

（2）走廊拓展：结合区域性交通廊道的走向，城市主要沿成眉乐的双流空港—新津—彭山发展走廊，沿天府大道的高新区—华阳—仁寿发展走廊，以及成资合作的龙泉驿—两湖一山—简阳发展走廊等三条走廊拓展。

（3）组团分布：为避免城市发展沿走廊无序蔓延，以及空间"摊大饼式"扩张，在确保城市集聚规模的基础上，依托山水格局、生态绿楔、交通廊道划定城市空间增长边界，形成组团分布的空间格局。

第三节　天府新区组合城市布局结构

天府新区充分考虑区域联系、产业基础、交通条件与生态环境等影响因素，形成组合城市布局形态，据此引导产业和城市的融合发展。[①-③]

一、组合城市空间结构

在空间结构上，天府新区以自然山水和生态绿地为本底，构建"一带两翼、一城六区"的空间结构，形成组团式、生态化、组合型的城市布局形态（图6-6）。

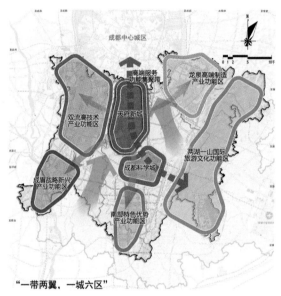

图6-6　天府新区空间布局结构图

图片来源：四川天府新区总体规划（2010—2030）（2015版）

"一带"为沿天府大道中轴线往南布局的天府新城、成都科学城和南部现代农业科技功能区,三大组团带形延伸的空间特征明显,组合形成高端服务功能聚集带。"两翼"为西侧依托双流、新津、眉山产业基础发展形成的城市空间,以及东侧依托龙泉、简阳产业基础发展形成的城市空间,"一带"与"两翼"之间分别有长秋山、彭祖

① 中国城市规划设计研究院，四川省城乡规划设计研究院，成都市规划设计研究院．四川省成都天府新区总体规划，2011.
② 成都市规划设计研究院．四川省成都天府新区成都部分分区规划，2012.
③ 邱建，李根芽．天府新区现代城市空间构建形态研究，四川省成都天府新区发展战略研究[M]．四川省人民政府研究室．四川省成都市天府新区发展战略研究．成都：天地出版社，2012.

山作为空间分隔,可以有效地避免各组团粘连发展。

"一城六区"均为构成组合城市的综合性组团,在空间上,"六区"以"一城"为中心呈环状布局,各组团之间有便捷的交通联系,包括从"一城"向"六区"的放射性道路和"六区"之间的组合环状道路,同时,各组团之间有严格控制的生态隔离带或自然山脉水系,从而保证了各自在空间上的独立性。

二、"一城六区"的城市功能

"一城"即天府新城,是天府新区的核心功能区,也是成都发展核心的重要组成部分,与成都主城中心共同构成"一核双中心";同时集聚发展中央商务、总部办公、文化行政等高端服务功能,是天府新区的生产组织和生活服务的主中心,为其他六个产业功能区乃至更大的区域提供完善的生产生活配套服务。天府新城与六个产业功能区之间保证便捷的联系,促进高端服务业与先进制造业的互动发展,体现组合城市的内涵(图6-7)。

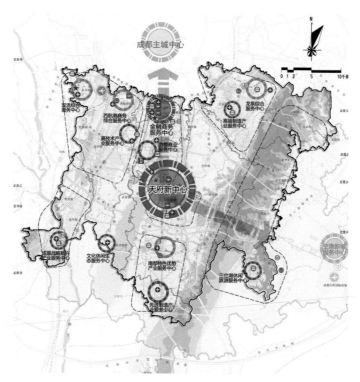

图6-7 天府新区公共服务功能结构图

图片来源:四川天府新区总体规划(2010—2030)(2015版)

"六区"是依据主导产业和生态隔离划定的六个产城综合功能区，集聚新型高端产业功能，并独立配备完善的生活服务功能。各功能区内按照产城一体的模式，强化城市功能复合，形成职住平衡、功能完善、相对独立的城市。

三、"一带两翼"的产业布局

功能决定形式。对城乡空间而言，功能业态既是基本职能，也是形成和发展的内在动力，功能业态的定位决定了空间形态的特点。天府新区作为现代高端产业集聚区、统筹城乡一体化发展示范区，现代制造业、高端服务业和现代都市农业构成的现代产业体系决定了产业新区有别于其他城市新区的形态特征。

按照"产业高端、布局集中"的原则，有选择地发展带动性强、技术密集、能形成竞争优势的主导产业，大力发展战略新兴产业和现代制造业，集聚发展高端服务业，积极发展休闲、度假、旅游和现代都市农业。同时，大力发展总部经济，加快现代金融、现代物流、创新研发、文化创意、行政服务、商务会展、高端消费等高端服务功能建设，推进生产性服务业与现代制造业的融合发展，打造西部高端服务业中心。

结合"一城六区"的组合城市布局形态和组团化的空间结构，天府新区具体的产业布局如下：

（一）"一带两翼"的总体结构

一带指中部的高端服务功能集聚带。天府大道中轴线向南延续，沿线布局天府新区主要的金融商务、科技研发、行政文化等高端服务功能。

"两翼"指东西两翼的产业功能带。依托现状成眉乐产业走廊，打造西翼的高新技术和战略性新兴产业集聚带；以现状龙泉经济技术开发区为基础，打造东翼的高端制造产业功能带（图6-8）。

（二）现代都市农业

天府新区充分挖掘现有农业生产潜力，重点发展现代都市农业，布局一批农产品深加工重大项目，建设四川农业产业化的示范基地。规划集中形成两大片都市农业区域，主要分布于一带两翼之间，兼具城市生态功能与农业生产功能，在促进城乡统筹的同时，推动绿隔地区农业生产、农业观光、休闲旅游业发展（图6-9）。

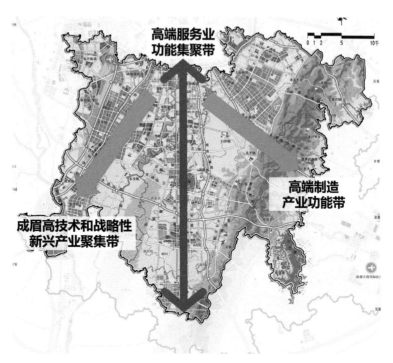

图 6-8　天府新区"一带两翼"结构图

图片来源：四川天府新区总体规划（2010—2030）（2015 版）

图 6-9　现代农业布局图

图片来源：四川天府新区总体规划（2010—2030）（2015 版）

（三）战略新兴产业、高技术产业和高端制造业

围绕再造产业成都的核心目标，打造西部领先、全国一流的现代产业集群，形成"两带六区"的布局结构。其中，"两带"包括成眉高技术和战略性新兴产业集聚带，重点发展新能源、新材料、电子信息；高端制造产业功能带，以现状成都经济技术开发区为基础重点发展汽车制造、航空航天、工程机械。六区包括：①成都经济技术开发区：以汽车研发与制造为主导，重点发展航空航天装备、工程机械制造。②空港经济开发区：以新能源产业为主导，重点发展光伏、风电与核电装备。③双流信息产业区：以电子信息与科技研发为主导，重点发展集成电路、软件服务与物联网。④成眉战略性新兴产业区：以新材料产业为主导，重点发展节能环保产业及科技研发。⑤东山科技产业区：以科技研发为主导，重点发展信息服务、中试孵化、总部办公等。⑥南部现代农业创新及生物技术研发产业区：以农副产品深加工为主导，重点发展现代农业科技研发、生物技术（图6-10）。

图6-10　工业与创新研发产业布局图

图片来源：四川天府新区总体规划（2010—2030）（2015版）

（四）高端服务业

打造以总部经济为特征的生产组织服务中心，立足现代制造业发展需求，大力发展金融商务、商贸物流、会展等高端生产性服务业，建设区域生产组织中心。推进生产型服务业与现代制造业的融合发展，通过服务业功能配套，促进各产业的集约与集聚发展，最大限度发挥高端产业集聚的规模效应，提升新区综合竞争力和辐射带动力。围绕广阔腹地消费需求，强化以文化休闲、高端时尚消费等为重点的生活服务功能，打造区域生活服务中心。

综合考虑服务业发展条件及重大项目建设情况，结合城市布局结构构建"一带、五区"的服务业总体空间布局。其中，"一带"即高端服务功能集聚带，重点发展金融、商务、国际会展、国际交流、总部经济、科技创新、文化娱乐、行政办公、商业、博览、文化创意等。"五区"为依据重大项目建设以及服务业对工业、农业的带动作用，在各功能区内规划若干个服务业聚集区，包括：龙泉现代服务业聚集区、空港现代服务业聚集区、成眉现代服务业聚集区、创新现代服务业聚集区、南部现代服务业聚集区，主要功能为信息服务、商务服务、文化创意、金融、商贸、房地产、教育培训、体育、医疗服务等。

立足天府新区的总体空间结构，综合考虑旅游业发展条件及重大项目建设情况，突出"口岸集散、主城依托、新城培育、生态支撑、园区融合"的理念，构建"一核、三带、四片、九组团"的旅游业总体空间布局。

其中，"一核"为天府新城文化旅游产业综合服务核心区；"三带"包括：锦江文化创意与商务度假旅游产业带、芦溪河主题娱乐与滨水休闲产业带、东风渠田园度假与休闲农业产业带；"四片"包括："两湖一山"康体养生与山地运动片区、东山—大林—黄龙溪田园度假与文化博览片区、天府新城—龙泉驿都市旅游与商务度假片区、东升—牧马山高端度假与国际空港片区；"九组团"包括：创意总部麓湖、顶级服务空港、诗韵古筑黄龙、浪漫田园东山、动情云崖三星、时尚悠闲牧山、生命运动天府、康体养生三岔、产业高端龙驿（图6-11）。

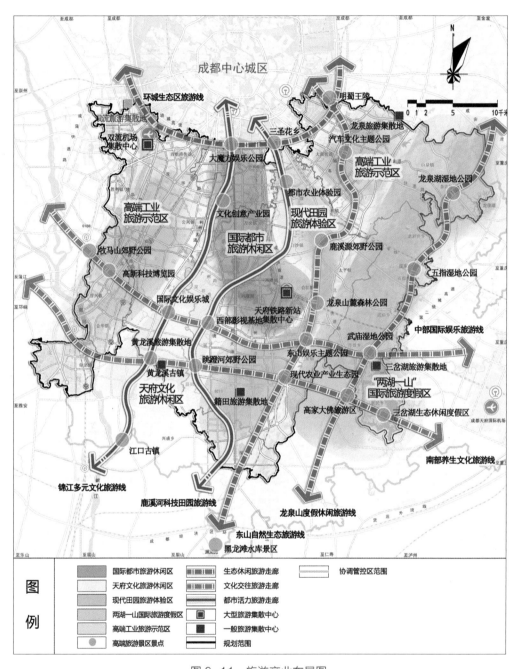

图6-11　旅游产业布局图

图片来源：四川天府新区总体规划（2010—2030）（2015版）

本章参考文献：

[1] 杨艳 . 城市空间布局与规划发展研究 [J]. 科技展望，2016，26（014）：280.

[2] 魏广龙，任登军 . 城市空间布局现状与未来趋势探讨 [J]. 人民论坛，2014，000（002）：241-243.

[3] 欧阳婕 . 融合自然生态要素的丘陵城市空间布局研究 [D]. 长沙：湖南大学，2013.

[4] 秦鹤洋 . 基于紧凑城市理论的大城市空间布局形态研究——以济南为例 [D]. 2016.

[5] 李强森 . 我国城市空间结构演变及其影响因素分析 [D]. 成都：西南财经大学，2009.

[6] 何枫鸣，胡安乾，刘志鹏 ."多中心、网络化"城市布局模式下滨海新区交通发展模式研究 [J]. 城市，2011，000（009）：34-38.

[7] 王宁 . 略论组合城市的理论与实践——以浙江省奉化市为例 [J]. 规划师，2000，4.

[8] 胡刚，姚士谋 . 构建环杭州湾巨型组合城市研究 [J]. 经济地理，2002，3.

[9] 胡刚 . 从城市群走向组合城市 [J]. 特区经济，2006，12.

[10] 邱建 . 四川天府新区规划的主要理念 [J]. 城市规划，2014，12.

[11] 王宁 . 略论组合城市的理论与实践：以浙江省奉化市为例 [J]. 规划师，2000，16（4）：103-111.

[12] 伍伟伟 . 基于组合城市理论的四川天府新区空间布局研究 [J]. 住宅与房地产，2019（31）.

[13] 戴宾 . 新型城乡形态的内涵及其建构 [J]. 财经科学，2011（12）.

[14] 张京祥，邹军，吴君焰等 . 论都市圈地域空间的组织 [J]. 城市规划，2001，25（5）：19-23.

[15] 王海燕 . 基于紧凑型的多中心组团式城市发展策略研究 [D]. 长沙：中南大学，2009.

[16] 胡刚 . 从城市群走向组合城市 [J]. 特区经济，2006（12）：12-14.

[17] 张毅 ."四态合一"理念指导下的成眉战略新兴产业功能区（新津部分）城市设计 [J]. 规划师：2013 年成都市规划设计研究院专辑，2013，29.

[18] 王苹等 . 成都市城市文态内涵解析 .

[19] 中国城市规划设计研究院，四川省城乡规划设计研究院，成都市规划设计研究院 . 四川省成都天府新区总体规划，2011.

[20] 成都市规划设计研究院 . 四川省成都天府新区成都部分分区规划，2012.

[21] 邱建，李根芽 . 天府新区现代城市空间构建形态研究，四川省成都天府新区发展战略研究 [M]. 四川省人民政府研究室 . 四川省成都天府新区发展战略研究 . 成都：天地出版社，2012.

[22] 胡俊 . 天府新区产城融合协调发展路径研究 [D]. 北京：清华大学，2013.

[23] 许健，刘璇 . 推动产城融合，促进城市轻型发展——以浦东新区总体规划修编为例 .

[24] 李文彬，陈浩 . 产城融合内涵解析与规划建议 [J]. 城市规划学刊，2012（7）.

[25] 胡宾，邱建，曾九利等 . 产城一体单元规划方法及其应用——以四川省成都天府新区为例 [J]. 城市规划，2013（8）：79-83.

[26] 林华 . 关于上海新城"产城融合"的研究——以青浦新城为例 [J]. 上海城市规划，2011（5）.

产城融合的空间组织

《雅典宪章》（1933 年）提出的功能分区理论为现代城市的发展指明了方向。但过度的功能分区违背了城市的有机发展规律，出现产城分离、职住"钟摆"现象，导致环境污染、交通拥堵等大城市病。近年来，城市建设逐步回归朴素的自然生态观，探索"人本、活力、复合和协调"的产城融合发展模式，以顺应工业化时代和经济全球化背景下产业和城市互动发展的现实要求。天府新区规划秉持生态理性思维，通过产城融合的城市布局方法实现生产、生活、生态空间的协调，建设生态理性视角下的产城融合示范区。

第一节　天府新区产城融合的规划导向

从世界经济发展的规律看，以工业为主体的经济结构（工业化时期）向以第三产业为主体的经济结构（后工业时期）变化是一个必然趋势，城市布局模式也从工业时期居住与生产分离向后工业时期混合模式转变，城市将融入更多的产业特征，从而体现为"产城融合"。[①]产城融合从以人为本的角度，以满足居民生产、生活需要为前提，产业与城市在空间、用地和功能上统筹布局和协同发展，形成有机融合与良性互动的发展局面。从城市规划角度看，"产城融合"是发展转型的必然要求，是优化城市空间结构、提升城市核心功能的主要手段之一，是城市规划响应社会经济发展转型的主要表现形式，[②]需要从以下几方面转变既有的规划导向。

[①] 胡俊. 天府新区产城融合协调发展路径研究 [D]. 北京：清华大学，2013.
[②] 许健，刘璇. 推动产城融合，促进城市转型发展——以浦东新区总体规划修编为例 [J]. 浦东规划建设，2012（01）：13–17.

一、功能至上向以人为本转变

从产业区和城市发展的进程（表7-1）看，产城融合本质上是从功能主义导向向人本主义导向的一种回归，由注重功能分区、注重产业结构，转向关注融合发展、关注人的能动性、关注创新发展的转型。[1] 相应地，城市规划的导向也应从加快生产要素集聚促进产业规模发展，逐步转向以人为本，致力于解决就业人口和普通市民对生活、交通、游憩等城市功能以及精神文化层面的需求。

产业区和城市发展的进程　　　　　　　　　　　表7-1

阶段	起步期	成长期	成熟期
关注重点	生产发展需求	以产业发展为重点，同时关注生产服务和就业人口的生活服务	更加关注就业人口和居住人口结构的匹配，关注资本需求和空间生产的匹配

二、生产城市向生活城市转变

城市特征的时代表现是由其经济社会背景所决定的，工业化时代城市主要按照功能分区的理念，考虑土地成本、能源成本、交通成本等要素，表现为按区位分布的"生产城市"的特征；后工业化时代，城市依托信息网络的支持，注重生产和生活和谐相融，城市功能内部由集聚型向分散化转化，更多地体现出"生活城市"的特征。相应地，城市规划应结合生活城市的发展需求，关注生产空间、配套服务空间和消费空间的变化，适应城市空间结构的网络化、组团化，城市交通组织的集约化、智能化等发展趋势。

三、强调功能复合与空间融合

"产城融合"在空间上表现为居住和就业的融合，实质上则是城市产业、功能和空间的相互协调。从产业发展与城市功能的关系来看，城市产业主体由生产向服务转变，驱动城市创新增长，构成工业化与城镇化融合互动的"发展必然"。而随着产业结构的升级发展，更多的产业由生产型转向服务型，生产空间与生活空间的联系愈加紧密，特别是现代服务业的发展更需要紧密结合生活空间。因此，

---

[1] 李文彬，陈浩.产城融合内涵解析与规划建议[J].城市规划学刊，2012（7）.

城市规划不仅要适应生产、生产服务和生活、生活服务等功能复合的发展趋势，还需要转变功能分区的固有模式，通过适合产业空间特征的融合布局促进产城融合。①

四、协调产业类型与人口结构

产城融合指产业和城市融合发展，须以产业促进人口集聚和城市转型，使人、产、城三者之间和谐共生。一方面，产业结构决定城市就业结构，就业结构和人口构成决定城市功能与空间结构、城市规模、居住模式、生活配套设施的供给等诸多关键问题。②另一方面，就业结构和人口构成与社会服务需求密切相关，直接影响城市配套服务设施的供给。因此，产城融合发展的核心是产业结构、就业结构与人口结构的匹配。③与之相对应，城市规划需要从以往单纯重视人口规模与配套标准，拓展到研究产业结构、人口结构和消费结构的相互关系，只有三者匹配，才能促进真正的产城融合发展（图7-1）。

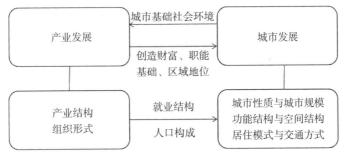

图7-1　产业发展与城市发展的关系
图片来源：朱勇　绘制

第二节　天府新区产城融合的规划思路

以生态理性规划理念为指导，按照产城融合的规划导向，充分借鉴相关理论和国内外城市新区发展的成功经验，天府新区产城融合的规划思路包括以下几个方面：

---

① 胡滨，邱建，曾九利等.产城一体单元规划方法及其应用——以四川省成都天府新区为例[J].城市规划，2013（8）：79-83.
② 林华.关于上海新城"产城融合"的研究——以青浦新城为例[J].上海城市规划，2011（5）.
③ 李文彬，陈浩.产城融合内涵解析与规划建议[J].城市规划学刊，2012（7）.

一、研判地区的发展阶段

基于产城融合的视角研判地区的发展阶段，主要是衡量该地区工业化和城镇化进程的匹配度（表7-2）。一般说来，大致有三种情况：一是发展起步期，主要是在发展基础相对"空白"的城市新区，产业和城市都还处于起步阶段；二是工业化进程快于城镇化；三是工业化落后于城镇化。对于起步阶段的地区，应以产城融合为目标，实现城镇发展与产业集聚相同步、就业增长和人口集聚相统一。对于产业发展较为成熟，但配套服务滞后的地区，着重加快生产服务配套，完善生活服务设施，营造宜居宜业的城市环境。对于产业发展滞后于城市发展的地区，则以加快产业转型升级和培育新兴产业为前提，同步加强产业与城市的空间融合、协调发展。

地区产城融合发展阶段分析 表7-2

发展阶段	产业和城市都还处于发展起步阶段	工业化进程快于城镇化	工业化落后于城镇化
重点地区	发展基础相对"空白"的城市新区	产业发展较为成熟，但配套服务滞后的地区	产业发展滞后于城市发展的地区
应对策略	以产城融合为目标，实现城镇发展与产业集聚相同步、就业增长和人口集聚	着重加快生产服务配套，完善生活服务设施，营造宜居宜业的城市环境	以加快产业转型升级和培育新兴产业为前提，同步加强产业与城市的空间融合、协调发展

天府新区人口基数较大，产业基础较好，产业集聚态势正在形成。2010年编制规划之时，GDP达到771亿元，人口173.6万人，其中城镇人口约为83.3万人，城镇化率达到48%。区内国家级、省级产业平台密集，拥有成都高新技术产业开发区、成都经济技术开发区2个国家级开发区（图7-2），双流经济开发区、新津经济开发区、彭山经济开发区3个省级开发区，以及11个国家级产业基地，正在建设新川科技园、综合保税区及7大国家特色产业基地。电子信息、汽车制造、新能源、新材料等主导产业发展迅猛，金融、科技、商务等现代服务业较为发达。但区内除了成都市高新区、双流县东升和华阳城区、龙泉驿区城区规划建设较好，其余大多还为城镇或农村地区，发展相对落后，城镇功能还不完善。综合来看，天府新区现状处于工业化进程快于城镇化的阶段。

成都已进入工业化后期，亟待在新的战略空间聚集更高层次的产业，实现产业绿色化和高端化发展。因此，天府新区应抓住机遇，坚持绿色发展，加快战略性新兴产业、现代制造业发展，推动现有产业转型升级，并依托工业化加速城镇化进程，实现工业化与城镇化同步发展。

图 7-2　成都高新技术产业开发区

图片来源：成都高新区发展改革和规划管理局

二、协调中心城区与新区的关系

城市新区的建设应与旧城优势互补、协调发展，发挥规模优势和提升服务能级，共建区域增长极和发展引擎；更要避免"摊大饼"式的蔓延发展。解决各种大城市病，通过功能完善、产城融合、空间隔离实现各自的既相互独立又相互联系的良性发展。因此，新区必须具有相对独立和完善的城市功能，能够"独立成市"，才能发挥作用，否则就会变成缺乏产业支撑的卧城或功能单一的产业园区。

根据《成渝经济区区域规划》，成都与重庆将形成两个发展极核。天府新区是成都极核的重要组成部分，其建设发展既要充分依托成都中心城，又要在功能上与中心城区有所区分，实现错位发展和优势互补，共同形成"一核、两市、双中心"的整体结构（图 7-3）。其中，"一核"指成都发展核。"两市"是指成都中心城区作为既有的 500 万人以上的特大城市，以优化开发为主，重点提升文化、商贸、金融等传统服务功能；天府新区作为新兴的特大城市，主要集聚新型城市功能，包括：科技、商务、行政文化、现代制造业基地和高新技术产业基地等。"双中心"是指成都主城中心和天府新区的新中心。

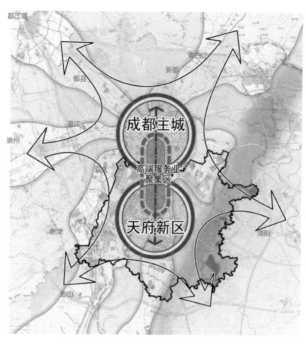

图 7-3　天府新区"一核、两市、双中心"结构图

图片来源：四川天府新区天府新城控制性详细规划及总体城市设计　2013 年

　　同时，天府新区应按照产城融合的思路，形成相对独立的产业支撑和完善的城市功能，与中心城构建"点对点"的快速交通联系，并通过适当的生态隔离避免城市空间无序蔓延（图 7-4、图 7-5）。

图 7-4　城市生态绿隔实景（环城生态区）

图片来源：锦城绿道项目

图 7-5　位于环城生态区的锦城公园

图片来源：锦城绿道项目

三、协调产业发展与人口结构

由于不同产业具有不同的就业弹性系数、不同层次的人力资本在三次产业的分配具有明显的差异，且第三产业具有就业弹性最高、单位产值吸纳劳动力数量最多、就业人口素质相对较高的特征，因此，城市新区的发展需要基于高端产业或产业高端的产业体系，聚集大量高素质的就业人口，形成稳定收入的人口群体，进而带动大批相关服务行业的同步增长，最终促进城市新区的健康可持续发展。

天府新区充分考虑了世界经济形势变化和国家宏观经济背景，立足四川的优势资源和区内的现有基础，把握经济发展重点转移和重大基础设施建设的时代机遇，按照"产业高端、布局集中"的原则，有选择地发展带动性强、技术密集、能形成竞争优势的主导产业，大力发展战略性新兴产业、高技术产业和高端制造业，集聚发展高端服务业、积极发展休闲度假旅游和现代农业，将形成技术型工人、知识型人才、服务型人才以及适量农业人口相结合的稳定型人口结构。

此外，天府新区通过促进优势产业互动，发挥集聚效应，积极引入新型特色产业，加强教育特别是职业教育的发展，形成产、学、研互动的产业体系，进一步提高产

图 7-6　成都高新区菁蓉汇
图片来源：朱勇　拍摄

业竞争力和就业人口综合素质，促进产业与人口的良性循环，推行产城融合的发展
模式（图7-6）。

四、探索功能复合的布局方式

（一）功能复合的适宜性

　　城市发展起步阶段，往往都是单一功能的空间拓展，但随着城市规模的不断发
展，功能集聚效益达到最大化后，单一功能就会发展为多种功能，并进一步复合发展。
城市功能是否适宜复合，主要通过判断相互之间的空间环境影响是否存在冲突，以
及复合后是否会带来更好的效益。一般说来，除了具有不良环境影响的工业、仓储、
物流、集贸以及邻避性市政基础设施外，其他城市功能都可以复合。

（二）功能复合的范围和尺度

　　过度功能分区将导致产城分离，说明功能分区是有空间范围和尺度边界的。以
"产业集聚最佳规模论"的视角来看，可以认为产业集聚效能本身存在一个最佳规模
的临界点，如果产业集聚规模太小，集聚企业太少，则达不到一定的规模效应；如

果集聚规模太大，集聚企业过多，则可能带来交通拥挤、环境恶化、配套缺失等问题，使产业集聚区的整体效应反而下降[①]。与产业的规模经济层次划分类似，功能复合的尺度也可根据地理环境和社会经济环境差异划分为城市、片区、综合体等多个层次。

就天府新区而言，规划将发展为特大城市，应实现生产、生活、交通、游憩等功能的复合与平衡。按照"组合城市"的空间和功能结构，依据主导产业和生态隔离划定多个产城融合功能区。每个功能区相当于一个中等城市或大城市，以产业功能为主导，发挥产业集聚效应，并配套完善的生产生活服务功能。鉴于功能区的尺度仍然较大，建设用地规模基本在 50 ~ 200km² 之间，为更好地促进产城融合，有必要结合产业集群的最佳规模和交通出行的适宜范围，确定下一层次的功能复合尺度，即产城一体单元。每个产城一体单元内都应配置产业、生活、公共服务和生产服务四种功能。因此，天府新区功能复合的尺度主要在于城市、功能区、产城一体单元三个层次。而在产城一体单元内则是体现生产组织或生活居住单一功能的功能单元及社区。

（三）功能复合的空间体现

功能复合指城市中产业、居住、服务、绿地等空间相互融合，从而形成舒适便捷、生态友好的城市环境（图 7-7）。城市通过与产业空间融合，提高产业空间与所

图 7-7　成都天府新区麓湖生态社区
图片来源：朱勇　拍摄

① 黄曼慧，黄燕.产业集聚理论研究述评 [J].汕头大学学报：人文社会科学版，19（001）：49-53.

在区域的一体化发展水平，优化产业空间自身发展、产业空间与依托城镇的互动关系，从而提高产业空间发展的综合效益[①]。

由于不同产业具有不同的占地要求、空间排他性等属性，因此，不同产业与居住、服务等空间融合的方式不同，即每类产业实现产城融合的空间模式不同。在城市新区的规划中，需要针对每类主要产业明确空间融合模式并相应落实到城市空间布局[②]，重点考虑空间开发方向和强度、空间区位与结构等空间开发整合、基础设施和公共设施的开发与利用的设施整合和生态环境保护及区域可持续发展的环境整合。

五、完善配套结构和培育中心体系

国内外新区发展的成功实例表明，良好的产业发展条件和配套完善的公共设施是吸引人才集聚的必备条件。产城融合需要在明确产业定位和就业人口结构的基础上，构建满足地区发展和与人口需求相匹配的公共服务设施体系。

（一）公共设施配套策略

天府新区公共设施配套策略主要包括以下四个方面：

1. 构建级配合理的公共服务设施体系

按照生态理性规划理念，结合城市功能和人群需求研究，按照功能复合思路将天府新区功能复合的尺度分为城市—功能区—产城一体单元—功能单元—社区，并按照这五个层次分别构建级配合理的公共服务设施体系。

2. 配套完善的公共服务设施

协调城市发展需求，配套功能完善的文化、体育、医疗、教育、办公、商业及旅游服务设施，并建设一批代表城市形象的标志性公共建筑和公共空间，形成具备举办国际性商业活动及文体赛事的设施条件，提升天府新区在国内外的城市影响力，展现西部高端服务业中心和内陆开放门户的形象。

3. 配置完备的生产服务设施

根据规划产业门类的需求特征，高标准配置现代金融商务、研发孵化、会展博览、信息咨询等生产性服务设施，强化成都的生产服务优势，促进高端服务产

---

① 林华. 关于上海新城"产城融合"的研究——以青浦新城为例 [J]. 上海城市规划，2011，000（005）：30-36.
② 刘畅，李新阳，杭小强. 城市新区产城融合发展模式与实施路径 [J]. 城市规划学刊，2012（7）.

业的集聚。

4.形成便捷的生活服务网络

从职住平衡、舒适出行、均等服务等角度出发，构筑全覆盖、分层级、方便居民就近使用的生活服务设施网络，兼顾为高端人士、普通市民和外来务工人员服务，建设一个所有人安居乐业的和谐新区。

（二）公共设施标准体系

参照现行国家标准《城市公共设施规划规范》GB 50442—2008 的标准，结合天府新区的城市功能结构，落实产城一体理念，提升公共设施的服务水平和服务效益，把公共设施划分为"城市级、功能区级、产城一体单元级、功能单元级、社区级"五个层级 [①]。其中：

（1）城市级：按特大城市等级进行配置，提供高水平国际化的生产生活配套（西部博览城等超大规模配套统一按照城市级配套界定）。

（2）功能区级：按大城市等级进行配置，为片区城市服务，提供高水平的生产生活配套。

（3）产城一体单元级：为产城一体单元服务，提供高效的生产生活配套。

（4）功能单元级：相当于居住区级，主要为功能单元内部服务，提供基本的生活配套。

（5）社区级：为社区内部服务，提供均衡的生活配套，配置生活服务性设施。

（三）公共中心体系

城市新区中心应充分考虑与空间结构体系相匹配，建立各级中心体系，以满足不同规模层级的区域对城市服务功能的需要。结合天府新区的空间结构，以城市主要发展带为基本骨架布置城市级公共中心，并承担区域性公共服务功能；充分依托现有双流、龙泉等城区，结合产业功能区和快速交通走廊布置功能区级公共中心；同时，根据人口分布，依托产城一体单元中心发展具有一定规模和水平的公共设施；依托功能单元中心和基层社区中心发展基础型公共服务功能，形成五级节点的网络式公共中心体系（图 7-8~ 图 7-11 表 7-3）。

---

① 胡滨,邱建,曾九利等.产城一体单元规划方法及其应用——以四川省成都天府新区为例 [J]. 城市规划,2013（8）：79–83.

各级公共中心配套内容一览表　　　　　　　　　　表 7-3

分级	分类	配套内容
城市级中心	商务设施	总部商务、金融保险、信息中心、商品交易所、服务咨询、高端休闲
	商业设施	高端零售、国际品牌专卖、高端院线、健身馆、酒店等
	文博设施	会展中心、博览设施、图书馆、文化馆、博物馆、纪念馆、大剧院、科技馆、美术馆、文化演艺中心、档案馆、音乐厅、非遗博物馆、群众文化活动中心、文艺家之家
	体育设施	大型综合体育中心、现代五项赛事中心、国际高尔夫俱乐部、足球训练基地
	行政办公设施	行政办公
功能区级中心	商务设施	商务办公、金融、保险、酒店、服务、信息、咨询等
	商业设施	大型购物中心、大型超市、仓储商场、餐饮、邮政、银行、证券保险、酒店、休闲中心等
	行政办公设施	功能区级行政中心、政务服务中心
	文化设施	图书馆、文化馆、档案馆、剧场、青少年活动中心、老年活动中心、文化活动中心、非物质文化遗产传习基地
	体育设施	体育场馆、游泳馆以及其他竞技、训练、娱乐设施
	医疗卫生服务设施	大型综合医院、中西医医院、专科医院及其他卫生设施
产城一体单元级中心	商务设施	办公、管理、酒店、服务、信息、咨询
	商业设施	商业中心（含百货零售、餐饮、影院、邮政、银行证券保险、大型超市等）
	行政管理设施	街道办事处（含服务大厅）、派出所
	文化设施	综合文化活动中心、文化活动广场
	医疗卫生服务设施	综合医院
	养老设施	养老院
	体育设施	体育综合健身馆（含游泳池、羽毛球场等）、综合运动场（含网球场、足球场、溜冰场、篮球场、排球场等）、健身广场等
	教育设施	中学，职业中学，职业技术培训中心
功能单元级中心	商业服务设施	中型超市、专业专卖店、餐饮店、邮政、银行、保险、证券公司营业所等
	行政管理设施	政务服务大厅
	文化娱乐设施	图书阅览室、综合排练室、展览室、观演厅、文化活动室、教室、书画室、专业工作室、棋牌室、青少年活动中心
	医疗卫生设施	承担预防、医疗、保健、康复、健康教育、计划生育技术服务等六位一体功能
	体育设施	体育综合健身馆和综合运动场等
	养老设施	福利院、敬老院、养护院等
	教育设施	中学

续表

分级	分类	配套内容
社区级中心	商业服务设施	农贸市场，商业服务用房（含邮电所、储蓄所、便利店、餐饮店、洗染店等）
	体育设施	居民体育健身设施
	教育设施	小学、幼儿园
	医疗设施	社区卫生服务中心
	行政管理服务设施	社区居委会、社区服务站
	养老设施	托老所、老年服务站
	文化设施	文化活动室

图 7-8 中国—欧洲中心
图片来源：朱勇 拍摄

图 7-9　现代五项赛事中心

图片来源：朱勇　拍摄

图 7-10　天府新区商业配套

图片来源：朱勇　拍摄

图 7-11　天府一小

图片来源：朱勇　拍摄

第三节　天府新区产城融合的空间布局安排

一、天府新城

　　按照生态环境为依托、现代产业体系为驱动、生产性和生活性服务融合、多元功能复合共生的产城融合理念，规划建设天府新城，形成大源商务片区、新川科技总部片区、正兴商业商务文博会展片区三个中心功能相对集中的重点区域和大源西、华阳、锦江西、中和、万安、正兴北六个高端综合功能单元，并通过天府大道中轴线和锦江生活休闲服务带串联各产业功能组团，最终形成"一轴一带，三片六单元"的布局结构（图7-12）。其中，"一轴"指天府大道中轴线，贯穿天府新区和中心城，集聚发展金融、商务、会展、商业、文化、博览、科技研发等城市功能。"一带"为锦江生活休闲服务带，重点发展生态、休闲旅游、居住、商业服务、文化娱乐、教育、医疗、体育等生活配套功能，是城市的生态带、休闲旅游带和生活服务带。沿天府大道中轴线，重点强化三片城市中心区，形成集聚

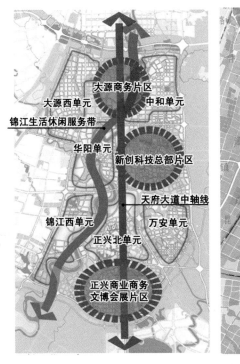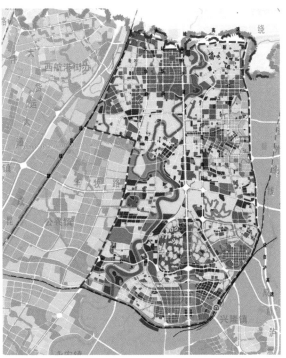

图7-12　天府新城规划结构图及用地布局图

图片来源：四川省成都天府新区成都部分分区规划（2011—2030）

图 7-13　天府新城意象图

图片来源：四川省成都天府新区成都部分分区规划（2011—2030）

创新、文化等高端服务功能、具有鲜明天府特色、全面展示新区形象的标志性区域。"三片"分别为大源商务片区、新川科技总部片区和正兴商业商务文博会展片区等三个中心功能相对集中的重点区域。"六单元"指大源西等六个高端综合功能单元（图 7-13）。

在产城融合的布局基础上，强化空间塑造，体现现代化国际化城市特点，展现花园城市风貌，提升城市形象并塑造城市品牌。一方面，规划通过天府大道城市中轴线串联多元节点，充分考虑天府大道沿线自然与城市景观的有机结合，布局行政办公区、休闲娱乐、生态居住等主题功能区，合理组织交通，形成疏密有致的空间形态，展现出国际一流、串珠式的城市景观新轴线，塑造具有标志性的城市景观风貌（图 7-14）。另一方面，通过对锦江及其周边环境的保护和治理，恢复航运功能，打造城市重要的文化及景观风貌带，充分发挥区域内优美的自然景观和历史人文优势，布局体育、休闲、文化娱乐等城市功能，策划世界级景观节点，展现有代表性的滨水风貌，打造文化锦江、生态锦江（图 7-15）。

图 7-14　天府大道城市中轴线实景图

图片来源：天府新区自然资源和规划建设局信息中心提供

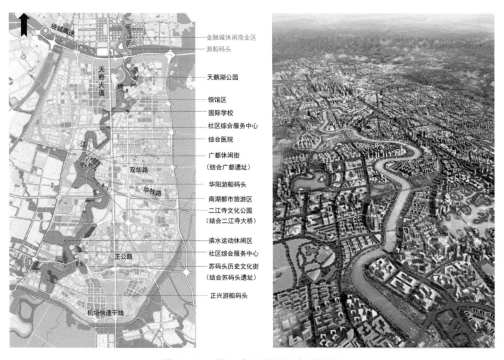

图 7-15　锦江生活休闲服务带规划

图片来源：四川天府新区天府新城控制性详细规划及总体城市设计（2013）

二、成眉战略新兴产业功能区

成眉战略新兴产业功能区是天府新区西翼产业功能带上的重要产业基地，是以新材料和物流产业为主导的现代化新城区。规划形成"一轴两板块"的布局结构（图 7-16）。"一轴"为沿货运大道形成的产业轴线，沿轴布置主要产业。"两板块"为普兴金华板块，主要布置新材料产业和物流产业；青龙板块，主要布置新材料、生物医药、节能环保等产业。

依托成昆铁路普兴货站和青龙货站，规划新津物流园区和青龙物流园区，并设置双流物流中心，为天府新区产业发展提供物流支撑。在普兴镇布局功能区中心，配套商务办公、研发、商业等功能区级公共设施。

依托岷江、杨柳河、通济堰等良好水资源，结合产业布局，形成两个疏密有致、高低错落的现代化中心区域，打造现代集约高效的产业风貌区，体现新材料及物流产业特点，营造滨水城市形态（图 7-17）。

三、空港高技术产业功能区

空港高技术产业功能区是以双流国际机场为依托，以电子信息、新能源、航空物流为主导功能的现代化新城区。规划结合双流国际机场，沿临港路与机场高速布

图 7-16　成眉战略新兴产业功能区
规划结构图
图片来源：四川省成都天府新区成都部分
分区规划（2011—2030）

图 7-17　成眉战略新兴产业功能区效果图
图片来源：四川省成都天府新区成都部分分区规划
（2011—2030）

局国际交流、总部商务等城市级设施，建设服务城市的航空物流园区，塑造花园城市门户形象。结合牧马山林地资源和浅丘地形，配套城市级体育设施；依托东升片区旧城，布局功能区中心，配套商业、商务、办公等功能片区级公共设施。最终，按照产城一体的模式，配置产业、居住及服务功能用地，形成"一心、三板块"的布局结构。"一心"为依托东升旧城形成功能区中心；"三板块"为东升—牧马山板块，承担商业、商贸、商务办公等主要功能；航空港—新能源板块，承担物流、新能源等功能；公兴电子信息板块，承担电子信息产业功能（图7-18）。

四、龙泉高端制造产业功能区

龙泉高端制造产业功能区是天府新区东翼的高端制造产业基地，是以汽车、航天航空、工程机械为主导产业的现代化新城区。规划考虑龙泉山、东风渠、驿马河及皇冠湖等自然生态资源，依托成龙路和驿都大道形成两条城市综合发展轴，以建设高端制造业产业集聚区为目标，贯彻产城一体理念，充分考虑城市与产业的有机融合，科学布局制造产业、创新研发、教育、配套居住等功能，展现特色鲜明、有机融合的城市景观新轴线；规划以商务及创新研发等功能为主的北部板块，以高端

图7-18 空港电子信息产业区效果图
图片来源：四川省成都天府新区成都部分分区规划（2011—2030）

制造、创新研发及物流等功能为主的南部板块，以文化创意等功能为主的东村板块。最终，形成"两轴三板块"的布局结构，体现山水城市风貌。

此外，在皇冠湖周边布局功能区中心，配套商业、商务、办公、会展等功能片区级公共设施，展现现代化的城市中心风貌；规划城市级的龙泉物流中心，为天府新区东北区域提供物流支撑（图7-19）。

五、创新研发产业功能区

创新研发产业功能区（根据成都发展战略要求，创新研发产业功能区现已调整为成都科学城）是高端服务功能集聚带的重要组成部分，为产业创新和产业技术应用研发服务，打造国际化创新研发中心，国家自主创新示范基地，国内外一流人才集聚高地、世界知名创新企业研发总部、著名高校科技园和科研机构聚集的现代化新城区（图7-20）。规划结合地形起伏，通过绿化、水体隔离，形成错落有致的组团式山水城市形态。沿天府大道南延线和天府大道东延线形成现代化国际化的城市主要景观轴线。沿芦溪河展现城市滨水景观风貌，充分体现城市与自然相结合的空间形态特点。

最终，规划形成"两轴三板块"的布局结构。其中，"两轴"是天府大道向东、向南延伸形成的两条发展轴，既是创新研发产业功能区的公共服务轴线，也是城市景观轴线。"三板块"是包括：兴隆板块，以产业创新、产业技术应用研发、综合服务和生态居住为主导功能；煎茶板块，以科技研发、产业和城市配套为主导功能；永兴

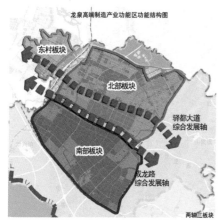

图7-19　龙泉皇冠湖中心区效果图

图片来源：天府新区成都管理委员会自然资源和规划建设局

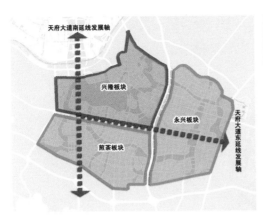 

图 7-20 创新研发产业功能区空间效果图
图片来源：四川省成都天府新区成都部分分区规划（2011—2030）

板块，以创新孵化及成果转化为主导功能。沿兴隆湖周边、两条发展主轴线布局高端商务、科技博览、国际会议等高端城市级功能，服务整个天府新区。在天府大道南延线和创新大道交汇处规划功能区中心，配套商业、商务、办公等功能区级公共设施。

六、南部现代农业科技功能区

南部现代农业科技功能区（根据天府新区发展战略要求，2015 年版天府新区总体规划调整时，南部现代农业科技功能区现已调整为天府文创城）是天府新区承担现代创意农业研发、生物技术科技、农业科技博览等功能为主功能区。规划结合地形起伏和河流水体，营造错落有致的山水城市；其中，沿天府大道形成功能区中心，辐射、服务整个功能区，配套商业、商务、办公等功能片区级公共设施，形成天府大道南延线发展轴。布局以创意农业研发、生物技术科技、农产品精深加工为主导功能的籍田北板块；以农业博览、总部商务、科技服务为主导功能的籍田板块；以林业科技研发、农产品物流服务和农产品精深加工为主导功能的大林板块；以农业科技研发、农副产品深加工、生物技术为主导功能的视高板块。最终，形成"一轴四板块"的布局结构（图 7-21）。

七、两湖一山国际旅游文化功能区

两湖一山国际旅游文化功能区利用龙泉湖、三岔湖、龙泉山优良的生态环境资

图 7-21 南部现代农业
科技功能区空间效果图
图片来源：四川省成都天
府新区成都部分分区规划
（2011—2030）

源，打造成国际一流的旅游目的地，主导功能包括：休闲度假、会议展览、文化交往、
高端居住等（图 7-22）。

依托龙泉山脉、龙泉湖和三岔湖，打造湖光山色，点缀特色村镇、休闲旅游度
假区的特色景观风貌区。龙泉山地形地貌变化丰富、环境优美，山脉景观视线良好，
重点发展生态旅游和山地休闲度假产业，以小镇、村落建筑组团为主，自然和谐镶
嵌在山水格局中。保护龙泉湖和三岔湖的水体和水质，以自然生态为前提适度开发
利用，适量、适当建设为旅游提供的服务配套设施。建设用地低密度、低强度开发，
顺应地势组团分布、适当聚集。

图 7-22　两湖一山国际旅游文化功能区
规划结构图

图片来源：四川省成都天府新区成都部分分区规划
（2011—2030）

　　充分体现山水相依，自然相融，塑造滨水休闲娱乐空间。滨水景观以水为空间
载体，巧妙地把水景、湖岛、山体融入整个景区，以满足居民向往自然、亲近水体
的需求和感受，营造出和谐、安全、舒适和富有情趣的湖泊景观区（图 7-23）。

图 7-23　两湖一山国际旅游文化功能区意象图

图片来源：四川省成都天府新区成都部分分区规划（2011—2030）

本章参考文献:

[1] 胡俊.天府新区产城融合协调发展路径研究 [D].北京:清华大学,2013.

[2] 许健,刘璇.推动产城融合,促进城市转型发展——以浦东新区总体规划修编为例.浦东规划建设.

[3] 李文彬,陈浩.产城融合内涵解析与规划建议 [J].城市规划学刊,2012(7).

[4] 胡滨,邱建,曾九利等.产城一体单元规划方法及其应用——以四川省成都天府新区为例 [J].城市规划,2013,(8):79-83.

[5] 林华.关于上海新城"产城融合"的研究——以青浦新城为例.上海城市规划,2011.

[6] 黄曼慧,黄燕.产业集聚理论研究述评 [J].汕头大学学报:人文社会科学版,19(001):49-53.

[7] 刘畅,李新阳,杭小强.城市新区产城融合发展模式与实施路径 [J].城市规划学刊,2012(7).

产城单元的规划方法

基于生态理性规划理论，第六章阐述了天府新区规划在科学划定并刚性保护具有生态价值的非建设用地条件下，构建了"一带两翼、一城六区"的组合城市空间布局结构形态，通过生态隔离避免了城市的无序扩张、"摊大饼"式发展；第七章进一步对"一城六区"的产业、城市融合布局规划逐一进行分析，通过产城融合发展模式缓解大城市存在的产城分离、职住"钟摆"现象。但是，天府新区"一城六区"中，除两湖一山国际旅游文化功能区外，各区（城）规划建设用地面积均在50 ~ 160km² 之间，相当于中等城市或Ⅱ型大城市，规模仍然很大，出现"城市病"的风险仍然较大。为了进一步优化布局，天府新区规划创新性地提出了"产城一体单元"（产城单元）的概念，提出"职住平衡、功能复合、配套完善、绿色交通、布局融合"五大规划原则，并构建了一套从产城一体单元的规模、职住平衡配套标准、功能复合的模式、绿色交通体系、空间布局结构的规划理论及方法，使天府新区在更小尺度层面实现了产城融合理念。

第一节 产城一体单元的概念及意义

产城一体单元是在天府新区规划实践过程中提出的新概念，意指在一定的地域范围（单元）内，把城市的生产及生产配套、生活及生活配套等功能，按照一定协调的比例，通过有机、低碳、高效的方式组织起来的，并能够相对独立承担城市各项职能的地域功能综合载体，有利于对城市空间的优化，并保障其效率、提高其活力、完善其结构，是实现城市产城融合发展的基本空间引导单元[①]。

从空间意义上讲，产城一体单元要求在一定空间尺度下实现各项功能（包括产

---

① 胡滨，邱建，曾九利，汪小琦. 产城一体单元规划方法及其应用——以四川省成都天府新区为例 [J]. 城市规划，2013（8）: 79.

业功能）相对均衡。产城一体单元是产城融合的基本空间载体。从规划方法来说，是通过划定产城一体单元，实现产城融合，进而实现城市整体的产城融合。产城一体单元既是规划编制的基本单元，也可以作为未来实现产城一体规划管理的基本单元。

产城一体单元概念的提出对指导天府新区规划建设具有很强的现实意义：

对于产业发展而言，产城一体单元提供了一种现代产业发展的创新空间模式。随着城市产业发展进入后工业化时代，信息化已经成为现代产业发展的根本推动力，城市提供的各项服务功能成为现代产业发展不可或缺的关键因素，产业和城市功能的融合是未来城市发展的主流，而产城一体单元正是寻求产业与城市各项功能相契合的一种方式。

对于社会发展而言，产城一体单元构建了一定地域的日常生活生产系统。通过完善各类生产、生活配套设施，建立日常的生产、生活及交流圈，增进人群之间的地缘联系，促进地区社会的健康和谐发展。

对于环境保护而言，产城一体单元建立了城市低碳发展的微平衡系统单元。未来低碳生态城市不仅关注城市环境的总体平衡，更关注城市环境的局部平衡。产城一体单元建立了城市环境的次级微循环系统，单元内部倡导形成微产业、微能源、微冲击、微绿地、微社区等子系统，从而奠定了生态低碳城市发展的基本框架。[①]

总之，产城一体单元对于合理引导产业发展、社会发展以及环境保护等方面具有很强的现实意义。

第二节　产城一体单元的规模和边界

一、规模研究

作为产城融合的基本单元，首先应确定产城一体单元建设用地的适宜规模。天府新区规划中将交通效率和配套效率作为评价产城一体单元的两个重要指标，并据此确定产城一体单元尺度和规模。

---

① 对于产城一体单元现实意义的阐述引自成都市规划设计研究院．四川省成都天府新区产城一体深化研究专题报告 [R]．

（一）基于交通效率的研究

从交通效率角度，产城一体单元的用地规模主要取决于交通工具的选取。在美国南加州政府协会 2001 年一份名为《新经济和南加州的职住平衡》的报告中，研究职住平衡的空间范围是通过围绕工作中心的通勤距离来界定的。根据 1990 年的调查，南加州的平均通勤时间为 24mim，很少有超过 30mim 的，而平均通勤速度大约为 28.4mile/h。因此，南加州政府协会在《新经济和南加州的职住平衡》中提出围绕工作中心半径 14mile 的范围内来研究职住平衡问题。[①]

南加州地区小汽车是主要的交通工具，而天府新区规划从规划之初就注重采用绿色交通，以自行车为交通工具来测算产城一体单元的规模。按照自行车主要出行可接受出行时间 30mim 计算，产城一体单元内部工作出行距离不宜大于 6km，直线距离按照 0.5 折算，由此得出产城一体单元规模不宜大于 30km² （上限规模）（表 8-1）。

基于交通效率的产城一体单元规模测算表　　　　　　　表 8-1

内部出行交通方式	平均速度（km/h）	最大出行时间（min）	最大规模（km²）
自行车	11 ~ 14	30	30

（二）基于公共服务设施配套效率的研究

要减少单元之间的交通出行，产城一体单元本身的各类公共服务设施水平必须达到城市片区级，只有达到一个相对较高的公共设施配套标准，才能满足居民的日常需要。因此，可以基于片区级公共服务设施的配套效率来确定产城一体单元的规模下限。天府新区规划通过对国内主要城市片区级公共服务设施的服务半径和服务面积的统计分析，提出产城一体单元规模不宜小于 20km²（表 8-2）。

片区级公共服务设施服务半径和服务面积统计表　　　　　　　表 8-2

	服务半径（km）	服务面积（km²）
职业学校	2.3	17
综合医院	2.2	15
妇幼保健院	2.2	14
图书馆	2.4	18

---

① 该报告来自于 Southern California Association of Governments 官方网站。

	服务半径（km）	服务面积（km²）
展览馆	2.4	18
博物馆	2.5	20
文化活动中心	2.2	15
体育中心	2.5	20
酒店	2.2	15
影剧院	2.2	15
养老院	2.3	17

注：上述数据根据国家相关标准、规范整理而成。

（三）研究结论

根据以上两方面的分析，产城一体单元的面积不宜小于 20km²，不宜大于 30km²，即适宜的规模为 20 ~ 30km²，属于现行标准小城市、原标准中等城市规模。这一结论的推导实际上基于交通方式、人口分布等一系列假定，现实中往往会出现不同的情况。例如，一些山地城镇由于受地形影响，自行车使用受限，交通机动化程度较高，同时人均用地规模较一般城镇偏大，对于产城一体单元规模的考虑相应的就要扩大。[1]

根据 2010 年四川省对于省内城镇建成区面积的统计，20 ~ 30km² 这一规模实际上也正是绝大多数县城的规模，公共服务设施和市政基础设施基本完善。在国内目前的城镇体系结构中，县城在解决职住平衡、实现宜居宜业方面实际上具有某种空间尺度方面的优势，在新型城镇化中可以发挥自身的优势[2]。

由此，20 ~ 30km²、20 万 ~ 30 万人口规模的产城单元作为城市产城一体发展中现代产业发展的创新空间模式，一定地域的日常生活、生产系统和城市低碳发展的微平衡系统单元，能有效解决职住过度分离、土地混合利用低、城市级服务设施缺乏等城市问题，对合理引导产业发展、社会发展以及环境保护等方面具有重要现实意义。

---

[1] 姚楠，李竹颖．"产城一体"理念在山地城市新区规划中的实践——以广元市三江新区为例 [J]. 规划师，2012（06）：42.

[2] 在最近完成的中国工程院重大咨询项目《中国特色新型城镇化发展战略研究》中也提出县域应作为新型城镇化的重点。

二、单元划分

（一）划分原则

产城一体单元作为天府新区城市发展的基本空间单元，其边界划分除满足规模要求外，还应保证其功能和实际建设的可操作性。在天府新区的规划中，产城一体单元的划分还遵循如下原则：

1. 功能完整

在产城一体单元范围内，以特定产业为主导，也应有相应的生产服务配套，同时考虑居住和生活配套功能。产城一体单元的划分，要确保单元内各项功能的相对完整，从而为单元内就业和居住的协调发展打下基础。

2. 空间连续

产城一体单元内部在空间上应该是连续的整体，不宜有过大的空间隔离，便于组织功能和交通。而产城一体单元之间，可以通过区域生态绿地进行适当的分隔，尽可能尊重自然地貌，依托山、水等自然地理条件进行隔离，避免城市大规模连片发展。

3. 与行政区划保持一致

产城一体单元划分应尽量与行政界线结合，使单元内部功能组织和行政管理相协调，以利于单元功能的发挥。

（二）划分结果

根据天府新区总体规划确定的主导产业，分区规划进一步完成了产业细分和布局，在此基础上，按照单元适宜规模和划分原则，将天府新区 650km² 建设用地划分为 35 个产城一体单元，[①] 共 4 大类 11 小类（表 8-3、图 8-1）。

天府新区产城一体单元分类表　　　　　　　　　　　　　　　　　表 8-3

产城一体单元大类	产城一体单元小类
商住混合类	—
现代服务业类	—
制造类	电子信息单元、工程机械单元、汽车制造单元、新能源单元、新材料单元、航空航天单元、生物科技单元、农产品加工单元
研发类	创新研发单元

---

① 另外，规划师对天府新区 928km² 非建设用地区域也进行了产城一体单元的划分，详见《四川省成都天府新区生态环境与绿地系统规划》。

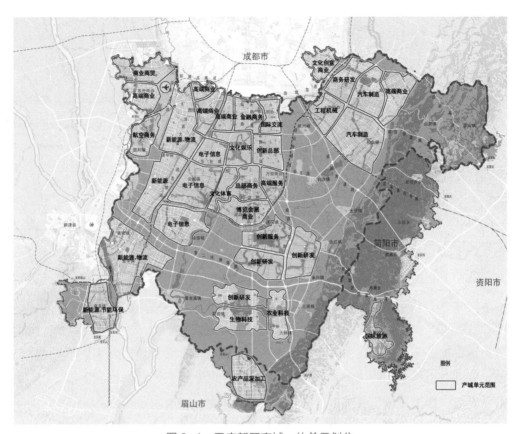

图 8-1　天府新区产城一体单元划分

图片来源：四川天府新区产城一体深化研究专题报告，成都市规划设计研究院，2011

第三节　产城一体单元的特征和结构

一、特征

　　产城一体单元是实现产城融合的基础，核心是将每个单元按照相对独立的城市进行规划建设。合理的产城一体单元规划有利于提高城市效率和城市活力，对于超大城市和特大城市来讲，有助于缓解其固有的"大城市病"，对天府新区而言，为实现现代产业、现代生活、现代都市三位一体发展打下基础。从功能上讲，产城一体单元具有五个方面的基本特征：

（一）职住平衡

　　职住平衡是产业和城市协调发展的重要保障，是产城一体单元的基本特征。在研究借鉴发达国家产业新城经验的基础上，天府新区规划提出各个产城一体单元内的职住平衡比要超过 60%，实现就业和居住的相对平衡，大部分居民可以就近工作。[①]

（二）功能复合

　　产城一体的核心是把"宜居宜业"放在首位，优先满足居民的生活空间和生态空间需要，做到产业和生活功能相平衡，避免人为造成生产和生活的割裂。因此，单元的内部功能应按照特色多样的原则配置产业、产业配套、居住、居住配套。单元内应实现生产、生产配套、居住、居住配套四大功能高度复合、协调发展，以转变原来过度功能分区带来的产业布局和城市功能隔离的发展模式（图 8-2）。

图 8-2　产城一体单元内功能复合示意

图片来源：成都市规划设计研究院 . 四川天府新区产城一体深化研究专题报告 [R].2011.

（三）配套完善

　　产城一体单元按照城市的规模配套相对完善的设施，主要配置生产性服务设施和生活性服务设施，并满足公共服务配套的经济性要求。单元内以大型社区作为居住空间组织模式，能够最大限度地为居民提供生活配套服务，并通过控制设施服务半径来提高服务水平，有效促进服务扁平化、用地集约化、居住街区化的实现。产城一体单元内以各级综合体为中心，分级配套城市片区级和居住区级的公共服务设施，合理组织居住和居住配套功能。综合体集中了商业、文化、娱乐、办公等服务业功能，通过集聚效应提高其服务价值。在产城一体单元内，大型社区由若干功能单元组成，功能单元之下设社区，社区配套小区级公共服务设施，从而形成网络化的空间结构体系（图 8-3）。

（四）绿色交通

　　天府新区规划构建整体绿色交通体系，采用多种绿色交通工具；产城一体单元之间倡导大运量公共交通，以公交车、轨道为主要交通方式，方便单元之间的便捷联系；巨大的天府新区被划分为职住平衡的产城一体单元，在 20～30km² 尺度上，规划布局的建筑物、构筑物建成后一般出行距离一般在 2～3km 以内，内部基本没有使用机动车出行的必要，通勤主要采用慢行交通（步行、自有自行车、自行车租

[①]　原则上产城一体单元内 60% 以上的就业人口在单元内部工作和居住，即被认为达到职住平衡。当然，不同的经济社会背景下，控制指标的选取也有所不同。其中人口计算要考虑带眷系数，南加州地区的经验是就业岗位数和家庭数的比例在 1∶1 左右。

图 8-3　天府菁蓉中心 A 区综合配套
图片来源：朱勇　拍摄

赁等），公共交通予以补充，并形成绿色交通网络系统，从源头上降低了各类交通拥堵情况发生的可能性，由此极大地减少了汽车尾气的排放，有效缓解了城市雾霾问题。据此构建的绿色交通运输体系，有力促进了城市生态环境的保护（图 8-4）。

（五）布局融合

产城一体单元的空间布局模式取决于城市功能和主导产业，单元内部的布局则

图 8-4　轨道站点和公交站便捷接驳
图片来源：朱勇　拍摄

根据产业和居住功能之间的协调性、产业和产业配套的组织模式等采取不同的形式，但各类用地的布局需要强调功能之间的有机融合。对于产业配套要求较高的产业，需要注重和产业配套的高效对接，对于与城市能够良好融合的产业，需要注重与居住功能的充分融合等。

二、结构

美国著名城市规划理论家、历史学家芒福德曾经谈到，城市功能缔造了城市结构，但结构比功能的影响更为深远。结构是抽象的，但是与功能相较，又是本质的。产城一体单元的构建需要重点关注四大结构。

（一）中心结构

天府新区未来将形成城市主中心—功能区级中心—产城单元级中心—功能单元级中心—社区级中心构成的五级城市中心体系（图8-5）。

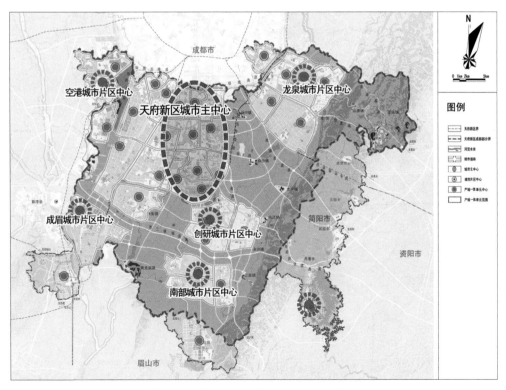

图 8-5　天府新区公共服务中心结构体系

图片来源：四川天府新区成都部分分区规划（2011—2030）

产城单元级中心按照服务 20 万～30 万人规模进行配置，为产城一体单元提供高效的生产生活配套设施，服务半径 2500m；功能单元中心按照服务 3 万～5 万人进行配置，为功能单元提供基本的生活配套设施，服务半径 800～1000m；社区级中心按照服务 1 万～1.5 万人进行配置，主要为社区内部服务，提供便捷均衡的生活配套，服务半径 500m（图 8-6）。

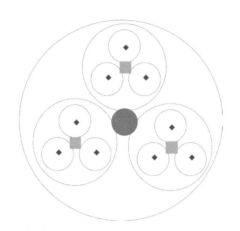

图 8-6　产城一体单元内中心结构的划分

图片来源：成都市规划设计研究院.四川天府新区产城一体深化研究专题报告 [R]. 2011.

结合产城一体单元各级中心，在单元内规划形成完善的绿地系统。按照产城一体单元中心公园、功能单元中心绿地和社区级公园进行分级布局，实现天府新区范围内 500m 见绿地。

产城一体单元的各级中心既是城市功能的节点，也是交通和景观的节点，是空间布局的重点。各产城一体单元在中心结构的基础上，结合各级中心布局绿心，并围绕绿心布局公共服务设施和公交枢纽，结合公共交通和慢行系统，形成便捷的服务体系。

（二）用地结构

马克思主义经济学有一条基本原理，即各产业部门必须同步协调发展，反映到城市空间上，在一定范围内，各类用地必须保持一定的比例关系。实际上，现行国家标准《城市用地分类与规划建设用地标准》GB 50137—2011 对各类用地提出了比例的要求。为实现产城一体单元的功能平衡，也需要控制各类用地之间的比例关系。

1. 产业功能和产业配套功能配比

在一般的城市规划研究中，对于产业功能和产业配套功能之间的相互关系研究较少。但实际上，在现代经济中，产业配套功能对于产业功能具有非常重要的意义。对应于新的用地分类标准，产业配套功能涉及的用地包括：教育科研用地、公共管理与公共服务设施用地、商业服务业用地、物流仓储用地等（表8-4）。

产业配套功能涉及用地类型一览表　　　　　　　　　　表8-4

中类	小类	允许使用的项目	对应城市用地类别	建设布局方式
教育科研用地	高等院校用地	大学、学院、研究生院等	A31	独立占地
	中等专业院校用地	中等专业学校、职业学校、技工学校	A32	
	科研院所用地	研究院所、科技信息、勘察设计机构、科技咨询机构	A35	
公共管理与公共服务设施用地	行政办公用地	园区管理机构、市级管理机构等	A1	园区管理机构宜在园区中布置
商业服务业用地	金融保险用地	银行、信用社、信托公司、投资公司、保险公司、证券公司等	B21	宜与城区设施共享
	商业服务用地	产品交易市场等	B11	独立占地，宜与城区设施共享
	会展用地	会展中心等设施用地	B3	
	艺术传媒用地	文艺团体、影视制作、广告传媒等用地	B22	
	其他商务用地	贸易、设计、咨询等技术服务办公用地	B29	
物流仓储用地	—	物资储备、中转、配送等用地	W	独立占地，考虑物流交通便捷

由于产业类型的差异，产业功能和配套功能之间的比例关系也存在较大的差异。产业配套功能的比重与主导产业类型息息相关。技术密集型产业，资本密集型产业、劳动密集型产业对生产性服务业的需求有较大差异。技术密集型企业一般对环境要求较高，需要较多的交流空间、公共空间，强调物流、通信和人才的保障，对教育、培训、展示等配套服务要求较高；资本密集型企业一般对物流、金融等配套服务要求较高，对交易市场、会展等也有一定需求；劳动密集型企业一般对于综合服务中心有很强的需求，对物流、仓储、交易市场也有一定需求。天府新区规划通过对国内外一些典型的产城一体发展的案例进行研究，分析得出了一些产业功能与产业配套功能用地之间的经验比例关系，用于指导产城一体单元内各类用地比例的控制（表8-5、表8-6）。

制造业产业功能与产业配套功能用地配比　　　　表 8-5

产业类型	工业类型	产业特点	主导功能	配套功能	产业配套用地类型	产业功能与产业配套功能配比
技术密集型	信息技术 生物医药 节能环保 新能源/新材料	强调物流、通信和人才的保障；需要良好的交流平台；以研发区域为核心，辐射周边；配建金融平台；与其他产业协同发展	生产制造	创新研发及金融、培训、物流	园区中配建：中试用地、孵化器用地、物流仓储用地；园区外约束性配套设施：教育科研用地、金融保险用地、产品交易市场用地、会展用地	1：0.3
资本密集型	汽车制造 冶金 石化 高端装备制造	生产临近市场；需要承载高端项目的基础设施配套；带动研发、博览等相关现代服务业的发展	主体制造、零部件制造	产品研发、展示博览、物流运输、设备维修、交易市场	园区中配建：物流仓储用地；园区外约束性配套设施：产品交易市场用地、其他商务设施用地；根据需要配建会展用地	1：0.25
劳动密集型	轻工 食品 建材 机械制造	与城镇建设共享配套设施，节约建设成本	产品制造	物流仓储、商业服务、行政管理	园区中配建：综合服务中心、物流仓储用地	1：0.1

注：上述比例关系基于经验数据得出的研究结论。

现代服务业与配套功能用地配比　　　　表 8-6

产业类型	产业特点	主导功能	配套功能	产业配套用地类型	产业功能与产业配套功能配比
现代服务类	依托城市轴线、各级中心以及轨道交通站点实现产业聚集	企业总部、商业中心、金融、商务办公、培训教育等	会议会展、酒店公寓、咨询服务、餐饮服务、文化娱乐	会展用地、商业用地、娱乐康体用地	1：0.5
创新研发类	产业功能与居住功能密切相连，各功能融合性较强	研发中心	商务会展、咨询服务、酒店、物流	金融保险用地、其他商务用地（咨询服务）、物流仓储用地、旅馆用地	1：1.2

注：上述比例关系基于经验数据得出的研究结论，仅供参考。

2. 产业功能和居住功能配比

按照天府新区确定的产城一体单元内职住平衡比不低于 60% 的目标，可以进一步推算产业功能和居住功能的用地比例关系。

计算公式为：

$$\frac{Y}{X} = A \times B \times (1+C) \times D \times E \qquad （式 8-1）$$

式中　X——产业用地面积（单位：公顷）；

　　　Y——居住用地面积（单位：公顷）；

　　　A——产业就业密度（单位：人/公顷）；

　　　B——带眷系数；

　　　C——三产劳动力数量与二产劳动力数量比值；

　　　D——职住平衡比；

　　　E——人均居住面积（单位：平方米/人）。[①]

这里有两个问题需要进一步指出。第一，由于产业门类不同，不同产业之间就业密度差异很大。第二，不同类型产业对应的产业工人带眷系数差异也很大。在实际规划中，需要结合具体产业通过实地调研来确定（图 8-7、图 8-8）。

在确定就业密度和带眷系数的基础上，通过测算，确定天府新区不同产业门类的产业功能与居住功能配比，见表 8-7。

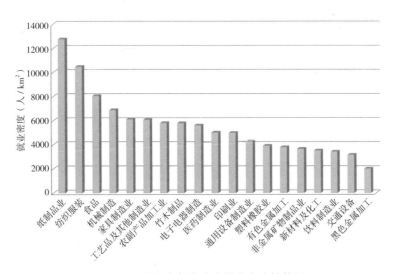

图 8-7　成都市部分产业就业密度柱状图

图片来源：成都市规划设计研究院.四川天府新区产城一体深化研究专题报告 [R]. 2011.

① 李星，曾九利.基于产城一体理念的城市用地结构研究方法探索 [J]. 规划师，2013，29（s1）：47.

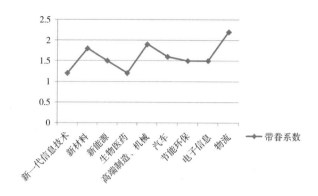

图 8-8　成都市部分产业带眷系数折线图

图片来源：成都市规划设计研究院.四川天府新区产城一体深化研究专题报告 [R]. 2011.

产业功能和居住功能用地配比　　　　　　　　　表 8-7

产业门类	产业功能与居住功能配比
汽车制造 / 工程机械 / 电子信息	（2.5 ~ 3）：1
航空航天 / 新能源 / 新材料 / 生物科技 / 农产品加工	（3.5 ~ 4）：1
创新研发	0.9：1
现代服务业	2：1

注：上述比例关系只是基于天府新区得出的研究结论，仅供参考。

3. 居住功能和居住配套功能配比

居住功能与居住配套功能的相互关系实际上一直是城市规划关注的重点。《城市居住区规划设计规范》GB 50180—2002[①] 中的居住功能与居住配套功能用地配比大致为 2.7：1。

产城一体单元打破传统的城市片区—居住区—小区的等级化结构及公共服务配套体系，以各级综合体为中心，重点强化城市片区级和社区级的公共服务设施，合理组织居住和居住配套功能。产城一体单元内的居住配套设施采用扁平化布局，适当增加上一级公共服务设施，因此居住配套功能也就适当增加。经过测算，天府新区各产城一体单元内居住功能和居住配套功能配比一般按照 2：1 进行控制（表 8-8）。

居住区级和产城一体单元公共服务设施千人指标对比　　　　　表 8-8

	居住区级千人指标（m²/千人）	产城一体单元级千人指标（m²/千人）
教育	1000 ~ 2400	2500 ~ 4900
医疗卫生	138 ~ 378	670 ~ 910

① 项目使用的是 2002 版规范，现行规范是 2019 版.

	居住区级千人指标（m²/千人）	产城一体单元级千人指标（m²/千人）
文化体育	225 ~ 645	925 ~ 1345
商业	600 ~ 940	1600 ~ 1940
社会福利	76 ~ 668	158 ~ 750
金融邮电	25 ~ 50	45 ~ 70
行政管理	37 ~ 72	90 ~ 125

注：上述指标基于相关规范和天府新区的相关研究整理，仅供参考。

4. 各类产城一体单元功能配比

根据上述配比关系测算，可以进一步明确天府新区范围内各类产城一体单元内各类功能之间的用地配比。这对于各个产城一体单元的规划特别是控制性详细规划的编制具有很强的指导意义。鉴于功能配比存在不确定性，天府新区在各产城一体单元用地布局中还都预留部分未确定具体设施的服务设施用地和市政设施用地作为弹性用地，以便更好地支撑未来产城一体发展。

（三）布局结构

产城一体单元的空间布局应完整的融入产业、产业配套、居住、居住配套、生态等各种功能，其表现形式根据主导产业类型的不同而不同，同时需结合各片区地形、地貌等自然条件和建设现状，合理确定各单元不同的空间布局模式。

根据天府新区未来产业选择，规划对创新研发、电子信息、现代服务（商务）、新能源/新材料、农产品加工/生物科技5种代表性产城一体单元进行了布局结构方面的研究，提出了星座式、耦合式、圈层式、并列式和"多核+十字"式等布局结构，从而更好地指导各类单元具体规划的编制。以下以创新研发单元为例，对其布局结构进行分析。

对于创新研发单元，其空间布局强调以研发为主导，功能上多元复合，布局与自然景观相融合。规划师将这种布局结构称为"星座式"布局（图8-9），其特点表现为：一是，研发功能是创新研发单元的主导功能，各个研发组团功能联系紧密。二是，各组团除研发功能以外，兼具多重功能，单元内商业、办公、文化、游憩等功能多元结合，与居住功能紧密联系。公共中心则作为整个产城一体单元的中心，通过内部功能轴线联系不同功能。三是，在充分保护自然生态条件前提下，实现各种功能与自然环境的有机结合，结合水体、绿地形成游憩空间，承担日常休息、娱乐、

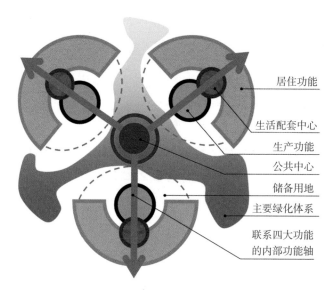

居住功能

生活配套中心

生产功能

公共中心

储备用地

主要绿化体系

联系四大功能
的内部功能轴

图 8-9　创新研发单元——星座式布局

图片来源：成都市规划设计研究院．四川天府新区产城一体深化研究专题报告 [R]．2011．

文化等活动，同时作为单元内的景观节点。

（四）交通结构

　　天府新区规划构建以轨道交通为骨架、常规公交和慢行交通为主体的集约式、多元化、高标准的综合交通结构体系。在"一城六区"之间形成完善的高、快速路网和轨道交通主干网的基础上，产城一体单元间形成主干路网和公交干线网，构建大运量公交系统，交通站点区域按照 TOD 的发展模式与产城一体单元中心协调发展。

　　天府新区将战略新兴产业作为产业定位，这就决定了产城一体单元内的各类用地将会高度混合、人员之间的交流会更加频繁。根据这一特点，规划提出产城一体单元的交通策略如下：

　　（1）外部快联，分离过境交通。在产城一体单元外围，构建外部过境环，通过下穿、高架道路形式分离，减少高速路、快速路对内部交通的干扰。

　　（2）中间疏解，合理安排集散交通。公共停车场一般设置在与对外道路衔接的区域边缘，并结合公交场站进行综合开发。长途客运站设置在区域边缘，并考虑与公交场站、停车场、轨道交通车辆段综合开发

　　（3）内部可达。产城一体单元内部构建绿色交通系统，实现社区公交全覆盖、慢行交通网络化布局。

产城一体单元内部主要采用步行、自行车和公共交通方式，充分落实低碳、环保理念，缓解交通拥堵问题。为充分发挥公交系统的作用，产城一体单元内部通过公交支线和次、支路网延伸至功能单元和社区，结合各级中心进行站点设置。在产城一体单元内的机动出行方面，公交分担率不低于50%，其中，地面公交分担率不低于25%，轨道交通分担率不低于25%。同时，为实现机动车非机动车分离，单元内通过绿道建设构建独立的慢行系统覆盖整个天府新区，串联居住、文娱、工作及生态功能地区，实现慢行交通网络化。结合综合交通枢纽、地铁站点及城市中心区合理布局停车设施，根据项目类型合理确定停车配建比。

路网布局是实现产城一体单元交通目标的关键。国内传统居住区规划往往过于注重安全性的考虑造成小区的封闭性，无法充分发挥城市支路的功能，对支路网的系统性影响较大，且不利于人与人之间的交流。欧美现代城市道路网布局则遵循街区制理念，呈现出明显的均质化、小街坊的特征。天府新区规划借鉴欧美城市支路网间距，在产城一体单元内各个社区内采用小尺度、高密度的路网布局，支路网间距取150～250m，支路的宽度取15～20m。加密支路网，一方面可以充分利用沿街界面，提高土地利用效率和街区活力，同时也又有利于均衡分配各片区交通流量，提高各片区的可达性，并为人们沟通交流提供了良好的平台。由于功能不同，在产城一体单元内部的不同区域（如：产业区、居住区、中心区），路网的密度也应有所不同（表8-9）。

天府新区支路网密度和间距推荐值　　　　　　　　　　　表8-9

道路级别	相关规范要求	推荐值
支路网密度（km/km²）	3.0～4.0	8.0～13.0
道路间距（m）	500～600	150～250

第四节　产城一体单元规划的实践分析

产城一体单元规划方法在天府新区得到成功运用。下面通过对位于"一城六区"之天府新城功能区的正兴南单元规划进行案例分析，阐述产城一体单元规划方法的实践应用情况（图8-10）。[①]

———————

① 下文介绍的天府新城总体城市设计由成都市规划设计研究院、成都市城市设计研究中心、北京大学中国城市设计研究中心、中营都市与建筑设计中心合作编制。

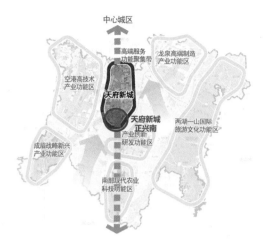

图 8-10　天府新城正兴南单元区位示意

图片来源：四川天府新区天府新城控制性详细规划及总体城市设计　2013

一、天府新城总体布局策略

　　天府新城是天府新区的核心区，是以现代服务业为主导的城市功能区。围绕大源商务片区、新川科技总部片区、正兴商业商务文博会展片区（即正兴南单元）三大核心片区，布局大源西、锦江西、正兴北、万安以及中和旧城和华阳旧城等其他六个综合功能片区，一共包含九个产城一体单元。各个产城一体单元按照产城一体的理念，聚集发展为整个天府新区配套的体育、文化创意、商业商贸、医疗服务、都市休闲旅游等现代服务产业（图 8-11）。

　　基于以产城一体单元为基础的单元式规划理念，天府新城的总体布局策略包括 6 个方面。

（一）轴线展开

　　以城市轴线作为功能区内主要城市功

图 8-11　天府新城功能单元

图片来源：四川天府新区天府新城控制性详细规划及总体城市设计　2013

能以及产城一体单元空间组织的重要方式，根据功能区的总体定位和产业布局，以主要道路、河流为依托，主要重大城市功能沿天府大道轴线展开布局，串联各产城一体单元（图 8-12、图 8-13）。

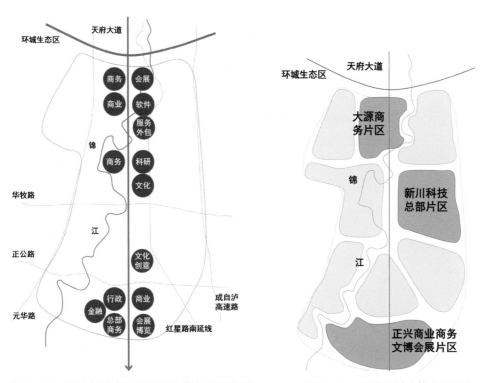

图 8-12　天府新城中轴线沿线功能布局示意图　　　　图 8-13　天府新城功能分区示意

图 8-12，图 8-13 来源：四川天府新区天府新城控制性详细规划及总体城市设计　2013

（二）功能分区

按照总体功能定位和产城单元类型进行功能分区，各功能分区内部通过功能复合式发展，避免传统城市因过分单一功能分区带来的交通、城市活力等问题。

（三）单元配套

构建扁平化的公共服务设施体系，充分发挥功能区中心及单元中心的辐射作用，同时在社区内部就近布局公共配套设施，以综合体方式建设社区综合服务中心，满足基本生活服务需求（图 8-14）。

图 8-14　社区综合服务中心功能示意图

图片来源：四川天府新区产城一体深化研究专题报告，成都市规划设计研究院，2011

（四）组团分布

功能区内将形成组团式城市形态，各产城一体单元相对独立，单元之间布局生态廊道实现各单元的空间隔离，避免传统意义上的大城市"摊大饼"式发展。

（五）绿心布局

产城一体单元内部规划单元中心绿地，围绕绿心布局各种功能。各单元内部的绿地与单元之间的生态廊道相互联系，结合功能区大型绿地共同构成功能区生态绿地系统（图 8-15）。

（六）高效连接

规划构建强大的骨干快速路网、轨道交通网、公交网和慢行交通网，形成

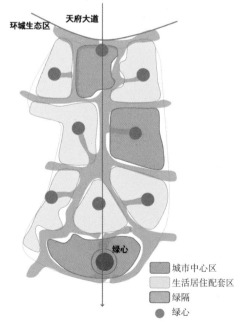

图 8-15　组团分布及绿心布局示意图

图片来源：四川天府新区天府新城控制性详细规划及
总体城市设计　2013

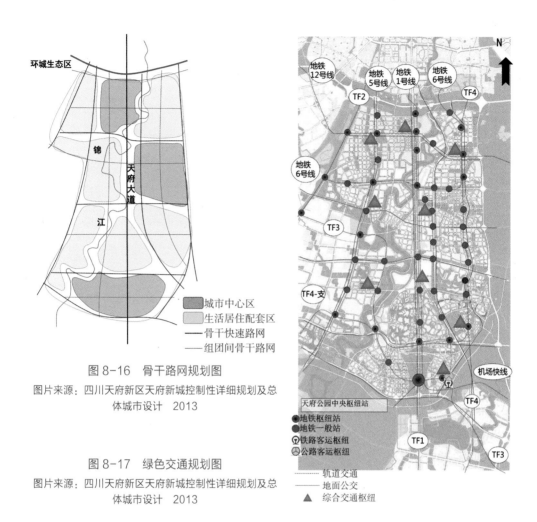

图 8-16　骨干路网规划图

图片来源：四川天府新区天府新城控制性详细规划及总
体城市设计　2013

图 8-17　　绿色交通规划图

图片来源：四川天府新区天府新城控制性详细规划及总
体城市设计　2013

产城一体单元间的高效连接网络，并通过各级综合交通枢纽，实现各种交通方式之
间的无缝衔接（图 8-16、图 8-17）。

二、正兴南单元的控规编制

产城一体单元的功能相对完整，比较适宜作为一个完整单元开展控制性详细规
划编制。[①]

现行国家标准《城市规划基本术语标准》GB/T 50280—1998 指出："控制性详细
规划是以总体规划或分区规划为依据，确定建设地区的土地使用性质和使用强度的控

①　也可以结合实际情况几个产城一体单元一起编制。

制指标、道路和工程管线控制性定位以及空间环境控制的规划要求"。[①] 传统意义上的控规编制，主要内容实际上包括4个方面，分别是道路交通、土地利用、人口分布和强度控制，市政配套设施及管线虽然作为必备内容，但实际上是整个方案的支撑系统。产城一体单元的控规编制还需要在传统控规的基础上增加对就业岗位的分析。

为实现产城融合，控规编制应该实现道路交通、土地利用、人口分布、就业分布以及强度分区的"五位一体"。在方案编制阶段，人口分布和就业分布应该同步考虑，既要考虑总体量上平衡，也要研究居住人口和就业人口在单元内部的空间分布。作为"五位一体"的控规编制，五大要素实际上相互关联的，方案的编制过程就是五大要素相互作用、相互校核的过程（图8-18）。

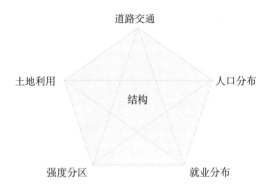

图 8-18　五位一体的控规编制

图片来源：产城融合理念下的控规编制研究　李磊　2014

五大要素又是围绕着整个规划区的结构而展开的。对于产城一体的规划编制，最为重要的就是要关注空间结构、中心结构、用地结构和交通结构。

具体以天府新城正兴南产城一体单元为例进行说明。

单元规划范围为正公路以南，铁路货运外绕线以北，锦江以东，红星路南延线以西，面积约24km²。基于天府新城总体布局，正兴南单元以高端现代服务业为核心功能（图8-19），以天府大道为中轴，围绕天府公园，布局行政办公区、会展博览区、商务中心区（重点发展总部商务、金融、高档酒店等）、商业中心区四大功能板块。

正兴南单元在规划编制中，保留了规划范围内谷地、河流等自然环境特征，充分尊重自然地形地貌，以天府大道为中轴，构建"两轴、一带、八组团、多节点"的空间结构，着力塑造生态田园城市形态，最终形成以天府公园为核心，七大功能组团环绕布置的空间布局（图8-20）。

---

① 国家质量技术监督局，中华人民共和国建设部 . 城市规划基本术语标准 GB/T 50280—1998.

图 8-19　正兴南单元规划范围及功能分区
图片来源：《四川天府新区天府新城控制性详细规划及总体城市设计》，2013

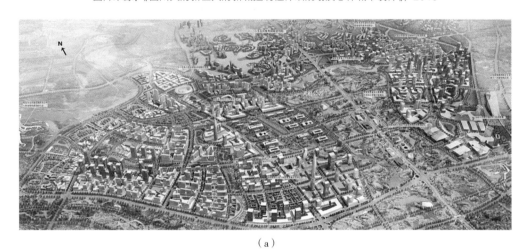

（a）

（b）

图 8-20　正兴南单元总体鸟瞰
图片来源：四川天府新区天府新城控制性详细规划及总体城市设计　2013

在中心体系构建上，正兴南单元以天府大道为依托，围绕天府公园，形成圈层布局，在天府大道东西两侧形成多个功能单元，功能单元之下设社区，从而形成正兴南单元的中心结构体系。按照"多中心小组团"的整体城市空间结构，规划形成产城单元级、功能单元级、社区级三级公共服务中心。结合 TOD 开发模式，构建与公共交通耦合的公共服务中心体系，以交通枢纽为节点，围绕组团绿心规划建设集文化、教育、商业、娱乐、休闲等多种综合功能于一体的复合型社区，形成城市"公共服务网"，引导就业、居住和配套设施的合理布局，全面提升城市公共服务能力。

在用地布局上，正兴南单元围绕总体目标定位，突出核心功能的布局，并采用混合用地布局模式，促进设施的多样混合，满足不同需求。同时注重用地的复合性，合理确定产业、产业配套、居住、居住配套四类用地的适宜比例关系。通过适宜的开发强度控制，控制居住人口和就业人口规模。结合天府公园设置高强度的商务中心区，综合居住区建筑以宜人的小高层建筑为主，开发强度适中。规划范围内，居住人口规模为 27 万人，单元可提供就业岗位 26.6 万个，为实现单元内的职住平衡创造良好的条件。

正兴南单元结合天府新城的交通规划，与周边产城单元间保持高效连接，并通过综合交通枢纽，实现各种交通方式之间的无缝衔接。在单元内，以轨道交通和主干路网为依托，规划形成快速外部环路和内部七纵四横的路网整体结构，支撑完善的公共交通系统。结合绿地系统形成绿道，结合道路慢行专用道，共同形成单元内部慢行交通系统，并与轨道交通站点、公交站点实现无缝衔接，共同构成单元绿色交通体系，为整个产城一体单元的高效运转奠定基础。

本章参考文献：

[1] 胡滨，邱建，曾九利，汪小琦. 产城一体单元规划方法及其应用——以四川省成都天府新区为例 [J]，城市规划，2013，8：79.

[2] 姚楠，李竹颖. "产城一体"理念在山地城市新区规划中的实践——以广元市三江新区为例 [J]. 规划师，2012（06）：42.

[3] 李星，曾九利. 基于产城一体理念的城市用地结构研究方法探索 [J]. 规划师，2013，29（s1）：47.

[4] 国家质量技术监督局，中华人民共和国建设部. 城市规划基本术语标准 GB/T 50280—1998.

绿色韧性的支撑体系

天府新区城市支撑体系规划突出绿色发展理念，恪守城市安全底线，建设"绿色城市""韧性城市"，体现了生态理性规划的内在要求。

第一节　天府新区的绿色韧性支撑系统建设

一、绿色城市与韧性城市简述

城市在全球可持续发展中扮演着重要的角色。在全球城市化进程中，人口和产业向城市快速聚集，对生态环境和资源要素带来了非常严峻的挑战，越来越多城市出现了交通拥堵、城市内涝、环境污染等"城市病"问题。相对于传统城市建设，当前城市规划建设越来越由"经济导向"转为"人本导向"，从基于要素的粗放式发展转向人与自然和谐相融的集约式发展。20 世纪 70 年代，"绿色城市"作为城市可持续发展理念的最新发展阶段被提出，强调自然环境健康宜人、资源能源清洁高效、基础设施完善舒适、社会环境和谐文明等，形成人、自然、经济、社会和谐高效的发展模式。[①]

另外，城市作为一个巨大的开放复杂系统，有太多不确定性因素带来未知风险。在各种突如其来的人为和自然灾害面前，传统的城市往往表现出极大的脆弱性。城市安全问题也越来越成为制约城市可持续发展的瓶颈。[②] 由此，"韧性城市"理念提出，变被动为主动，提升城市规划的预见性和引导性，提高城市面对不确定性因素的抵御力、恢复力和适应力。

[①] 联合国开发计划署驻华代表处，瑞典斯德哥尔摩环境研究院.2002 中国人类发展报告：让绿色发展成为一种选择 [M].北京：中国财政经济出版社，2002.
[②] 黄晓军，黄馨.弹性城市及其规划框架初探 [J].城市规划，2015（02）：50-56.

二、建设重点

成都平原大气扩散条件相对较差，环境容量有限，主要河道径流量季节分配不均，地表水环境质量也不高。如前所述，天府新区从选址开始就体现了绿色城市建设理念：天府新区选址于成都市南部，避开了良田沃土，区域内龙泉山、牧马山等林地丰茂，锦江、鹿溪河等水系丰富，且在规划中予以充分保护和利用，为天府新区建设绿色城市、韧性城市提供了良好的自然条件；天府新区充分对接成都中心城区，疏解了中心城区功能，缓解了中心城区压力，并规划形成"一城六区"的城市空间布局，各功能区之间以绿隔分离，相对于传统"摊大饼"式发展，也更体现了绿色城市、韧性城市建设理念；天府新区规划采用了产城一体单元的规划方法，合理组织城市生产及生产配套、生活及生活配套等功能，城市更加绿色、低碳、安全、高效。

绿色城市、韧性城市在支撑体系建设方面涵盖内容非常丰富、领域非常广泛，针对天府新区的自然条件和资源禀赋而言，在规划中辨识关键因素、解决重点问题是建设绿色韧性城市的前提条件。

绿色城市突出人与自然和谐关系，主要体现在5个方面：一是，望得见山、看得见水的城乡格局和生态环境。二是，低碳节能、运行高效健康城市。三是，以人为本，宜业、宜居、宜商的生活城市。四是，具有特色和风貌的文化城市。五是，环境、经济和社会可持续发展的动态城市。[①] 天府新区按照生态优先、产城融合的规划理念，突出生产、生活、生态空间的协调发展。其中，从天府新区的实际情况辨析，城市支撑系统的关键要素是交通体系建设：一方面成都机动车保有量仅次于北京，位居全国第二，天府新区需要着眼于构建更长远、更高水平的交通建设发展模式，避免重蹈成都中心城区过快的机动化发展导致交通拥堵；同时新区规划范围内现有的城市交通基础设施十分薄弱，需要通过构建绿色交通体系，引导和支持未来新区的快速发展，实现新区的交通系统与成都主城区交通系统保持充分的融合，承载短时间内积聚较多城市人口和产业发展的交通需求。

韧性城市是应对城市危机和风险的规划思路。正如生态系统受到扰动后恢复到稳定状态的能力，韧性城市强调城市在危机和灾难中承受压力，快速恢复的能力。城市是一个开放的复杂系统，面临着各种不确定性因素和未知风险。在各种突如其来的自然和人为灾害面前，往往表现出极大的脆弱性。新区建设应从规划之初就考虑如何提高城市系统面对不确定性因素的抵御力、恢复力和适应力。

---

① 俞滨洋. 新时代绿色城市高质量发展建设的战略思考[J]. 人类居住，2018，97（04）：30–35.

韧性城市涉及城市安全的各个方面，包括：地震、防洪排涝、地质灾害、消防、疫情防控、公共活动安全等，其中与城市空间布局和市政设施安排最密切相关的是城市防洪排涝。自2300年前都江堰水利工程修建以后，成都平原的水患得到了治理，洪水通过金马河分流，保障了两千年来成都的防洪安全。天府新区位于成都市主要河流下游地区，防洪问题并不突出，但是排涝问题却十分关键，因为成都平原降雨年度分布极不均衡，雨季降雨量很大，2013年暴雨造成多地出现洪涝灾害。再加上天府新区地形多浅丘，又极其容易造成内涝，所以在规划之初便对天府新区内涝问题进行了充分考虑。

另外，生态绿地支撑体系的构建不仅能够为市民提供良好的绿色休闲游憩场所，而且在地震、火灾、疫情等灾害降临时有效疏解安置群众、降低影响具有重要作用。生态绿地系统的优化布局，有利于形成城市通风的城市形态，缓解城市脆弱性短板效应。同时，生态绿地空间为城市规划预留应急建设用地提供条件，可确保诸如武汉重大疫情发生时火神山、雷神山医院用地及时并合理、合规、合法地供给，显著提高城市应对疫情等灾害的韧性。

第二节 天府新区低碳集约的绿色交通体系

1994年，克里斯·布拉德肖提出绿色交通体系概念，认为城市交通不仅要解决路段通畅的问题，更要"以人为本"，考虑"人"出行的可达性、舒适性和安全性需求，并将各类交通方式进行排序，依次为：步行、自行车、公共交通、共乘交通和私人小汽车。

天府新区围绕"产城融合"的理念，构建交通、土地利用、环境保护相协调的关系，并通过构建快速道路系统、高标准的公交体系和城乡一体的绿道网络系统等措施，实现交通集约发展、绿色低碳。

一、规划策略

（一）绿色交通体系的基本特征

国外发达城市在20世纪60年代便已意识到"机动化"交通导向的问题，开始从规划技术手段和策略上探寻交通可持续发展之路。

哥本哈根、新加坡等城市通过道路、交通与土地利用的整合，形成疏密有致的城市空间和与之相适应的道路交通、公共交通支撑系统。

伦敦、巴黎、东京等城市，发展以公交优先与公交出行引导的城市用地与交通发展模式，其公共交通出行比例均在 50% 以上。与之相配套的政策、措施均体现了公交优先，遏制小汽车增长和城市交通节能减排等导向。

荷兰、德国、法国等在 20 世纪 70 ~ 80 年代着力推行"绿色街区"，在城市中划定"机动车交通限速区"，区内限制车辆行驶的速度，一般不超过 20km/h。同时强化公共交通服务和自行车、步行交通网络，促进街区内功能混合。

欧洲和亚洲发达城市环保低碳型交通方式的应用和推广随着城市化的进程和公共交通方式多样化进一步发展。20 世纪 80 年代后，以建设新型有轨电车、城市地铁、城市轻轨以及开辟公交专用道等为代表的低碳化公共交通逐渐成为交通规划的主要趋势。

我国从 21 世纪初开始对绿色交通进行实践，在城市公共交通方面发展迅速。我国香港地区是多样化公共交通发展的典范，城市铁路、巴士、小巴、电车、出租车、渡轮等公共交通是香港市民出行的首选，公共交通出行比例在 70% 以上。北京、上海、广州、深圳等城市的交通规划中，公共交通出行比例均在 50% 以上（现状基本在 35% ~ 40%）。近年来，新型绿色交通方式和工具也在快速发展。快速公交（BRT）已在国内多个大城市建设中得到广泛实践，包括：昆明（1999 年）、北京（2005 年）、杭州（2006 年）、大连（2008 年）、重庆（2008 年）、合肥（2010 年）、成都（2013年）等，丰富和完善了国内快速公交建设的技术和方法。另外，国内部分大、中城市已逐步探索建设城市轻轨、有轨电车等新型绿色交通设施。无论是快速公交（BRT）还是有轨电车，对于支撑城市发展，引导形成公交导向的城市发展模式都具有重要的意义。

总结国内外城市绿色交通体系建设经验，绿色交通体系具有以下发展趋势和特征：

1. 交通与土地、环境协调发展

绿色交通体系要与城市功能布局、土地利用、环境保护等系统相协调。土地利用与城市交通系统之间关系密切，必须将绿色交通的理念融入城市总体规划、控制性详细规划、城市设计等各层次规划中，研究城市的开发强度与交通容量、环境容量的关系，使土地使用和交通运输系统协调发展。[①]

2. 以公共交通、步行、自行车为主导的交通方式

从目前国内特大城市的交通发展状况来看，适度限制和合理使用小汽车是必然

---

① 刘冬飞．"绿色交通"：一种可持续发展的交通理念 [J]. 现代城市研究，2003（01）：60-63.

趋势。从优化生活环境品质，提升城市居民出行的便利性角度来看，步行、自行车、公共交通将占主导地位，并逐步实现无缝对接、互相融合、互为补充。

3.方便、快捷、多层次的公共交通系统

公共交通方式是以最低的环境代价实现最多的人和物的流动，以有限资源实现高效的服务。[①] 因此，构建方便、快捷、多层次的现代化公共交通系统是"绿色交通"系统的基本特征，也是实现城市绿色交通可持续发展的必然选择。

4.绿色交通工具和智能交通管理

绿色交通的真正实现还依赖于绿色交通工具的应用。绿色交通工具的广泛使用，能有效减少碳排放，提升城市环境品质。智能交通系统，能够通过先进的技术手段和信息系统，统筹交通出行的时空资源，提高交通运行效率。智能交通管理是实现绿色交通的重要保障。

（二）天府新区绿色交通体系的构建思路

整体层面，为落实"双核共兴"城市发展目标，通过交通规划引导成都城市结构由单核向双核转型升级，进一步强化天府新区的极核作用。以天府新区核心区为中心，建构独立的交通体系（包括轨道交通和快速道路网络），加强与成都市域卫星城、区域中心城以及周边城市资阳、眉山的点到点快速交通联系，提升天府新区的辐射带动作用，实现统筹发展。

天府新区进一步建设集约高效的货运集散系统，积极推进城市综合交通枢纽建设，为城市新区集聚高端产业、提升城市综合服务功能提供保障。在此基础上，加强新区内部各功能组团之间的联系，构建顺畅便捷的交通系统，为产业区与综合服务区融合发展奠定基础。[②] 按照"绿色低碳、公交都市"的理念，构建以轨道交通为骨架、公共交通和慢行交通为主体的集约化、多元化客运体系（图9-1）。

结合"一带两翼、一城六区"的空间结构以及产城一体单元的特点，确定了"一城六区间以轨道交通为主，产城单元间以公交干线为主，功能单元间以公交支线为主，社区间及社区内以慢行系统为主"的策略，[③] 提出了以下交通体系构建思路（图9-2）。

---

① 熊晓冬，罗广寨，张润朋 . 基于绿色交通理念下的广州大学城交通规划 [J]. 城市规划学刊，2005（4）：88-92.

② 许健，刘璇 . 推动产城融合，促进城市转型发展——以浦东新区总体规划修编为例 [J]. 上海城市规划，2012（01）：20-24.

③ 中国城市规划设计研究院，四川省城乡规划设计研究院，成都市规划设计研究院 . 四川省成都天府新区总体规划，2011.

图 9-1　新津绿色交通

图片来源：朱勇　拍摄

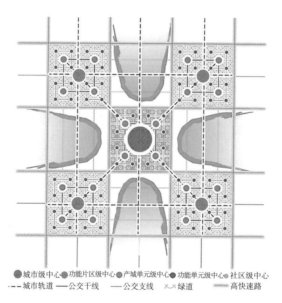

●城市级中心 ●功能片区级中心 ●产城单元级中心 ●功能单元级中心 ●社区级中心
---城市轨道 —公交干线 —公交支线 ××绿道 ▬高快速路

图 9-2　天府新区交通结构示意图

图片来源：四川省成都天府新区成都部分分区规划（2011—2030）

（1）构建快速轨道交通系统，围绕轨道交通换乘枢纽，构建各级城市中心。

（2）大力发展地面公共交通，高标准规划公交设施，创造绿色、便利的公交出行环境。

（3）规划快速公交客运走廊，提高公交运行效率。

（4）构建快速路系统，提高交通运行效率，减少拥堵和排放，支撑产业发展。

（5）新区道路小尺度、高密度布局，提升街区活力。因地制宜，针对不同片区构建不同的慢行交通系统，倡导绿色、低碳的交通出行方式。

（6）预留新能源交通设施用地，提倡环保节能型交通出行。

（7）轨道、长途、公交、慢行交通换乘设施等布局考虑多网融合、多站合一，实现公交、轨道、慢行等交通方式无缝衔接，全面提高公共交通和慢行交通出行比例。

二、体系特点

除前述天府新区通过规划建设产城一体单元，减少整个城市的交通出行总量外，天府新区还开展了一系列绿色交通体系规划，主要包括：绿色交通设施体系、交通设施布局与土地利用、智能交通管理系统、绿色交通出行方式、绿色交通工具等方面，总体上营造了安全、低碳、便捷的交通出行环境（图9-3）。[①] 主要体现为以下几个特点。

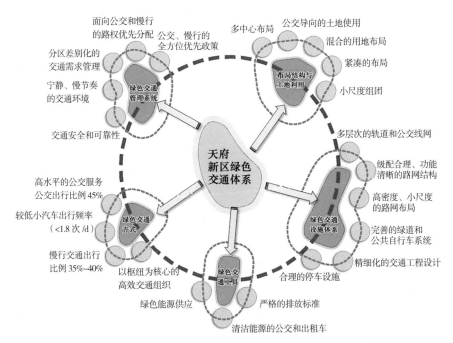

图 9-3　天府新区绿色交通体系的构成

图片来源：四川省成都天府新区成都部分分区规划（2011—2030）

---

① 成都市规划设计研究院.四川省成都天府新区成都部分分区规划，2012.

图 9-4　成都双流国际机场实景图

图片来源：邱建　拍摄

（一）高效便捷

1.强化航空枢纽

航空运输是高效、快捷运输的重要手段，在现状双流国际机场基础上（图9-4），规划建设成都新机场（正式名称为"成都天府国际机场"，以下简称"新机场"）（图9-5），形成"一市两场"的格局。双流国际机场以国内精品航线为主，包括点

图 9-5　成都天府国际机场效果图

图片来源：四川省政府网 http://www.sc.gov.cn/10462/10464/10797/2017/5/18/10423014.shtml.

对点和航班比较密集的国内航线；新机场定位为国家级国际航空枢纽，主要以洲际国际航线为主，服务西南及西部地区。新机场和双流国际机场功能互补，共同巩固和提升西部航空枢纽功能，对天府新区形成强有力的航空运输支撑。同时，进一步强化新机场与天府新区和中心城之间，新、老机场之间的交通联系。新机场与中心城区、天府新区按照实现"一高一快一轨"的原则规划，新机场与双流国际机场之间通过"两高一轨"实现快速联系，确保新、老机场综合枢纽对外交通衔接的畅通高效。[①]

2. 强化铁路枢纽

在成都市中心城区规划建设火车东站、火车北站、火车南站、火车西站"两主两辅"火车客运站的基础上，在天府新区核心区进一步规划设置天府新站（图9-6），形成"三主两辅"的客运枢纽格局。同时，强化天府新区普兴货站在铁路货运枢纽中的地位，与铁路集装箱中心站、大弯货站共同形成成都货运主场站。

图 9-6 成都天府新站效果图
图片来源：铁二院天府新站设计项目

3. 构建高、快速路网

规划形成"两横、四纵"的高速路网布局，"两横"为绕城高速公路和第二绕城高速公路，"四纵"为成雅（乐）高速公路、成自泸高速公路、成资高速公路（成都新机场高速公路）及成渝高速公路。中心城区和天府新区形成"8"字形的高速公路环，

---

① 成都国际航空枢纽战略规划。

天府新区内部高速公路贯穿"一城六区",形成高速路网满覆盖。[1] 同时,高速公路进一步向周边延伸,强化成都—眉山、成都—资阳的联系,辐射带动自贡、宜宾、泸州,促进成都平原经济区的发展。以高速路为基本骨架,进一步规划"三横七纵"的快速路结构,基本实现快速路贯穿或紧邻每个产城一体单元,快速路网密度高于0.5km/km² (国家规范上限)(图 9-7、图 9-8)。

图 9-7 成都天府新区段天府大道实景

图片来源:朱勇 拍摄

图 9-8 中央商务区路网夜景

图片来源:天府新区自然资源和规划建设局信息中心

---

[1] 四川省成都天府新区成都分区综合交通专项规划。

（二）公交优先

构建以轨道线网为骨干，干线公交为主体，深入社区的支线公交和慢行系统为补充，各类公共交通系统无缝换乘的绿色公交网络。[①]

1. 高标准的公共交通指标体系

（1）公共交通出行分担率：不低于 50%。

（2）地面公共交通出行分担率：不低于 25%。

（3）公交站点覆盖率：城市建设区内，500m 服务半径覆盖率达到 100%。200m 服务半径覆盖率达到 70%。

（4）公交车拥有量：17 标台 / 万人。

（5）车均公交场站建筑面积：250 ～ 280m^2。

（6）轨道交通出行分担率：不低于 25%。

（7）轨道交通线网密度（规划建设区）：0.5km/km^2。

2. 高效率的轨道交通系统

天府新区轨道交通重点解决 3 个层次的问题：一是，强化新老城区联系，解决天府新区与成都市中心城区的联系。二是，功能区联系，解决天府新区内部"一城六区"的联系。三是，区域联系，解决天府新区向东、西、南与周边区域城市的联系。借鉴巴黎多层次轨道引导新城建设的经验[②]，天府新区规划了地铁、有轨电车、普通铁路、城际铁路、市域快线、市域铁路、旅游铁路等多层次的城市轨道交通系统。其中以地铁强化城市轴线交通，解决大规模客流运输；以快线（轻轨）串联一城六区，解决大区域长距离周转，以有轨电车作为补充，提高轨道交通分担率，形成长（途）短（途）分离、快慢结合、衔接高效的轨道交通体系。

结合城市空间结构和用地布局，天府新区范围规划轨道线路 12 条，线网密度近 0.6km/km^2。天府新城与成都中心城之间规划高密度地铁线网，强化联系；新老机场之间、空港高技术产业功能区与龙泉高端制造产业功能区之间，普兴货站与成都南站之间规划三条快线，串联"一城六区"，强化各功能区之间的快速联系。

有轨电车是天府新区轨道交通系统的重要补充，重点解决功能区内部或者相邻功能区之间组团次级走廊的客流运输，其中，加密线布局在轨道交通未覆盖的次要

---

① 成都市规划设计研究院 . 四川省成都天府新区成都部分分区规划，2012.

② 巴黎轨道交通线路分四个层次，分别是服务于巴黎地铁（M）线、服务于巴黎近郊范围的市域快线（RER）、服务于远郊的市郊铁路和连接 RER 线、地铁（M）线的有轨电车系统。

客流走廊，提高公共交通覆盖范围；接驳线与轨道交通线网接驳，为轨道交通线路输送客流；过渡线作为远期或远景轨道交通过渡线，为轨道交通线路输送客流；延伸线为轨道交通延伸，提高公交覆盖范围，同时为轨道交通输送客流[1]。

为保障轨道高效运行，规划还预留了足够的场站用地，车辆段、综合检修基地等均可实现高标准建设（图9-9）。

图9-9　天府新区有轨电车示范线

图片来源：朱勇　拍摄

3. 层次分明的地面公共交通系统

天府新区在充分预测人流流向的基础上，规划构建功能明确、层次清晰、衔接顺畅与需求相匹配的多层次、多系统地面公共交通系统。[2] 天府新区地面公共交通线网由地面公共交通快线、地面公共交通干线和地面公共交通支线共同构成。地面公共交通快线以快速公交为主体，主要解决天府新区各片区之间的中、长距离快速交通联系；地面公共交通干线以常规地面公共交通线路和公交专用道系统为主，重点解决天府新区各片区之间的中距离交通联系；地面公共交通支线以小型公共汽车为主，提供片区内部的短距离交通出行服务以及承担轨道或快速公交之间的接驳服务，是常规地面公共交通的补充。具体规划指标及特点如下：

（1）各片区核心区地面公共交通线网密度达到 3.0 ～ 4.0km/km²，其余地区地面公共交通线网密度 2.5 ～ 3km/km²。

---

① 成都市规划设计研究院.天府新区成都直管区有轨电车线网规划.

② 徐玥燕.公共交通导向的新城路网规划研究 [D].南京：东南大学，2015.

（2）地面公共交通营运场站（枢纽站、首末站）分布密度达到 0.4 座 /km²。

（3）城市内外交通换乘站点间隔不超过 150m，多方式公交之间不超过 100m，多线路公交之间不超过 100m。

（4）地面公共交通车辆进场率达到 95% 以上。

（5）地面公共交通营运场站与地面公共交通综合场站空间布局相匹配，以地面公共交通综合场站为中心，以 5km 为半径，覆盖地面公共交通营运场站的比例达到 80% 以上。

（6）每个功能区至少 1 处一级公交枢纽，每个产城一体单元至少 1 处一级或二级公交枢纽。

（三）绿道成网

结合天府新区"产城一体单元"规划，鼓励低碳绿色、以人为本的交通方式，倡导慢行交通出行。"产城一体单元"内部以公交和慢行为主，步行和非机动车交通出行分担率不低于 35%。规划结合自然地形、河流水系和生态廊道，构建独立、生态化的绿道，串联单元绿心、田园、开敞空间及历史文化资源，加强产城单元、特色镇与农村新型社区的紧密联系。[①]

天府新区规划绿道分为三级：Ⅰ级绿道为依托区域河流水系，沿山生态游线以及区域快速通道等线性生态要素及人工廊道打造区域连通的骨架绿道系统，串接生态绿隔地区的各种资源要素，为绿道系统的构建提供基础。Ⅱ级绿道为依托骨干绿道形成的功能性绿道，串联内部的景观、人文及自然资源，同时也联系各镇区及社区。Ⅲ级绿道为承担绿道网连通功能的绿道连接线。同时，按照使用者的不同，又将绿道分为人行道、骑游道和综合游步道（人行与自行车骑行兼容）三种类型，并针对不同类型的绿道提出宽度、坡度的建设要求（图 9-10、表 9-1）。

各类型绿道宽度标准参考值 表 9-1

类型	绿道宽度（m）	纵坡坡度参考值	横坡坡度参考值
人行道	Ⅰ、Ⅱ级绿道 1.5	3% 为宜，不超过 12%	2% 为宜，不超过 4%
骑游道	Ⅰ级绿道 2.0 Ⅱ级绿道 1.5	不超过 8%	不超过 4%
综合游步道	Ⅰ级绿道 3.0 Ⅱ级绿道 2.5	3% 为宜，不超过 8%	2% 为宜，不超过 4%

---

① 成都市规划设计研究院 . 四川省成都天府新区天府新城控制性详细规划及总体城市设计，2013.

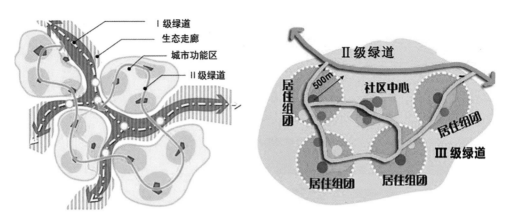

图 9-10　绿道一体化结构示意图

图片来源：成都市绿道系统规划，成都市规划设计研究院，2011.

结合绿道的使用需求，规划设置三级服务驿站，提供便民服务和绿道的日常管理服务（图 9-11）。

一级驿站仅在 I 级绿道中设置，每 20 ～ 30km 设置一处，占地面积不少于 1000m² 或具备 50 人以上的接待能力。一级驿站配置绿道管理及游客服务中心

图 9-11　天府新区鹿溪智谷绿道实景

图片来源：朱勇　拍摄

（200m²）、公共停车场及自行车停车场（10 辆机动车停放、自行车停放 50 辆）、自行车租赁与维修点、餐饮（售货）点、医疗点、厕所、淋浴室、健身场地、治安报警点、消防点、信息咨询亭等设施。

二级驿站每 8 ~ 10km 设置一处，优先在绿道沿线的节点区域内进行设置，占地面积约 600m²，或者具备同时接待 30 人以上能力。二级驿站配置自行车租赁点、自行车停车场与维修点、厕所、小卖部、健身场地、信息咨询亭、治安点、消防点等设施。

三级驿站每 2 ~ 3km 设置一处，占地面积约 50m²，或同时可供 10 人驻足。三级驿站配置休息亭廊、自行车停车位（20m²）、坐凳、垃圾箱、标识标牌等设施。[①]

（四）无缝衔接

强化区域交通枢纽与城市客运交通系统的无缝接驳。结合航空枢纽、铁路客运站场等重要对外交通枢纽设置长途客运站，实现联运。同时配套公交首末站、轨道站点、公共停车场设施等，形成一体化的综合交通枢纽（图 9-12）。

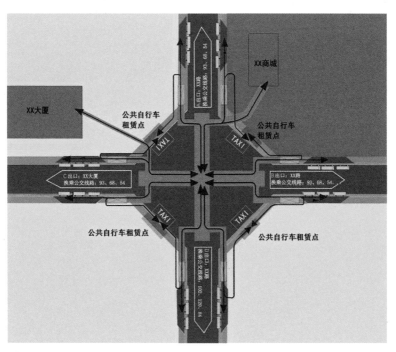

图 9-12　多网合一换乘枢纽示意图

图片来源：成都市规划设计研究院，成都市多网融合公共交通体系规划，2015.

---

① 成都市规划设计研究院 . 成都市绿道系统规划，2011.

轨道、长途、公交、慢行交通换乘设施等布局考虑多站合一，实现公交、轨道、慢行等交通方式无缝衔接，提高公共交通和慢行交通出行比例。

鼓励绿色出行，结合公交及轨道大型换乘枢纽，设置非机动车换乘停车场和非机动车停车点（图9-13）。其余非机动车租赁点沿主要公交或轨道线设置，平均间距800～1000m，服务半径400～500m。沿轨道交通设置非机动车通行廊道，有效解决主要公交、轨道与自行车的接驳问题。地铁站周边步行道进行无障碍设计。

图9-13　兴隆湖地铁站实景
图片来源：朱勇　拍摄

（五）设施保障

针对大城市交通越来越拥堵、汽车尾气排放总量越来越高、大气环境质量越来越差的情况，发展电力、天然气等轻型能源交通工具将是未来交通发展的趋势之一。在天府新区规划中，为推行电力交通工具的使用，规划充分考虑天府新区充换电设施用地需求，预留未来清洁能源交通工具使用的空间资源（图9-14）。

天府新区规划了3座大型充电站，均布置在城市外围有良好交通条件的变电设施附近；规划了14个综合充换电站，均临近公交场站周边110kV和220kV变电设施进行布局，每个综合充换电站的服务半径原则上不大于5km。

图 9-14　清洁能源交通设
施——充换电站示意图
图片来源：成都市规划设计研
究院，成都市电动汽车充换电
基础设施布局规划，2011.

第三节　天府新区生态高效的雨水排放系统

　　由于城市人口和建筑密度的增加，导致道路和屋顶等不透水面积急剧增大，自
然环境中的水文循环机制在城市中发生改变，产生了一系列问题，主要包括：城市
地下水补给量减少、地表径流增加、径流速度加快、汇流时间缩短和水质下降等。[①]
同时，由于原始沟渠保护不足，雨水排放系统标准低等原因，内涝问题几乎成为大
城市的通病。天府新区按照生态理性规划理念，通过构建生态高效的海绵系统，实
现雨水外排内畅（图 9-15）。

一、规划策略

　　传统城市雨水规划重点关注雨水的排放，但随着城市化带来的水资源短缺和生
态环境日益恶化的问题日益凸显，城市雨水规划更倾向于增加城市吸水、蓄水、渗

---

① 赵宇. 低影响开发理念在城市规划中的应用实践 [J]. 规划师，2013（s1）.

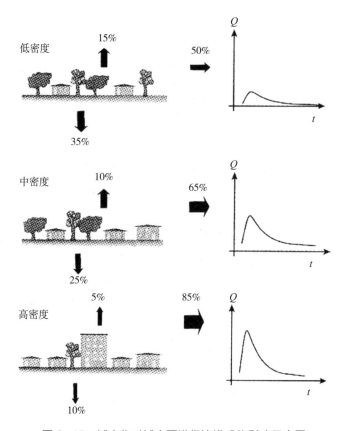

图 9-15　城市化对城市雨洪径流模式的影响示意图

图片来源：David Butler，John W. Davies，Urban Drainage by David Butler and John W. Davies. 2004.

水和净水能力，建设海绵城市，实现城市雨水自然积存、自然渗透和自然净化以及生态化排放。

　　20 世纪 80 年代，欧美、日本等国开始重视雨水利用的研究。德国是世界上雨水利用最先进的国家之一，其雨水利用方式包括 3 类：一是，屋面雨水集蓄系统，集蓄的雨水主要用于家庭、公共场所和企业的非饮用水。二是，雨水截污与渗透系统，道路雨水通过下水道排入沿途大型蓄水池或通过渗透补充地下水。三是，生态小区雨水利用系统，小区沿着排水道建渗透浅沟，表面植草皮，增加雨水径流的下渗量。日本从 1980 年开始推广雨水贮留渗透计划，地面利用公园、绿地、庭院、停车场、运动场等开敞空间，地下修建大体积集水池储留雨水。[①] 城市雨水利用与该地区降雨量、降雨过程及雨水水质关系密切。德国降雨量年内及年际间分配均匀，水质较好，屋顶雨水简单处理后即可作为生活杂用水，适合在居住小区推广。日本降雨年内及

---

① 卢钢，姚智文，马升平 . 青岛高新区雨水利用研究 [J]. 城市道桥与防洪，2011（8）：186-187.

年际间分配不均，更多采用建设各类集水池的方式蓄积利用雨水。

20 世纪 90 年代，美国提出低影响（LID）城市雨水管理系统，核心是通过分散的，小规模的源头控制机制和设计技术实现对暴雨所产生的径流和污染的控制，使开发地区尽量接近开发前的自然水文循环。[①] 目前，LID 理念已经应用于美国部分地区，从实施成效来看，该方法能够有效降低普通降雨汇水峰值，缓解城市雨水排放系统压力。

LID 城市雨水管理系统通过采用源头控制、截流、滞留和渗透等工程技术，实现对暴雨径流的截流、滞留和净化。典型的 LID 工程设施包括：雨水花园、屋顶绿化、植被浅沟、雨水塘、景观水体、多功能调蓄设施等。与传统排水系统相比，LID 排水系统造价更低，并且可对非点源污染进行更有效的控制。[②] 这也是住房城乡建设部近期提出建设"海绵城市"的主要内容（表 9-2）。

典型 LID 工程设施功能及应用情况一览表　　　　　　　　　表 9-2

工程措施	功能					应用尺度		建造成本
	渗透	滞留	蓄水	净化水质	景观	家庭	市政	
雨水花园	○	○	×	○	○	○	○	较低
屋顶绿化	×	○	×	○	○	○	○	较高
植草洼地	○	×	×	×	×	×	○	低
雨水塘	○	○	○	○	×	×	○	较高
景观水体	×	○	○	×	○	×	○	高
透水铺装	○	×	×	×	×	×	○	较低
树盒	○	○	×	○	×	×	○	较低
雨水桶	×	×	○	×	×	○	×	低

注：○代表具有此项功能，×代表不具有此项功能。
表格来源：四川成都天府新区成都分区生态环境与绿地系统规划，成都市规划设计研究院，2012.

单纯依靠加强雨水管网建设来解决城市内涝问题不仅浪费资金，对下游雨洪防治也会造成很大的压力，更不利于合理利用雨水，改善城市水环境质量、改善城市微气候、美化城市景观等。通过增加城市建设区雨水下渗能力，从源头防止内涝是解决城市内涝问题的必然趋势。

---

① 杜晓亮，曾捷，李建琳等 . 2014 版《绿色建筑评价标准》雨水控制利用评价指标介绍 [J]. 给水排水，2014（12）：63-67.
② 赵宇 . 低影响开发理念在城市规划中的应用实践 [J]. 规划师，2013（s1）.

　　相对于成都市中心城区，天府新区天然丘陵地形为区域排水提供了有利条件，"一城六区"组团式的城市格局也部分缓解了城市的排水压力。在此基础上，结合LID城市雨水管理系统理念，天府新区进一步采取"排""蓄"结合的方式解决城市内涝问题，同时加强对雨水的综合利用，充分落实了"海绵城市"的相关要求，构建了生态高效的雨水排放系统（图9-16）。

图9-16　天府新区科学城海绵城市实景

图片来源：朱勇　拍摄

二、系统特点

（一）充分考虑"极端气候条件"的雨水排放

　　城市雨水排放系统规划、建设标准偏低是城市内涝的主要原因。2011年，住房和城乡建设部组织对《室外排水设计规范》进行了修订，修订版针对雨水工程规划做了较多补充，修正了雨水工程规划标准，同时鼓励低影响开发（LID）理念的雨水综合管理方式和建设集水池的调蓄措施。

　　《室外排水设计规范》[①]考虑到全国适用性，其标准略低于美国、日本等发达城市[②]。天府新区雨水排放紧密结合本地暴雨情况[③]，规划目标锁定为"在极端气候条件下，基本不发生城市内涝问题"。"极端气候条件"包含两层内涵：第一，天府新区

---

① 书稿使用规范为 2011 年级，现行规范是最新版。

② 美国、日本等国在防止城镇内涝的设施上投入较大，城镇雨水管渠设计重现期一般采用 5~10 年。部分地区达到 30 ~ 50 年。

③ 成都历史最大暴雨发生于 2011 年 7 月 3 日，降雨量为 4h，230mm。

上游地区突降暴雨，上游雨水汇集至天府新区时达到 200 年一遇的洪峰水平。第二，天府新区本地发生历史最大暴雨（有记载历史最大暴雨量 4h，230mm）。天府新区雨水工程要求实现 200 年一遇洪水及历史最大暴雨同时发生时，城区基本不发生内涝灾害。"基本不发生内涝灾害"即不超过 50m 直径的积水水面。

（二）应对洪涝的用地规划预防

结合 200 年一遇洪水位（防洪标准），通过对区域地形分析，将潜在内涝区（低于洪水位区域以及和四周高中间低的局部低洼区域）规划为绿地广场用地，作为地面集水池，不仅减少了对地形的不必要改造，还可有效防止该区域内涝。

（三）因地制宜的雨水排放方式

天府新区"一城六区"组团式空间布局，各功能区面积控制在 50 ～ 100km²，相对于"摊大饼"的城市格局，汇水面积小，有利于雨水排放。但单纯依靠城市雨水管网实现"在极端气候条件下，基本不发生城市内涝问题"的目标，各级雨水管管径太大，造价过高。与成都市中心城区不同，天府新区大部分地区属于丘陵地带，天府新城、空港高技术产业功能区、龙泉高端制造产业功能区以及成眉战略新兴产业功能区的用地平均坡度均大于 4%，另外两个功能区的用地平均坡度大于 10%，有利于雨水的排放。同时，区域内现状丰富的河流水系以及丘陵地势形成的多条冲沟也为雨水排放提供了有利条件（图 9-17、图 9-18）。

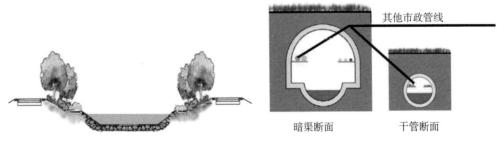

图 9-17　暗渠、干管断面示意图　　图 9-18　复合式沟渠改造断面示意图

图 9-17、图 9-18 来源：成都市规划设计研究院．四川省成都天府新区生态绿地系统及水系规划，2012.

针对天府新区各功能区不同地理条件，在规划中根据地形、水系划分成了多个面积 2 ～ 10km² 的汇水分区，分别采用沟渠、暗渠、干管三种方式汇集雨水。其中，暗渠是大型雨水管道的一种，通常管径在 2m 以下的采用预制钢筋混凝土管道，超过 2m 的往往采用钢筋混凝土现浇的矩形断面,俗称"暗渠"。与一般的雨水干管相比,暗渠具有输送雨水流量大、维护管理方便,可与其他管线综合布置成共同沟等优点(表 9-3)。

暗渠、干管对比一览表　　　　　　　　　　　　表 9-3

名称	优点	缺点	备注
雨水干管	预制结构、造价较低施工周期短;布置灵活	输送雨水流量较小	—
暗渠	输送雨水流量大;维护管理方便	现浇结构、造价较高、施工周期长;断面较大,地下空间资源占用较多	可以与其他管线综合布置成共同沟形式

根据汇水方式的不同,第一类汇水分区内部现状拥有相对宽阔的沟渠(或有冲沟可改造成为沟渠),排水条件良好,仅需对沟渠进行改造即可满足排水要求。为提升环境,增强城市的亲水性,改造的沟渠采用兼具排水和生态功能的复合式断面。第二类汇水分区与成都市中心城区相似,地形坡度小,雨水流速慢或者雨水汇水面积大,采用传统雨水干管已不能满足排水要求,需采用类似巴黎、伦敦下水道的大型暗渠,暗渠内部结合其他管线综合布置形成共同沟。第三类排水分区位于丘陵地区,地形坡度大,雨水流速快或者雨水汇水面积小,采用普通干管即可满足分区内雨水排放。

以天府新城规划为例。天府新城地形坡度分区明显,是天府新区复杂地形的典型代表。西北侧区域坡度小,沟渠少,可采用暗渠汇水;东北侧区域沟渠少,但坡度大,宜采用干管汇水;中部区域沟渠丰富,略微改造即可作为汇水通道;南部区域为丘陵地区,坡度大,可利用现状的冲沟改造为沟渠汇水。规划最终将天府新城划分成了 30 个雨水汇集分区,其中采用暗渠的 3 个,采用沟渠的 11 个(其中 6 个分区利用现状冲沟改造沟渠),采用干管的 16 个(图 9-19)。

(四)多层次的蓄水系统

蓄水系统,一方面发挥着调蓄暴雨峰流量的作用;另一方面还能够增加城市有效生态环境用水量,把排洪减涝、雨洪利用与城市的景观、生态环境和城市其他一些社会功能更好地结合,对解决城市内涝问题和改善生态环境都有重要的意义。[1]

---

① 龙腾锐,何强 . 排水工程 [M]. 北京:中国建筑工业出版社,2015.

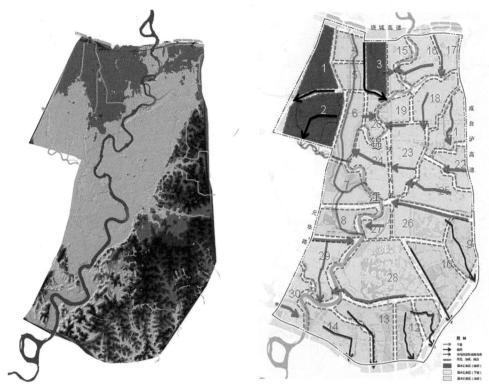

图 9-19　天府新城地形及雨水主干汇集系统规划图

图片来源：四川省成都天府新区生态绿地系统及水系规划，成都市规划设计研究院，2012.

天府新区规划蓄水系统包含 3 个层次：

1. 湖泊蓄水

天府新区蓄水系统以维持规划区水环境生态系统的稳定为目的，通过对规划区生态环境需水量的分析及测算，确定新增生态湖泊水面面积需求。同时，根据"一城六区"的空间布局和"产城一体单元"的复合化功能要求，结合地形在城市低洼区域临河设湖。城市建设区规划三级湖泊体系，包括：城市大型湖泊、产城单元湖泊和小型湖泊（图 9-20）。[①]

2. 工程蓄水

结合地下雨水排水干管或暗渠设置大型储水设施，根据需要可进一步设置雨水净化处理设施，净化后的雨水可补充城市生态、环境用水。同时，结合道路广场、城市公园、公园绿地的布局，规划雨水蓄水池、雨水地下回灌系统等工程设施，收集到的雨水可作为城市杂用和工业用水。

----

① 成都市规划设计研究院 . 四川省成都天府新区生态绿地系统及水系规划，2012.

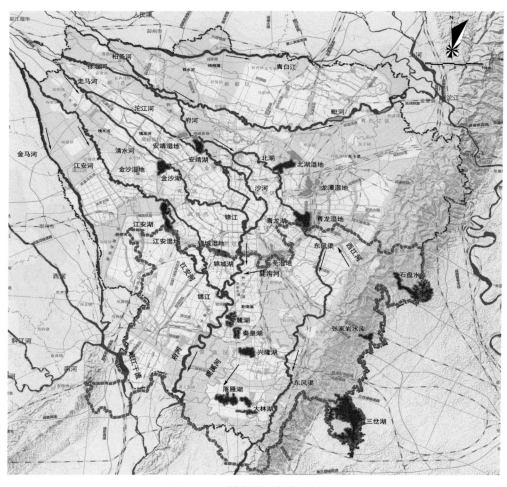

图 9-20　城市地区湖泊规划图

图片来源：四川省成都天府新区生态绿地系统及水系规划，成都市规划设计研究院，2012.

3. 微生态系统蓄水

　　一方面，利用低凹地、池塘、湿地、人工池塘等设置生态集水池。集水池下铺强渗水材料，以便雨水下渗。集水池内种植如芦苇、菖蒲、睡莲、水葱等水生植物对雨水进行进化处理。另一方面，在居住小区，制定雨水综合利用原则及推荐技术，鼓励通过小区内部屋顶花园雨水利用系统等收集利用雨水，用于小区内景观、绿化或作为入户中水。①

　　天府新区规划的蓄水系统能够有效缓解暴雨峰流量。参照有记载的天府新区最大降雨量计算，天府新城最大降水量约 1400 万 m³。天府新城调蓄系统主要考

① 赵宇. 低影响开发理念在城市规划中的应用实践 [J]. 规划师，2013（s1）.

虑地面湖泊 ① 及地下集水池，其中 12 处湖泊水面面积 2.6km²，可容纳 130 万 ~ 180 万 m³，集水池 33 座，贮水规模约 100 万 m³，可积蓄强暴雨约 20% 的降水量。

（五）引导性的建设标准

规划从湿地植被保护、水资源循环利用、人工环境系统、建筑系统、道路系统 5 大系统落脚，对各类 LID 工程设施的应用提出要求（表 9-4）。

天府新区成都部分 LID 应用示范区生态绿地系统建设标准   表 9-4

A 总体层	B 内容层	C 目标层	D 指标层	单位	标准
天府新区生态绿地系统 LID 理念贯彻目标	湿地、植被保护	湿地保护	自然湿地净损失	%	0
		植被保护	本地植物指数	%	≥ 70
	水资源循环利用	水资源利用率	非传统水资源利用率	%	≥ 70
			建筑雨水水循环利用	%	≥ 70
		雨水收集	建筑雨水收集比例	%	≥ 50
			道路雨水收集比例	%	≥ 50
	人工环境系统	微风通道	微风通道宽度	m	≥ 15
		地面停车场	绿化覆盖率	%	≥ 50
			停车位透水面积比例	%	≥ 80
			溢水区汇水比例	%	≥ 50
		公共绿地下停车场	占地比例	%	≤ 30
	建筑系统	绿色建筑	新建绿色建筑比例	%	100
		建筑绿化	屋顶绿化	%	≥ 60
			绿植墙面	%	≥ 25
	道路系统	道路材料	慢行系统透水率	%	100
			可持续道路材料	%	100
		道路绿化	绿化比例	%	≥ 30
		过滤树池	树池尺寸	cm	≥ 60 × 60
		植草洼地	洼地相对路面标高	cm	≤ 30

表格来源：成都市规划设计研究院. 四川成都天府新区成都分区生态环境与绿地系统规划，2012.

---

① 天府新城规划功能区级、产城单元级及社区级三级湖泊体系。

第四节　天府新区城乡一体的生态绿地系统

天府新区依托优越的山水资源，通过廊道将生态绿楔引入城市，形成城乡一体的生态绿地系统。在城市内部，结合产城单元，规划三级公园体系，满足不同需求。同时，将公园绿地与湖泊有机结合，形成"500m 见绿，1000m 见水"城市生态绿地系统。

一、生态绿地系统规划策略

按照成都市建设生态城市的总体要求，为实现"稳定生态格局，提升生态服务"，天府新区采用"绿楔分离、绿带分隔、绿心布局"三大规划策略。"绿楔分离"指将天府新区划分为七大城市功能区，功能区之间通过生态绿楔分离，防止"摊大饼"；"绿带分隔"指功能区内部依托道路、河流构建生态绿带，将功能区划分为多个产城一体单元，生态绿带同时作为联系城市内部公园绿地与城市周边生态绿楔的重要廊道；"绿心布局"指在产城单元及社区内部围绕各级公园布局相应的城市公共服务设施，形成产城单元和社区中心。"绿楔""绿带""绿心"作为"基质""廊道""斑块"，构建形成天府新区"城乡一体"的生态格局。

（一）绿楔分离

天府新区规划 650km^2 城市建设用地并未连片设置，而是划分成了七大城市功能区。其中，六个城市功能区规划建设用地面积在在 50 ~ 160km^2 之间，"两湖一山"国际旅游产业功能区 10 余 km^2。分隔功能区之间、功能区与成都市中心城区之间的大型绿楔应在宏观尺度上起到城市"通风口"的作用，既为经济快速增长提供生态保障与环境支撑，又能够缓解社会经济活动对自然生态系统的压力。[①]

1. 绿楔选择

天府新区除龙泉山外，考虑到生态敏感性等自然特征、成都市整体生态格局保护以及现状生态条件基础等因素，规划了 2 处大型集中绿楔。

天府新区内包含龙泉山、牧马山及彭祖山（图 9-21）。山地生态敏感性较强，适宜构建水源涵养、碳氧平衡、提供生物栖息地、缓解热岛效应、休闲游憩等多种功能的生态系统。牧马山位于天府新区边缘地区，面积较小，不宜结合设置大型绿楔。

---

① 中国城市规划设计研究院，四川省城乡规划设计研究院，成都市规划设计研究院. 四川省成都天府新区总体规划，2011.

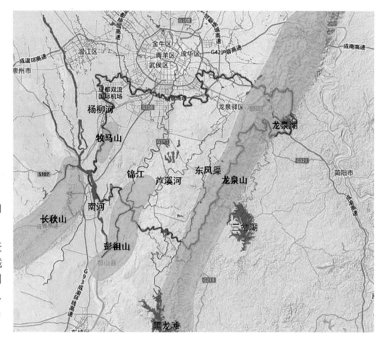

图 9-21　天府新区山脉分布图

图片来源：四川省成都天府新区总体规划，中国城市规划设计研究院、四川省城乡规划设计研究院、成都市规划设计研究院，2011.

彭祖山余脉从南侧深入天府新区，面积大，已形成大规模林地，且位于锦江、芦溪河两条重要河流之间，适宜作为生态绿楔控制。

东侧生态绿楔的选择主要基于对成都市整体生态格局的保护，自郊区延伸至中心城区，能有效缓解城市热岛效应（图 9-22、图 9-23）。

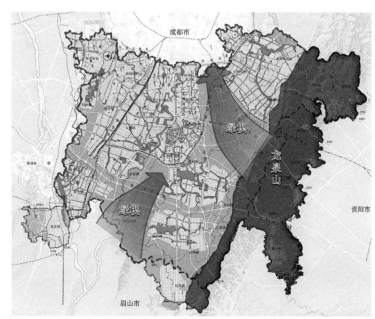

图 9-22　天府新区绿楔分布图

图片来源：四川省成都天府新区总体规划，中国城市规划设计研究院、四川省城乡规划设计研究院、成都市规划设计研究院，2011.

图 9-23-1　兴隆湖远眺龙泉山绿楔实景

图片来源：朱勇　拍摄

图 9-23-2　隔离天府新城与创新研发产业功能区的鹿溪河生态绿楔实景

图片来源：天府新区自然资源和规划建设局信息中心提供

2. 绿楔控制

生态绿楔控制，一方面要避免城市建设区通过城乡接合部向生态绿楔地区侵蚀。另一方面，还需避免生态绿楔地区内部建设用地的增长。规划采取了 3 种措施加强对生态绿楔进行保护。

（1）明确生态控制线，严格控制

根据国内外主要城市生态用地比例情况以及天府新区规划建设目标，重点针对"山""水""田""林"等生态要素划定生态控制线，并确定控制要求。

规划将龙泉山脉、彭祖山余脉和牧马山台地 3 片划入山体控制线保护区域，并从建设控制指标、生态建设指标、生态建设要求 3 方面进行控制（表 9-5）。

规划山体控制区控制要求 表9-5

种类	指标	控制值
建设控制指标	单块建设用地面积	不大于3000m²
	建筑高度	不大于9m
生态建设指标	森林郁闭度	不小于50%
	公益林比例	不小于70%
生态建设要求	区域主要功能为生态修复和水土保持； 林地建设采用乡土树种，注重林木搭配和林相改造； 实施生态移民，控制农村聚居点数量、规模	

水体控制线（蓝线）的划定综合考虑了现状及规划水体范围、堤防形式、防洪要求等因素，城市建设区内采用自然河堤形式的水体控制线按防洪标准所确定的水位线划定，采用人工堤岸形式的水体控制线按堤岸线划定。水体控制区主要对建设控制和生态建设两方面进行控制（表9-6）。

规划水体控制区控制要求 表9-6

建设控制要求	只允许进行与城市公共及市政设施类建设； 蓝线划定的水域面积不得减少
生态建设要求	水体沿岸进行绿化，绿化带宽度应根据水体功能确定； 提倡建设自然河堤，有条件的河道沿线建设小型湿地

天府新区规划林地控制以主要廊道为控制对象，明确建设控制和生态建设要求（表9-7、表9-8）。

主要林地廊道宽度一览表 表9-7

主要廊道	宽度
锦江	城区不小于50m，非城区200～400m
鹿溪河	城区不小于50m，非城区200～600m
绕城高速路	单侧500m
第二绕城高速	单侧1000m（其中单侧500m为林地，500m为其他生态用地）
成渝客运专线	单侧不小于200m
东风渠	建成区单侧不小于50m，新区不小于100m，非建成区不小于200m
成昆铁路	单侧不小于100m，其中第二绕城高速以南建成区段不小于50m
货运外绕线	单侧不小于200m
成自泸高速路	单侧不小于200m

林地控制区规划控制要求　　　　　　　　表 9-8

建设控制要求	禁止建设	
生态建设指标	郁闭度	不高于 50%
	乔、灌木所占比例	20% ~ 40%
生态建设要求	森林廊道建设时需保证连续性； 区域廊道需配套建设休憩设施和绿道	

来源：四川省成都天府新区成都部分分区规划，成都市规划设计研究院，2012.

田地控制线主要按照基本农田范围线划定，并按照基本农田相关要求进行严格保护。

（2）严格集体建设用地使用，减少内部生长

天府新区生态绿楔内包含多个现状乡镇，并且已形成一定规模的现代服务业项目。随着新区建设推进，生态绿楔内乡镇将快速扩张。同时，乡镇外将发展更多的现代高端服务业项目。为控制生态绿楔内部建设用地，规划明确了各乡镇控制规模，并提出生态绿楔内农村集体建设用地只减不增的管控措施。农民向农村新型社区聚集，山区按照宜聚则聚，宜散则散的原则，以不超过 100 户的小型农村新型社区为主。坝区和丘区按照相对均衡、适度集中的原则，结合特色农业、耕作半径和旅游资源进行布局，单个农村新型社区原则上规模不超过 300 户（图 9-24、图 9-25）。

（二）绿带分隔

绿带是功能区内部依托主要道路、河流规划设置的绿化廊道，是联系外部生态绿楔及内部城市各级公园的重要纽带，同时也是功能区内部产城一体单元的重要分隔带。以天府新城为例，天府新城内沿华牧路、锦江、江安河等规划了多条绿带，并向周边延伸连通成都环城生态区及大型绿楔，其中向北接入成都市环城生态区，向东接入天府新区北侧生态绿楔，并连至天府新区"九廊"之一的成雅高速生态廊道，将周边绿脉引入城市内部。绿带宽度 20 ~ 100m，结合绿带内设置绿道及驿站，为居民提供休憩、娱乐、健身等多元化服务。同时，绿带作为城市组团与组团之间的分隔带，具有重要的生态效益和景观效果（图 9-26）。

（三）绿心布局

"绿心布局"指在组团中心布局公园绿地，围绕公园绿地布局城市公共服务设施。天府新区规划中"绿心布局"包含两个层面：一是，在产城一体单元内规划"中

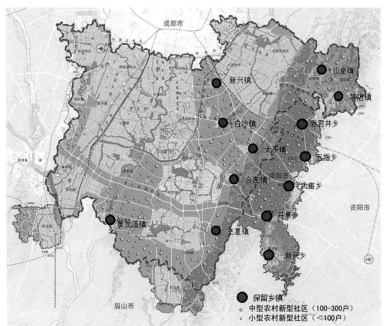

图 9-24 生态绿隔地区保留乡镇及农村新型社区规划图

图片来源：四川省成都天府新区总体规划，中国城市规划设计研究院、四川省城乡规划设计研究院、成都市规划设计研究院，2011.

图 9-25 农村新型社区建设实景

图片来源：朱勇 拍摄

央公园"，并围绕公园设置产城单元级公共服务设施，包括：文化活动中心、运动场、社区卫生服务中心等。二是，在社区内规划社区公园，并围绕公园规划"1+9"的社区公共服务设施，以综合体的方式建设，包括：社区综合服务中心、社区用房、农贸市场、幼儿园、健身设施等。"绿心"通过人性化的步行街道与居住小区紧密联系，并通过街头绿地接入"绿带"，形成"城乡一体"生态网络的神经末梢（图 9-27）。

图 9-26 创新研发产业功能区产城单元及组团之间的绿带分割

图片来源：邱建拍摄于天府新区规划馆模型

图 9-27 麓湖社区绿心

图片来源：天府新区自然资源和规划建设局信息中心提供

　　天府新区"绿楔分离，绿带分隔，绿心布局"网络化的生态系统是霍华德"明日田园城市"的重要实践，生态绿楔不仅作为城市功能区之间的分隔，同时与龙泉山、彭祖山形成掌指状生态格局，将山地绿脉引入城市区。绿带连接绿楔，进一步将绿脉深入城市内部。绿心作为城市内部节点，提供多功能的城市服务，并依托道路两侧街头绿带联系绿带及居住小区，构建系统化、网络化、城乡一体的生态系统（图9-28）。

二、高标准的公园绿地系统

　　绿地除具有改善环境、美化景观等功能之外，对雨水的收集处理作用显著。天府新区城市公园绿地系统规划重视社区、邻里等小尺度区域对绿色空间的需求，建设功能全面的立体化绿地系统，以满足不同时段、不同区域以及不同人群的需求。规划中遵循以下5项原则：

图 9-28　天府新区网络化生态系统
图片来源：朱勇　拍摄

（一）生态优先原则

在推动城市发展过程中，优先考虑生态功能，高度重视城市环境保护和生态的可持续发展，合理布局各类城市绿地，保障城市发展过程中经济效益、环境效益、社会效益均衡发展。[①]

（二）相对集中原则

对绿地进行集中化布置，强调绿地的规模效应，为市民提供多样化的城市功能，成为市民公共活动的空间载体。

（三）相融性原则

提倡各个等级的城市公园与相应等级的中心结合布置，如：城市中心级公园与城市中心结合布置、城市片区级公园与片区级中心结合布置、产城一体单元级公园与产城一体单元级中心结合布置。城市公园与商业、文化、体育、休闲等城市功能相互融合。

（四）复合化原则

把大型城市公园的多种功能进行复合化建设，使其承担生态、旅游、休闲、健身、游乐、防灾疏散等各种功能，发挥其最大的效益。

（五）因地制宜原则

城市绿地系统充分考虑现状地形条件，结合现有河道、水库、山体等自然绿化条件较好的区域进行重点打造。

按照天府新区"一城六区"的空间格局，在天府新区城市建设区内规划四级城市公园绿地，实现 500m 见绿，相关控制指标达到：绿地率 ≥ 40%，绿化覆盖率 ≥ 45%，人均公园绿地面积 ≥ 15m²，新建居住小区绿化率 ≥ 30%。原则上每个功能区设置 1 处城市中央公园，一般结合大型水面布置，每处公园面积不小于 1km²。每个产城一体单元规划 1 处产城单元级中心公园，公园面积不小于 10hm²；每个功能单元规划 1 处功能单元级中心绿地，每处面积不小于 1hm²；社区绿地按照人均 0.5m²/ 人的标准进行配置，每处用地面积不小于 0.5hm²，按照 500m 见绿的原则进行设置（图 9-29、图 9-30）。

---

① 成都市环城生态区总体规划。

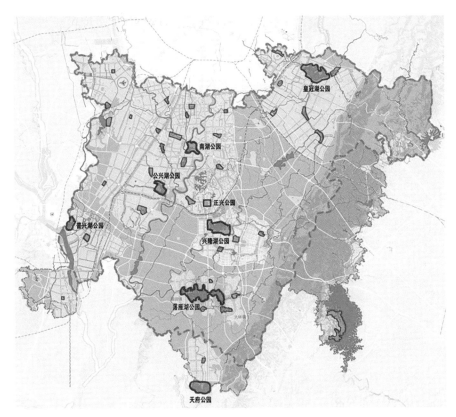

图 9-29　天府新区城市公园规划布局图

图片来源：四川省成都天府新区成都部分分区规划，成都市规划设计研究院，2012.

图 9-30　兴隆湖公园实景图

图片来源：天府新区自然资源和规划建设局信息中心

233

三、网络化的湖泊水网系统

（一）明确河道功能

针对天府新区重要河道的生态、景观、文化、航运等特点，对其河道功能重新定位，根据定位明确相应控制要求。

生态绿隔地区的河道段强调其生态功能，通过构建湿地，整治河道断面，严格控制进水水质等方式，强化部分河道的生态功能。从规划城市建设区穿过的河道，强调其景观功能，尽可能保留河道的自然线性，并在有条件的河段，建立港湾式江滩，形成生态环境优美的景观节点。城市建设区内部分河段是分隔城市组团、优化城市环境、美化城市景观的重要生态要素。在生态保护的前提下合理利用，提升河道景观功能，沿线构建多个生态景观节点。天府新区内锦江、南河、鹿溪河、杨柳河等水系和大小湖泊构成了规划区独特的自然景观，孕育了天府新区丰富的水文化底蕴。水系规划建设充分体现天府新区的地域特色，挖掘和保护水文化，河道两侧建设充分保护、挖掘地域文化特色，使人工环境、自然环境、历史文化相协调。由于规划范围内水文条件限制，天府新区范围内难以建设大型航运河道，规划仅在锦江适当开发游览型航运功能（图9-31 ~图9-33）。

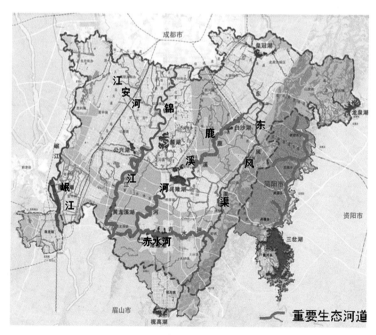

图9-31　重要生态河道规划图

图片来源：四川省成都天府新区成都部分分区规划（2011—2030）

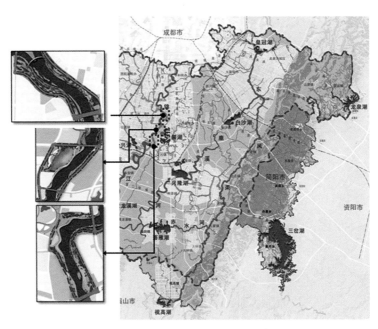

图 9-32　锦江江滩规划示意图

图片来源：锦江江滩公园规划，成都市规划设计研究院，2012.

图 9-33　锦江江滩公园岸线实景图

图片来源：邱建　拍摄

（二）丰富湖泊系统

天府新区龙泉山区以生态功能为主，龙泉山以外区域生产生活高度集聚，给水环境生态系统带来了巨大压力。从维持规划区水环境生态系统的稳定入手，通过对规划区生态环境需水量的分析及测算，提出了新增生态湖泊水面面积 19km² 的总体规划要求。[①]

按照新增湖泊水面要求，在城市建设区规划三级湖泊体系，包括：城市大型湖泊、产城单元湖泊和社区湖泊。每个功能区规划一处城市大型湖泊，每处面积 1～3km²；每个产城单元规划一处产城单元湖泊，每处不小于 10hm²；小型湖泊结合社区公园设置，在城市建设区实现 1000m 见水。在生态绿隔地区依托两条重要河道（锦江和鹿溪河）结合地形规划 2 处大型湖泊，水面面积 1～2km²。在龙泉山依托现状龙泉湖、三岔湖之间的水系网络规划串珠状湖泊群（图 9-34～图 9-36）。

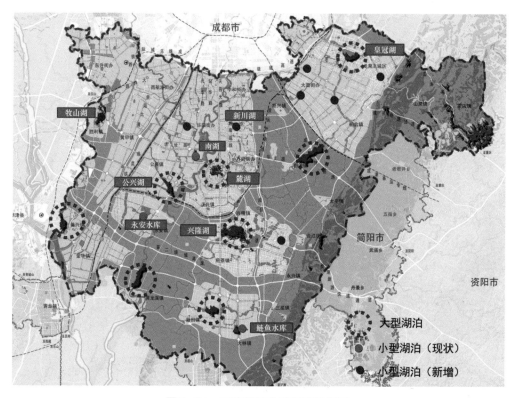

图 9-34　天府新区主要湖泊规划图
图片来源：四川天府新区成都部分分区规划》，成都市规划设计研究院，2012.

---

① 中国城市规划设计研究院，四川省城乡规划设计研究院，成都市规划设计研究院.四川省成都天府新区总体规划，2011.

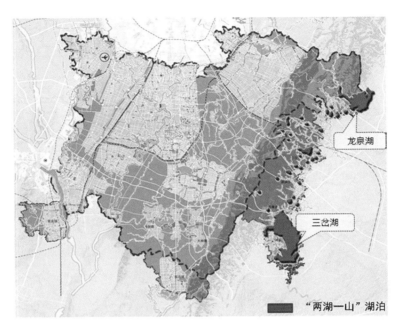

图 9-35　龙泉山规划串珠状湖泊

图片来源：四川天府新区成都部分分区规划》，成都市规划设计研究院，2012.

图 9-36-1　天府新区龙泉湖实景

图片来源：华西都市报　唐建　拍摄

图 9-36-2　天府新区三岔湖实景

图片来源：朱勇　拍摄

本章参考文献：

[1] 联合国开发计划署驻华代表处，瑞典斯德哥尔摩环境研究院 . 2002 中国人类发展报告：让绿色发展成为一种选择 [M]. 北京：中国财政经济出版社，2002.

[2] 黄晓军，黄馨 . 弹性城市及其规划框架初探 [J]. 城市规划，2015（02）：50-56.

[3] 俞滨洋 . 新时代绿色城市高质量发展建设的战略思考 [J]. 人类居住，2018，97（04）：30-35.

[4] 刘冬飞 . "绿色交通"：一种可持续发展的交通理念 [J]. 现代城市研究，2003（01）：60-63.

[5] 熊晓冬，罗广寨，张润朋 . 基于绿色交通理念下的广州大学城交通规划 [J]. 城市规划学刊，2005（4）：88-92.

[6] 许健，刘璇 . 推动产城融合，促进城市转型发展——以浦东新区总体规划修编为例 [J]. 上海城市规划，2012（01）：20-24.

[7] 中国城市规划设计研究院，四川省城乡规划设计研究院，成都市规划设计研究院 . 四川省成都天府新区总体规划，2011.

[8] 成都市规划设计研究院 . 四川省成都天府新区成都部分分区规划，2012.

[9] 四川省成都天府新区成都分区综合交通专项规划 .

[10] 成都市规划设计研究院 . 四川省成都天府新区成都部分分区规划，2012.

[11] 巴黎轨道交通线路分四个层次，分别是服务于巴黎地铁（M）线、服务于巴黎近郊范围的市域快线（RER）、服务于远郊的市郊铁路和连接 RER 线、地铁（M）线的有轨电车系统。

[12] 成都市规划设计研究院 . 天府新区成都直管区有轨电车线网规划 .

[13] 徐玥燕 . 公共交通导向的新城路网规划研究 [D]. 南京：东南大学，2015.

[14] 成都市规划设计研究院 . 四川省成都天府新区天府新城控制性详细规划及总体城市设计，2013.

[15] 成都市规划设计研究院 . 成都市绿道系统规划，2011.

[16] 赵宇 . 低影响开发理念在城市规划中的应用实践 [J]. 规划师，2013（s1）.

[17] 卢钢，姚智文，马升平 . 青岛高新区雨水利用研究 [J]. 城市道桥与防洪，2011（8）：186-187.

[18] 杜晓亮，曾捷，李建琳等 . 2014 版《绿色建筑评价标准》雨水控制利用评价指标介绍 [J]. 给水排水，2014（12）：63-67.

[19] 赵宇 . 低影响开发理念在城市规划中的应用实践 [J]. 规划师，2013（s1）.

[20] 龙腾锐，何强 . 排水工程 [M]. 北京：中国建筑工业出版社，2015.

[21] 成都市规划设计研究院，四川省成都天府新区生态绿地系统及水系规划，2012.

[22] 赵宇 . 低影响开发理念在城市规划中的应用实践 [J]. 规划师，2013（s1）.

[23] 中国城市规划设计研究院，四川省城乡规划设计研究院，成都市规划设计研究院 . 四川省成都天府新区总体规划，2011.

[24] 中国城市规划设计研究院，四川省城乡规划设计研究院，成都市规划设计研究院 . 四川省成都天府新区总体规划，2011.

文化传承的特色风貌

第二章定义的生态理性规划强调坚持地域性原则，把握地域性要素，保护历史遗产、传承地域文化，以全球化和地域性共处、技术性与地域性并进的规划策略，传承历史遗产和传统文化。本章总结天府新区规划在地域文化传承、特色风貌塑造方面的实践探索。

第一节　成都平原概述

一、文化与城市浅析

（一）相关概念

文化是人类特有的"专利"，是一个"复杂的总体，包括：知识、信仰、艺术、道德、法律、风俗以及人类在社会里所得到的一切能力与习惯"，[①] 包括物质文化和精神文化，是人类理想和智慧的结晶。有意识地作用于自然和社会的人类活动成果都属于文化范畴。当社会生产力发展到一定程度，随着人们物质生活的丰富，精神生活的需求就会变得非常强烈和不断升华，产生经验、知识、信仰、制度、追求和理想，使文化转化为一种巨大的推动力量，对人类社会的发展产生重要影响，成为扎根在人们心目中和融化在血液里的，具有想象力、凝聚力、竞争力和变革力的内在精神动力，即文化力。[②]

"传统"这一概念有若干释义，一般而言，传统是已经过去的、并长期以来积淀在社会生活和人们心中的、同时在现实中仍然发挥着影响和作用的事物。[③] 传统

---

① （英）爱德华·泰勒. 原始文化 [M]. 连树声译. 南宁：广西师范大学出版社，2005.
② 任致远. 城市文化：城市科学发展的精神支柱 [J]. 城市发展研究，2012，19（1）：19-23.
③ 罗国杰. 中国传统文化与21世纪人才培养 [J]. 学习与研究，2006（6）：50.

与文化不可分割，传统文化就是传统社会形成的文化，反映了从文明演变而来的民族特征和风格，传统文化是历史上各民族思想文化和观念形式的整体表现。中国传统文化则指中国传统社会的整体生活方式及其价值系统，[①] 往往与当代文化、外来文化相对应。传统文化源于历史进程，具有明显的时代烙印；传统文化是由民族传承形成的，具有独特的民族色彩；传统文化在当地环境中成长，具有浓郁的地域特色。因此，时代性、民族性和地域性都是传统文化的特征和属性。

地域一般指一定的空间地理范围，是自然要素与人文因素作用形成的综合体，其概念反映出时空特点和经济社会文化特征，是文化形成的地理背景。由此，在特定区域形成的长期、独特且仍在起作用的文化就是地域文化，地域文化是特定区域生态和民间传说，传统和习惯的文明体现，具有地域烙印的独特特征。在特定区域形成的源远流长、独具特色，并仍在发挥作用的文化即是地域文化，地域文化是特定区域的生态、民俗、传统、习惯等的文明表现，具有地域烙印的独特性特征。

城市文化是一个城市社会组织里包含的知识、信仰、法律法规、艺术风格、风俗习惯等等的总和，是城市系统内的、贯穿于人、自然和社会间的开放系统，涉及各种各样的意识形态，物质和精神产物，科学技术的传播、教育和文化知识，开展的各项展览、文化娱乐、旅游、收藏等活动，以及人们生活中所追求的制度、理念、信仰、传统、经验、风俗等。

与容易发生剧烈变化的城市物质环境相比较而言，地域特征相对稳定，更具有生命力，因此，传统文化的地域性对城市的文化特质形成与传承更具影响力，地域文化体现了城市发展的大背景，在一定时期内形成的文化特征趋向于积累和留存，这便成为城市文化。对一座城市过去的认识、现在的把握、将来的预判，可以从地域文化的深层次结构中去寻找根脉，探索规律，获得启发。

从规划设计视角看，城市文化是指以城市为载体的文化类型和表现形式，以显示人和人类的理想和追求以及各种实践活动，主要包括：城市发展的思想追求，城市元素的空间布局和形式，自然和社会历史文化遗产的保护和利用，城市人类居住环境的建设和发展以及城市生态文明成就和景观特征，城市形象和个人特征以及城市文化事业的基础设施建设构成。

城市是完整的生命体系，城市的文化空间、人们对城市传统文化的认识和生态环境三者息息相关。市民通过了解城市的文化提高对所在城市的认同感和满意度，

---

① 刘梦溪. 百年中国：文化传统的流失与重建 [N]. 文汇报，2005-12-4（6）.

这逐渐转化为城市的凝聚力和吸引力，最终形成人们热爱城市、建设城市的热情。

（二）城市人文意象

城市发展过程中城市文化得到继承，在悠久的城市发展历史中，通过历史考察、碰撞、陶冶和利用，许多自然历史文化材料和非物质遗产被遗留在地球和社会上。它反映了城市发展的进步和思想信息，反映并记录了城市发展过程的记忆，见证了城市社会发展创造、转变和价值取向的历史事实，并表达了无法复制的真实性和客观性，是一种沉默的语言表白和图像呈现。如：帝国之都伦敦、浪漫之城巴黎、东方之珠香港。如果城市丧失了记忆，抹杀了自己的生命历程和生存价值，也就没有了文化[①]。

在我国建城历史上，"天圆地方"和天人感应学说，五行、阴阳思想和易学说，相土、形胜思想等传统哲学思想均对古代城市的选址、空间结构形成产生深刻影响，经过千百年的城市发展演进，在人居环境建设实践中积淀出营城理念和模式，留下众多特色鲜明的城市形态，彰显出"人文、生态、宜居"的城市特质[②]。

再如，我国许多古城背山面水，与地理环境融为一体，造就了具有独特特色和深刻意境的风景城市文化，具有独特的风景文化审美特征，它体现在强调适应自然，强调人与自然和谐相处，人与城市协调发展，形成具有浓厚传统特色，美丽人文景观和浓厚文化氛围的城市。城市人居环境是城市人居建设的传统。这些城市的空间建设特点，可以转译为诸如诗歌的其他艺术形式加以文化表达：唐代岑参笔下"殆知宇宙阔，下看三江流"的乐山（图10-1）；近代诗人吴迈眼中"群峰倒影山浮水，无山无水不入神"的桂林（图10-2）；宋朝苏轼赞誉"水光潋滟晴方好，山色空蒙雨亦奇"的杭州（图10-3），都是很好的例证，成为城市独特的人文意象。

图 10-1　乐山大佛
图片来源：邱建　拍摄

① 任致远. 关于城市文化发展的思考 [J]. 城市发展研究，2012（5）：50-54.
② 单霁翔. 城市文化与传统文化、地域文化和文化多样性. 南方文物 [J]. 南方文物，2007（2）：2-28.

图 10-2　桂林山水
图片来源：邱建　拍摄

图 10-3　杭州西湖
图片来源：邱建　拍摄

二、历史文化简述

成都平原从公元前 4500 年起，就有人类在这里生存繁衍。在三千年以前，中国古代图腾社会的历史资料和地理综合通史著作——《山海经》记述道："西南黑水之间，有都广之野，后稷葬焉。其城方三百里，盖天下之中，素女所出也。"明代学者杨慎解释"黑水都广"即为成都。[1]《华阳国志·蜀志》曰："广都县在郡西三十里"，即今天的双流。[2] 明代曹学佺在《蜀中名胜记》中记载今天"都广"在成都与双流

---

① 李薇 . 经典阅读文库——山海经 [M]. 吉林：延边人民出版社 . 2006.
② 子德 . 碰撞：东方伊甸园 [M]. 成都：四川文艺出版社 . 2005.

之间。三星堆出土的考古青铜器——通天神树（图10-9），也符合《山海经》对"建木"的描述。由此，在远古时代，成都平原气候温润，水系发达，祖先已经开始种植椒、小米和大米等农作物了，才有"冬夏播琴"。

先后在成都平原发掘的广汉三星堆遗迹、新津宝敦古城、成都十二桥遗址和金沙遗址等都充分证明了成都平原至少在殷商时期就已经开始修筑城池。考古认为广汉三星堆（图10-4 ~图10-7）和成都十二桥是古蜀文化的中心区，他们可能是与中原殷商同时代的两座都城，各自人口至少在24000人以上。[1] 成都平原当时的繁盛可见一斑。《华阳国志》记载：战国时期，巴地"土植五谷，牲具六畜"，蜀地"山林、泽渔、园圃、瓜果，四节代熟，靡不有焉"。在晋人常璩所书的《华阳国志·蜀志》卷三中这样记载："（冰）又灌溉三郡，开稻田，于是沃野千里，号为陆海。旱则引水浸润，雨则杜塞水门。故记曰：水旱从人，不知饥馑，时无荒年，天下谓之天府也"。第三章述及的都江堰水利工程使成都平原的农业生产得到迅速的发展，正因为中国大部分地区的农业是以种植业（尤其是四川省）为主。[2] 从历史资料看出，成都平原历来是农产物丰硕适合安居的福地。

从远古文明起，成都平原居民就在此繁衍生息，加之多次大规模移民至此，另有无数外地与本地历史名人、文人墨客、才子佳人、隐士居士穿梭、耕耘于这片神奇的土地，建功立业、成就汗青，遗留下大量驰名中外的名胜古迹，塑造出璀璨的人文奇观，如前述李冰南下任蜀太守，主持修建都江堰工程，成就千年伟业，又如

图 10-4　新津宝敦遗址发掘总平面布局
图片来源：成都市文物考古工作队提供

① 林向.论古蜀文化区，三星堆与巴蜀文化 [M].成都巴蜀书社，1994.
② 舒波.成都平原农业景观研究 [D].西南交通大学，2011.

图 10-5　三星堆遗迹分布（上）

图片来源：邱建　拍摄

图 10-6　金沙遗址（中）

图片来源：金沙遗址博物馆

图 10-7　成都十二桥文化遗址
1985 年发掘现场（下）

图片来源：张毅摄至《十二桥文化》
考古报告

客居于斯的诗圣杜甫写出"晓看红湿处，花重锦官城"的千年绝句，再如从斯地北部江油走出来的诗仙李白绘出"九天开出一成都，万户千门入画图"的都市盛景，还有出生于斯地南部眉山的大文豪苏东坡留下"冰肌玉骨，自清凉无汗"的美妙辞章，使以成都平原为中心的蜀，不仅是一个地理概念，而且是一个地域特色鲜明、极具人文价值的文化概念。

三、景观环境特点

成都平原又名川西平原，四川话称之为"川西坝子"，位于中国四川盆地西部的一处冲积平原，包括：四川省成都市各区市县及德阳、绵阳、雅安、乐山、眉山等地的部分区域，总面积 1.881 万 km²。[①] 成都平原四面环山、四季分明、少阳光、气候温和、雨量充沛，属于温暖湿润的亚热带太平洋东南季风气候区。此外，著名的都江堰灌溉工程自古以来就广为人知，运河纵横、农业发达、产品丰富、人口稠密，是中国重要的大米、甘蔗、丝绸和油菜籽的产地，自古以来就被称为"天府之国"（图 10-8）。

图 10-8 成都平原农村人居环境景观

图片来源：邱建 拍摄

---

① 四川省测绘地理信息局，民政厅，国土资源厅 . 四川省地理省情公报（2012）. 2012.12.

上述历史文化在成都平原这一优越、独特的自然环境之上积淀，历经千年"外师造化，中得心源"的营造，融合了人居与山水的和谐秩序，彰显着人与自然和谐统一的生态伦理观，形成由郡邑、山水、诗文等整体烘托而出的境界，[①] 具有"天地境界"的传统人居胜境特点，正如杜甫感受到的成都景观环境——"两个黄鹂鸣翠柳，一行白鹭上青天。窗含西岭千秋雪，门泊东吴万里船。"始终彰显了人与自然和谐统一的生态伦理观。

四、人文环境分析

一方水土养一方人，一方山水有一方风情。成都平原人文环境孕育于悠久历史的古蜀文明。前述三星堆出土的通天神树、诡异面具等文物印证了蜀人丰富的想象力（图 10-9 ~ 图 10-11）。天师道教发源于成都平原，成都自古就有先人羽化的传说，道教的羽化特征展示了蜀文化的重仙色彩。汉代杨雄、司马相如、严遵等成长于成都平原。他们创造出极高的汉赋成就，其夸张、充满浪漫主义色彩的风格体现了蜀文化特点，造就蜀人自古就具有道家思想的辩证观，勇于创新而不因循守旧，同时充满幽默诙谐性格。

图 10-9　三星堆出土的文物通天神树（左）
图片来源：邱建　拍摄

图 10-10　三星堆出土的文物青铜面具（右上）
图片来源：邱建　拍摄

图 10-11　三星堆出土的文物青铜面具（右下）
图片来源：邱建　拍摄

---

① 袁琳 . 心灵境界与人居胜境——以古代成都为例论一种深层生态实践 [J]. 中国园林，2014：32-36.

　　蜀文化在发展历程中，多次与南北各地移民带来的文化进行接触、撞击、融合、筛选和整合，在兼收并蓄过程中得以继承与发展。例如，荆楚文化重巫术与崇尚自然的诡异浪漫、秦陇文化质朴豪爽与粗狂悍厉的民族气质、中原文化崇尚周礼与宗法等级的伦理主义，[①] 都对蜀文化产生了深刻影响，加之藏、羌、回等民族聚居于成都平原西部山区，与蜀文化长期深度交融，使蜀文化具有包容性、神秘性与浪漫性，形成宽容大度、崇德尚实、吃苦耐劳、敢为人先、达观友善、巴适安逸的人文精神。

　　成都平原人文环境受都江堰水利工程的巨大影响。成都拥有岷江、沱江两江环绕，龙门山脉、龙泉山脉两山环抱，构筑起成都平原坚实的生态本底。都江堰水利工程选址在岷江由龙门山山谷河道进入冲积平原的交接处，结合自然地形，以疏导为主，就地取材，"作大堰扼蓄咽喉，凿离堆避沫水之害"，形成以无坝引水为特征的宏大水利工程（图 10-12），是全世界迄今为止最伟大的"水利工程"、"生态工程"之一，成为著名的世界文化遗产（图 10-13）。

图 10-12　具有"四六分水"和"二八排沙"神奇功能的都江堰鱼嘴工程
图片来源：邱建　拍摄

图 10-13　都江堰水利工程
图片来源：邱建　拍摄

---

① 葛承雍. 秦陇文化的地域特色与历史地位 [J]. 人文杂志，1998（01）：78-85.

都江堰水利工程充分利用自然资源，变害为宝，为人类造福，使水、地、人三者高度融合，完工于2000多年前，至今还在发挥多种功能，除灌溉着成都平原上的万顷农田外（图10-14），[①] 还塑造出成都平原顺应水势的城市形态与古蜀都邑，以及"随田散居"的乡村聚落格局，造就了历史悠久、富饶美丽的成都平原，让成都这座历史文化名城也传承千年、繁荣至今。

图10-14　新津县花源园镇考古工地发现了成都平原早期农耕文化证据
图片来源：成都市文物考古工作队提供

都江堰水利工程又使这里形成世界著名的农业灌溉系统，成为"沃野千里，水旱从人，不知饥馑"的天府之国。远离自然灾害的威胁后，风雨自适的自然条件孕育出高度发达的农耕文明，加之"冬无严寒、夏无酷暑"，"植被茂盛、空气湿润"，滋养出成都平原优雅闲适的人文环境，时至今日成都都享有"休闲之都"的美誉。此外，成都平原具有农耕文明"朴实性"及"耕读传家"、"务农业儒"的共性，同时因受道教影响较深，呈现出"神秘性"特点，如成都历来被视为九天之上神秘的"天人合一"的仙乡环境。

成都平原的人居环境体现了上述人文精神气质，城市"锦城花郭"；建筑布局不拘泥于形式，与自然环境、地形紧密结合，因势就形，形制、用材、构造以实用为主，更加崇尚个性的回归，洒脱而自然（图10-15）。农舍、农田、水网、道路的安排也充满了道法自然、从容应对的哲理（图10-16）。分布于广大乡村的"活水林盘"景观，更是展示其人文环境特征的独特风貌（图10-17、图10-18）。

---

① 考古发现，4500年前以中心聚落定居于成都平原的人类就耕种稻谷类农作物。

图 10-15　崇州市街子古镇建筑

图片来源：邱建　拍摄

图 10-16　成都市区蜿蜒自然的摸底河景观

图片来源：张毅　拍摄

图 10-17 崇州市农业景观
图片来源：中国国家地理
（2017 年）

图 10-18 成都平原林盘
实景图
图片来源：成都市城市建设档
案馆提供

第二节 人居环境特点辨识

一、基本情况

上一节概述了成都平原得天独厚的自然环境、富饶的物产和悠久的历史文化，在优越环境中孕育出的核心城市成都，是我国唯一一座城址未迁、城名未改的千古名都，历来是国家战略要地，具有乐天诙谐、和谐包容、崇尚自然、追求幸福的人文精神。天府新区 1578km² 规划面积范围主要位于成都市，涉及东部简阳市（2016年 5 月交由成都市代管）、南部仁寿县和彭山区。第五章梳理出天府新区山、水、田、林、湖生态本底，结合山体、湖泊、丘陵、台地、平原等丰富的地貌特征，构建了"一区两楔十一带"的生态绿地系统结构。为了在天府新区现代化建设过程中弘扬传承璀璨悠久的古蜀文明，建设现代文明与传统文化交相辉映、人与自然和谐共生的，具有深厚文化底蕴的现代宜居、宜业、宜商的新城，应对能够体现天府新区人文历史特色和人居环境特征的关键要素进行辨识梳理。

二、人文特色

天府新区具有如下人文特色：

1. 古蜀城邑、历史悠久

双流、新津、龙泉驿等城镇均有上千年的城镇发展史，其中双流源于古蜀都邑，是四川发展最早的古县邑之一，始建于公元前316年，史称"广都"，与古蜀国的成都、新都并称"三都"，迄今2300多年历史（图10-19）。

2. 水利发达、天府门户

天府新区内水网密集，防洪、灌溉、水运等水利工程发达。龙泉驿、新津分别

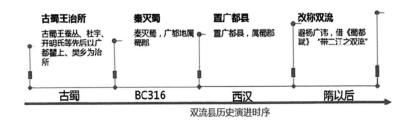

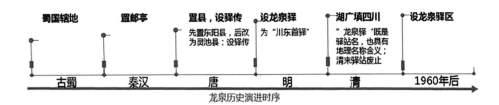

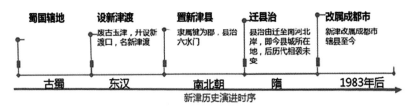

图 10-19 主要区县历史沿革示意图

源于驿站和渡口，作为成都的东大门和南大门，是通往川东和川西南的交通要塞，门户地位突出。

3.农耕发祥、商贸重地

天府新区范围内是古蜀农耕文明的发祥地之一，自古交通发达、商贸繁荣、街市兴旺，沿袭至今，是四川的商贸重地。

4.多元包容、文化高地

以"湖广填四川"为代表的客家移民迁徙影响，天府新区内积淀了大量有别于其他地区汉民族的独特风俗，形成了多元包容的文化特征（图10-20）。同时，区内历史上曾经宗教盛行，学术文化兴盛，拥有深厚的历史文化底蕴。

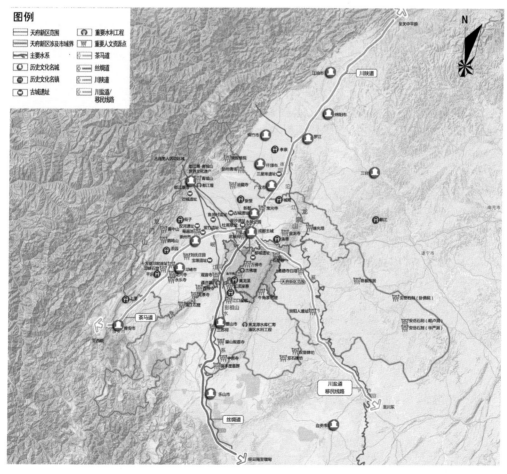

图10-20 区域历史文化脉络图

图片来源：四川省成都天府新区历史文化保护专项规划，成都市规划设计研究院．2012.

三、环境特征

天府新区具有如下人居环境特征：

1. 城水相融

锦江从成都市老城区顺流而下，穿越新区的核心功能板块，是新区极为重要的河流景观特征。而由于城市发展，靠近老城区段的锦江周边绿地预留较少，建筑高度密度控制力度较弱，锦江在此段景观风貌不佳，自然肌理、历史文化未能很好传承，锦江下游段与正兴镇绿楔相结合，形成良好的河流湿地景观特征。

鹿溪河上接东风渠，下至黄龙溪，跨越了规划区内主要的田园风光区域及战略预留制区，水域特征景观区与田野相嵌，是景观风貌需要重点打造区域。

东风渠是成都市长度最长、流域最广、影响区域最大的人工河流，在新区规划中穿越先进制造产业功能区，是区域内极为重要的景观风貌走廊。

龙泉湖是新区区域内两大湖泊之一，紧邻龙泉山桃花故里、石经寺等重要人文景观，具有极高产业价值和景观价值，是新区体现"城在田中"极佳的"山、水、城"展示区域（图10-21）。

图 10-21 龙泉湖实景

图片来源：朱勇 拍摄

图 10-22　三岔湖实景

图片来源：朱勇　拍摄

    三岔湖作为新区区域内最大的湖泊，同时也是龙泉山"两湖一山"功能区重要的发展节点，有着极高的景观风貌价值（图 10-22）。

2. 城山一体

    龙泉山山脉现状环境优美，高低起伏，植被资源良好，山脉景观视线良好，可作为天府新区自然生态的绿色大背景。而在新区规划结构中，龙泉山脉与先进制造产业功能区、创新研发产业区、三岔湖组团相接，而城山结合处是极为重要的景观风貌区域，体现新区城山一体、山水都市田园之景（图 10-23）。

    牧马山与周边绿地作为成都重要的通风绿楔，在新区总体结构中承担了电子信息产业聚集区、战略新兴产业聚集区与南侧大面积田园风光联系和过渡的重要景观风貌的作用。

图 10-23　远眺龙泉山实景照片

图片来源：天府新区自然资源和规划建设局信息中心

牧马山余脉位于新区双流片区，和其周围杨柳河、金马河形成独特的城市山水空间。既是城市里的自然风光，同样也是新区乃至成都市的重要绿楔，是自然景观与现代文明的完美融合的重点区域。

老君山余脉位于新区西南侧范围外，紧靠岷江，是天府新区周边重要的自然山体资源补充。对完善新区景观风貌具有重要作用。

彭祖山山脉位于天府新区南侧范围外，但其作为重要人文景点——黄龙溪古镇的背景山脉，景观风貌具有极高的价值。彭祖山与古镇和谐共生、景观极佳、相映成辉。

3. 城田相间

天府新区内拥有大面积农田，北起三圣花乡，东至龙泉山，南接彭祖山、老君山，西靠岷江都是良好的自然农田。作为农田本身，就具有极高的景观价值，不同的农作物随着季节变迁，展现出丰富多彩的田园风貌。春季一望无际金黄的油菜花，夏季绿油油的水稻田，秋季沉甸甸的金黄水稻等都是优良且重要的景观资源。本身多样化的农田划分，与周围自然山水结合，更是加强了新区内农田的景观价值，具有典型性的景观特征。

新区内最重要的田野为三圣乡绿楔片区与正兴镇绿楔片区。镶嵌在新区几大功能组团之间的重要田园，是天府新区极为重要的生态本底和风貌要素。对于城—田过渡区域将是重点打造的景观风貌区域（图10-24）。

4. 川西林盘

"林盘"是广袤成都平原上农耕文明的缩影，依水而建、筑林而居、近田而作是川西农民传统而智慧的生产生活方式。林盘由林园、宅院及其外围的耕地组成。林盘外围多为高大乔木和茂密竹林环绕，一般为前竹后林的模式，整个宅院隐于林园高大的楠、柏等乔木与低矮的竹丛之中，林盘周边大多有水渠环绕或穿过，继而构成周边沃野环抱、中间密林拥簇、小桥流水的优美独特景观。天府新区林盘主要包括规划范围内201处古树名木、2处省级风景名胜区（花果山风景区和黄龙溪古镇风景区）以及规划保护的77处聚居林盘和60处特色农业产业林盘（图10-25）。

图 10-24 川西林盘建设实景（景宴半岛）

图片来源：天府新区自然资源和规划建设局信息中心

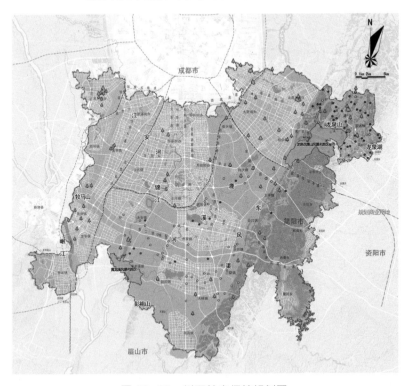

图 10-25 川西林盘保护规划图

图片来源：四川天府新区总体规划（2010—2030 年），2015 版

第三节　城市风貌设计

一、城市风貌与新区发展

城市风貌与地域文化在时空序列之中相互作用而发生变化，城市风貌通过文化机制将知识、观念在生活中表现为物质化形式或抽象为象征性的形式而沉淀下来，成为地域文化新的内容，参与塑造新的城市风貌。[①]

天府新区城市风貌影响到人们对新区的整体认同和评价，由于城市形象对公众的选择具有相当程度的影响力，因此关系到天府新区经济和社会的整体发展，在一定程度上决定了新区发展的潜力，特别是关系到天府新区的人居环境品质与城市吸引力。[②]

二、城市风貌定位

（一）城市风貌定位

面对日益快速的城市化带来的居住压力、交通拥堵、环境污染、耕地锐减、绿色消失等问题，在对新区的地理特征、产业特点、空间结构、文化特色等因素进行深入分析与解读后，规划对天府新区的城市风貌特色定位为：人文与生态和谐、都市与自然共融、现代与传统呼应的"现代生态田园城市"。这是从尊重田园、善待土地、风貌多元的角度出发，提出的一种对未来新区城市风貌发展的思考，乃至是一场推进人类生活方式、改变城市命运的探讨。

现代生态田园城市风貌以大型生态片区为本底，通过动态的水系、绿廊链接各大风貌片区，通过组团状功能板块，将山—水—田—林—城相聚、相润、相合、相融。同时，将成都市传统的平面田园风貌进行立体的三维引导，呈现自然风光纵深发展的景观风貌格局。同时"现代生态田园城市"里的人居、产业、风貌、交通和景观展示的是一种国际性、现代化、时尚多元化风格。由各类生态圈将人和山体、田园、水系、湖泊、乡土文化、其他生物共融在一个整体的景观风貌体系内，实现"城在田中、园在城中、城山相拥、城田相融"的"既国际又成都"的景观视觉大餐。

---

① 全峰梅. 基于增强区域竞争力的城乡风貌特色塑造——以广西北部湾经济区城乡风貌特色塑造为例 [J]. 广西城镇建设，2011（11）：48-53.
② 范嗣斌，邓东，孙彤，朱子瑜. 总体城市设计方法初探——以绵阳市总体城市设计为例 [C]. 中国城市规划学会（Urban Planning Society of China）. 2004 城市规划年会论文集（上），2004：436-442.

（二）城市风貌设计策略

（1）山拥水润。强调龙泉山、牧马山、老君山、锦江、鹿溪河、东风渠等山水资源的生态环境价值和景观条件，营造山、水、田、林、湖交融的整体风貌特征。

（2）九区呈彩。结合地形地貌，利用自然山水、交通廊道和生态隔离，将规划区建设用地划分成九个城市风貌片区，国际化特征与天府传统文化交相辉映、田园风情与现代都市韵味巧妙结合，创造一种"既国际又成都"的城市风貌特色。

（3）绿廊聚文。通过众多集自然、人文特征于一体的、丰富多变的绿廊将城市与山体绿景、动态的滨湖滨江地区、历史人文地段系统地联系起来，"引绿入城、以绿聚文"。

（4）田园织锦。利用交错棋盘状的田园板块，围绕城市各风貌片区描绘出"城市＋田园"的意向构图，铺陈出锦缎般的宜居、宜业、宜游的田园空间，倡导田园生活方式。

三、城市风貌塑造

规划充分结合天府新区的功能结构、交通特色、历史文脉、自然生态等特征，提出"两轴（景观风貌轴线）、四带（特色景观风貌带）、九区（九个风貌片区）、多点（多个城市景观节点）"的整体景观风貌结构（图10-26）。

（一）两条景观风貌轴线

构建天府城市景观轴和锦江文化景观轴两条景观风貌轴线。其中天府城市景观轴延续自天府广场向南的成都人民南路中轴，并向东延伸至龙泉山边，以现代城市风貌为主，形成展现天府新区城市形象的主要景观风貌轴线，也是代表成都从延续历史、创造未来辉煌的发展轴线（图10-27）。锦江文化景观轴沿锦江从成都中心区向南经黄龙溪至岷江，两岸以文化旅游、休闲娱乐、历史人文等风貌为主，形成展现成都特色文化和田园风光的景观风貌轴线（图10-28）。

（二）四条特色景观风貌带

四条特色景观风貌带包括：沿五环路两侧的现代建筑景观带、以成乐高速及两侧建筑形成的特色新兴产业景观带、以彭三快速路及两侧建筑形成的特色休

图 10-26　天府新区整体风貌结构图

图片来源：四川天府新区总体规划（2010—2030 年），2015 版

图 10-27　天府城市景观轴（天府公园）

图片来源：四川日报 http://epaper.scdaily.cn/shtml/scrb/20160408/128294.shtml.

图 10-28　锦江文化景观轴（锦江实景）

图片来源：朱勇　拍摄

闲景观带、以成资快速路及两侧建筑形成的特色汽贸产业景观带和以两湖一山为主的特色旅游产业带，是天府新区内最具特质的带状景观风貌空间。四带串各片功能区，是展示城市建设风貌和山水特色的重要载体（表 10-1、图 10-29、图 10-30）。

天府新区特色景观风貌带类别及控制引导表　　　　表 10-1

类别	组成方式
沿五环路两侧的现代建筑景观带	五环路是城市的环状快速道路，在新区北部串联四大特色风貌片区。宜通过沿线具有现代、时尚特色的建筑景观，展示丰富有致的城市空间形象
二绕两侧的田园风光景观带	平行于五环路的环状快速道路，在新区南部串联五大特色风貌片区。宜通过两侧的高科技文化片区与田园风光的相互融合为主要展示内容，展示城市的田园气质
鹿溪河滨水两侧的特色休闲景观带	规划区中部自北向南的带状滨水景观，主要途经现代田园和科技文化两大风貌区。河流两侧重点展示田园风光、休闲娱乐等风貌特征
东风渠滨水两侧的沿山特色旅游景观带	规划区东部自北向南紧临龙泉山脚下的带状滨水景观，串联现代汽贸功能区、两湖一山功能区、生态农业功能区。河流两侧重点展示休闲度假、山野旅游、时尚运动等风貌特征

图 10-29　成自泸高速和二绕^①交汇处生态湿地

图片来源：天府新区自然资源和规划建设局信息中心

图 10-30　鹿溪河生态湿地

图片来源：李婧　拍摄

---

① 二绕：第二绕城高速。

（三）九个风貌片区

九大城市风貌片区包括：核心都市山水风貌区、科技文化特色风貌区、高技术产业特色风貌区、战略新兴产业特色风貌区、现代农业特色风貌区、高端制造特色风貌区、两湖一山特色风貌区、现代田园特色风貌区、生态休闲特色风貌区。各区结合其功能定位和区内自然山水特征，呈现出斑斓各异又相互协调融合的城市风貌，展示了"国际天府"的气质和神韵（图10-31）。

（四）多个城市景观节点

多个城市景观节点包括：中心区、区域中心、交通枢纽地区、城市出入口、历史文化街区及地段、重要开敞空间，是反映城市特色、具有代表性和"城市名片"等标志性作用的城市景观节点，以强化城市特征、突出城市形象为目标，主要包括：金融商务中心区、科技创新中心区。九大区级中心区；天府新站广场、成昆铁路广场；五环、二绕、高速公路、快速道路等城市重要道路交叉口的交通节点；黄龙溪古镇传统历史文化古镇节点；二绕两侧的生态保护区、沟通三圣乡和龙泉山的风景林地、顺彭祖山江安河楔入的生态保护区、龙泉山风景区等，均是城市重要的景观节点所在（图10-32、图10-33）。

图10-31 天府新区两湖一山特色风貌区效果图

图片来源：天府新区总体城市设计

图 10-32　建设中的城市景观节点实景：天府中央公园鸟瞰

图片来源：天府新区成都管理委员会自然资源和规划建设局

图 10-33　建设中的城市景观节点实景：天府中央公园内部

图片来源：朱勇　拍摄

第四节　小组微生乡村人居模式

一、城乡协调发展

为彰显天府文化特色，传承成都平原农耕文明，天府新区结合实际，坚持城乡一体化发展，全面开展生态维护、文化传承、特色塑造以及产业提升等内容，合理布局生产、生活、生态的各项功能，构建城乡功能互补相融、城乡设施均等共享、城乡风貌交相辉映、现代城市与现代农村和谐共生的新型城乡形态，统筹建设国际化现代新区。其中，城乡功能互补相融主要依托发达大城市的带动作用，促进乡村地区现代农业、生态休闲产业以及现代服务业的发展，形成城乡产业互动、经济共融的发展格局。城乡设施均等共享通过将城市公共服务和基础设施向乡村延伸，城乡设施共享，实现城乡基本公共服务和基础设施均等化。

城乡形态交相辉映基于城市多中心、组团式发展模式，发挥城市组团间的农村地区生态绿化隔离作用，建设田园生态示范区，形成现代城市高效集约、现代农村有机分散，两者和谐相融，交相辉映的新型城乡形态（图 10-34）。

图 10-34　城乡协调发展规划图

图片来源：四川省成都天府新区总体规划（2010—2030），2015 版

二、乡镇发展规划

（一）乡镇分区指引

天府新区范围内共 37 个乡镇（街办），其中 23 个乡镇（街办）纳入城市统一布局；保留 14 个独立乡镇，在保证生态环境的基础上发展文体休闲、旅游度假、特色农业等生态友好型特色产业。

独立乡镇应融入城市生态绿隔地区，分为 4 个特色片区，其中都市休闲生态功能区内乡镇 4 个：白沙镇、新兴镇、太平镇、合江镇；文化休闲生态功能区内乡镇 1 个：黄龙溪镇；都市农业生态功能区内乡镇 3 个：籍田镇、三星镇、永兴镇；"两湖一山"国际旅游文化功能区内乡镇 6 个：茶店镇、武庙乡、老君井乡、丹景乡、山泉镇、五指乡。

（二）乡镇分类发展指引

根据镇区现状条件以及在功能区中的发展定位，规划将 14 个独立乡镇分为重点发展镇、适度发展镇和控制发展镇 3 类。重点发展镇 2 个：白沙镇和黄龙溪镇，依托地铁站点发展成为生态功能区的中心镇；适度发展镇 6 个：太平镇、合江镇、三星镇、永兴镇、新兴镇和籍田镇，结合资源条件发展成为乡村休闲旅游小镇；控制发展镇 6 个：武庙乡、老君井乡、丹景乡、山泉镇、五指乡和茶店镇，以生态保育为主，控制乡镇产业门类和发展规模（表 10-2）。

天府新区乡镇分区及功能引导表　　　　　　表 10-2

地区		乡镇
城市建设地区		西航港街办、黄甲镇、普兴镇、金华镇、公兴镇、青龙镇、桂溪街办、中和街办、华阳街办、正兴镇、永安镇、万安街办、煎茶镇、大面街办、柏合镇、龙泉街办、大林镇、视高镇、兴隆镇、新民乡、石羊街办、东升街办、胜利镇共 23 个乡镇（街办）
生态绿隔地区		保留 14 个乡镇
其中	都市休闲生态功能区	新兴镇、白沙镇、太平镇、合江镇	规划培育白沙镇作为都市休闲生态功能区的中心镇，结合轨道站点，打造成为集住宿、娱乐、度假、社交、主题活动等功能为一体的主题性乡村酒店小镇。规划新兴镇区应以生态优先、注重环境营造，适当发展商务及旅游配套服务产业，依托周边艺术资源，打造成为文化艺术小镇。太平镇与合江镇为山前小镇，规划依托龙泉山麓郊野公园以及周边农果采摘特色形成的乡村休闲旅游小镇

地区		乡镇	
生态绿隔地区		保留 14 个乡镇	
其中	文化休闲生态功能区	黄龙溪镇	规划培育黄龙溪镇作为文化休闲生态功能区的中心镇，带动周边文化旅游产业的发展
	都市农业生态功能区	籍田镇、永兴镇、三星镇	籍田镇镇区三水交汇（鹿溪河、赤水河、柴商河），两路相通（新成仁路、规划快速路），资源丰富、交通便利，规划结合北侧跳蹬河郊野公园发展成为以养生、康复、健康为主的养生小镇。永兴镇处于东山娱乐主题公园旁，规划结合该公园发展成为以熊猫为主题，以旅游配套服务，如：特色餐饮、主题酒店等为主要产业的旅游小镇。规划三星镇为东山地区乡村休闲观光旅游服务基地，别具丘区特色的旅游风情小镇。同时，作为"两湖一山"风景旅游区外围补充配套服务点，承担旅游管理、接待、食宿功能
	"两湖一山"国际旅游文化功能区	老君井乡、五指乡、武庙乡、丹景乡、茶店镇、山泉镇	除茶店镇外，各乡镇区现状人口与用地规模均较小。乡镇基础设施配套不够完善，但是环境优美、资源丰富，宜结合旅游项目，突出特色，因地制宜发展。规划"两湖一山"国际旅游文化功能区内各乡镇宜结合"两湖一山"国际旅游文化功能区积极发展旅游配套服务产业，作为游客集散及服务接待中心。镇区发展应以生态优先，注重环境保护。同时，考虑到龙泉山生态保育的需要，山区镇需控制发展规模

（三）乡镇人口规模及配套设施规划

规划 2030 年乡镇总人口 32 万人，乡镇镇区建设用地 12km²，其中镇区人口约 12 万人，新型农村社区人口约 20 万人。

用地方面，镇村用地和产业用地位于城市周边 500m 之外，第二绕城高速公路两侧 1km 范围禁止布局镇村用地和产业用地，规划确定的基础设施走廊，高快速路两侧确定的范围作为禁建范围。乡镇配套设施按照小型化、生态化、组团化的要求，选择合适的位置集中配置公共服务设施，规划镇区配套设施包括公共服务设施 6 项，市政设施 7 项，共 13 项。其中，公共服务设施包括：综合服务中心、派出所、标准化学校、幼儿园、标准化卫生院、养老院；市政设施包括：自来水供应系统、排水系统、垃圾收运系统、供电系统、公交站点、乡镇消防站。

三、农村新型社区规划

天府新区始终坚持"生态"与"文化"为导向，结合相关标准、要求和实际情况及特征，规划农村人口 20 万，农村新型社区建设用地 10km²。其中按照大型农村新型社区约 300 户，中型 100～300 户，小型约 100 户的规模标准，规划共形成 170～190 个农村新型社区，其中平原丘陵地区引导形成中型农村新型社区，局部人口密集区域形成街道—聚落—院落组合体的大型农村新型社区，规划共120 ～ 130个新型农村社区；龙泉山区引导形成以院落组团和院落为组成方式的小型农村新型社区，局部人口密集区形成以院落组团和街道为组成方式的中型农村新型社区，规划共50 ～ 60个新型农村社区（表10-3）。

天府新区农村新型社区模式表　　　　　　　　　　　　表10-3

新村划分	规模（户）	组成方式
小型农村新型社区	100	院落组团和院落
中型农村新型社区	100 ～ 300	院落组团和院落为主，局部形成街道
大型农村新型社区	300	街道—聚落—院落的组合体

同时，坚持集约用地、功能复合、使用方便、尊重农民意愿的原则，根据人口规模和空间布局，合理规划、统筹安排包括劳动保障站、卫生服务站、人口计生服务室、综合文化活动室、警务室、全民健身设施、日用品放心店、农资放心店、农贸店、幼儿园、公厕、污水处理设施等12项农村新型社区配套设施（图10-35）。

（a）

（b）

（c）

（d）

图10-35　农村新型社区
（a）煎茶五里村；（b）官塘新村；（c）籍田地平村；（d）瓦窑村
图片来源：天府新区成都管理委员会自然资源和规划建设局

四、乡村人居建设

依水而建、筑林而局、近田而作，这一复合型生产生活模式历史悠久，与成都平原农耕条件、传统生产方式和传统农耕生活相适应，并扮演着维护成都平原生态环境的重要角色[①]。天府新区结合实际，坚持统筹城乡的思路和方法，提出"小、组、微、生"（即小规模聚居、组团式布局、微田园风光、生态化建设）的乡村人居规划路径[②]，指导成都市域内农村新型社区从选址、规划布局到建筑及环境设计等内容，以促进乡村地区形成循环的生态、乡土的文态、自然的形态、联动的业态。

（一）总体要求

以"小、组、微、生"为技术路径的乡村规划，将生态、文化、新村自治、集约用地等内容纳入到新村规划建设的总体要求，具体包括：依形就势，合理选址；集约用地，保护耕地；因地制宜，尊重民意；彰显人文，留住乡愁等内容。

（二）建设模式

1. 小规模聚居

针对大量新村规模庞大、破坏乡村原生风貌等问题，在农村新型社区的规划建设中，应对其建设规模进行合理控制，实现延续传统聚居形态，与乡村风貌相协调的目标（图 10-36）。

（1）坚持安全、经济、生态的选址原则。安全、经济、生态的选址是小规模聚居的前置条件。新村规划应避让多类灾害隐患区及自然牛态保护区，宜依托自然水塘、渠系和现有林盘，选址交通、产业资源良好的地段。

（2）坚持集约用地，控制新村规模。为防止新村无序蔓延，规划应在维持乡村聚落的传统邻里空间尺度的前提下，明确单个农村新型社区的建设规模以 100 ~ 300 户为宜，各内部组团在 20 ~ 30 户左右[③]。针对新建、改、扩建不同类型新村以及坝区、丘区、山区不同实际情况，按照因地制宜、集约用地的原则来综合确定人均综合建设用地指标。

（3）坚持配套设施按需设置、区域共享。农村新型社区公服配套设施应在满足

---

① 孙大远.川西林盘景观资源保护与发展模式研究 [D].成都：四川农业大学，2011.
② 黄晓兰.以"小组微生"模式促进新农村建设——成都市的探索与实践 [J].中国土地，2017（01）：43-45.
③ 朱志宏.统筹城乡改革试验的新突破 [J].中国经贸导刊，2016（13）：35-36.

图 10-36　小规模聚居农村社区

图片来源：天府新区成都管理委员会自然资源和规划建设局

相关配套规范标准的基础上，按照因地制宜、按需设置、区域共享的原则进行配套，避免浪费和重复建设。可按不同的农村新型社区职能分类增加衍生的配套设施[①]，如：旅游型社区应结合社区能级和流量，增配旅游集散中心、停车场等设施。

2. 组团式布局

组团式布局是考虑农民合理的生产、生活半径而提出的布局模式。新村规划既应统筹兼顾农民生产半径，满足农民实际生产需要，同时也应符合农村生活习惯，促进邻里关系的维护。

因地制宜，合理选择组团类型。农村新型社区布局应充分利用林盘、水系、山林及农田等外部环境，因地制宜，避免行列式、过度图案化的布局形式，合理灵活地布局新村组团。如：团状组团布局适用于规模适中或规模较大、地形平坦的农村新型社区；带状组团适用于沿河流或山谷分布、规模较小的农村新型社区；树枝状组团适用于山区或浅丘地带，地形相对复杂的地区。为使组团间紧密联系，又各具特色的同时，满足社区外部环境的生态性和景观性需求，组团间应留有足够的生态距离[②]（图 10-37）。

图 10-37　组团式布局

图片来源：天府新区成都管理委员会自然资源和规划建设局

彰显特色，多样布置建筑形式。为进一步呈现组团建设与自然和谐相融的乡村风貌，新建建筑应严格控制道路退距，并逐步改善现状夹道建设情况。同时，建筑布局可采取围合、半围合、自由式等方式，形成多样化的空间形态，满足村民日常的交往需求。

3. 微田园风光

"微田园风光"的规划要求让"小菜园""小果园""小桑园"深入新村内部，留住乡愁记忆，彰显院田相连的大地景观，乡土特色的新村风貌（图 10-38），实现新村集约有效地利用农村土地，突出有别于城市的风貌特色。

（1）充分展现大地景观。为维持乡村田园风貌，组团间绿化保留原有农田、树木，新增绿化宜选用乡土作物，展现乡野田园风光。山区、丘区宜保留梯田景观，坝区宜保留田园肌理。

（2）营造乡土的庭院景观。充分利用庭院空间打造乡土景观，因地、因时种植，打造房前屋后"瓜果梨桃、鸟语花香"的微田园风光。选取乡土作物、花竹果蔬等，避免城市化、人工化景观。庭院铺装就地取材，采用石板、砖、卵石等原生态材料。

图 10-38　微田园景观（蜻居）
图片来源：天府新区自然资源和规划建设局信息中心

（3）彰显文化，留住乡愁。除文物古迹外，在新村规划中还应保留并利用林盘、古桥、古树、老井、老磨坊等承载乡村乡愁记忆的物质载体，规划预留公共空间以传承村落内的传统节庆与民俗活动等非物质文化，以彰显天府文化，留住川西乡愁。

4. 生态化建设

广大乡村地区是保障市域生态安全、提升生态环境质量、展现天府新区文化魅力和建设新型城乡形态的基本区域。因此，新村的规划建设应坚持生态化建设的原则，实现新村的可持续发展。

（1）维育生态格局。农村新型社区建设尊重自然，保护山体、水体等重要生态要素，保持原有河流、林地等生态廊道不被破坏，采用适应环境的嵌入型设计，使农村新型社区的规划布局与林盘、山体、水体等生态要素有机融合[1]（图 10-39）。

（2）坚持景观生态化。道路两边植物宜结合山势、地形、河流、湖泊景观成组成团进行栽植，不宜以成行成列的行道树方式进行栽植[2]。乔、灌木选择应尽量保留原生树种，新植树木宜选取本地树种、免维护树种，应尽量保留现有高大乔木。

---

[1] 王峰玉，陈延辉. 川西林盘聚落规划探索及对新型农村社区建设的启示 [J]. 现代城市研究，2013，28（08）：25-29.
[2] 成都市交通运输委员会. 成都市地方公路设计技术导则（试行）. 2014.

图 10-39　景观生态化建设
图片来源：天府新区自然资源和规划建设局信息中心

（3）推行低影响开发。充分利用自然水生态敏感区域排放雨水，在场地设计时宜采用下凹式绿地、透水铺装、植草沟等低影响开发技术，考虑超标雨水的收集与利用。

第五节　历史文化遗产保护利用

天府新区通过严格保护、合理利用历史文化名镇、文物保护单位、古迹遗址、名人故居等历史文化资源，妥善利用各种自然景观和人文景观，整治、恢复和展示历史文化感知元素，挖掘新区历史文化内涵，延续成都市作为国家级历史文化名城的核心风貌和文化内涵。

一、历史文化资源

天府新区范围内的历史文化资源包含 1 处历史文化名镇（黄龙溪古镇，图 10-40、图 10-41），34 处文物保护单位，其中全国重点文物保护单位 3 处、省级文物保护单位 7 处（图 10-42）、市县级文物保护单位 24 处。还有 469 处文物古迹，1 处历史建筑（2007 年被列为四川省第七批文物保护单位，图 10-43），2 处历史地段（永兴镇丹土地街和柏合镇磨盘古街，图 10-44），非物质文化遗产 7 项。

图 10-40　成都双流黄龙溪古街
资料来源：邱建　拍摄

图 10-41　成都双流黄龙溪古建筑
资料来源：邱建　拍摄

图 10-42　文物保护单位石经寺实景
图片来源：朱勇　拍摄

图 10-43 历史建筑唯仁山庄实景
图片来源：朱勇 拍摄

（a）   （b）

图 10-44 古街实景
（a）历史地段丹土地古街；（b）柏合镇磨盘古街
图片来源：朱勇 拍摄

历史文化资源具有依托锦江、鹿溪河、龙泉山等山水资源呈带状分布的特点。同时，历史文化资源还呈现片区聚集的特点，主要聚集在黄龙溪镇、柏合镇、华阳街办、东升街办、兴隆镇、永兴镇、籍田镇、普兴镇等，这与城镇发展的历史沿革相符。

历史文化资源所反映的文化类型主要包含：古蜀文明、农耕文明、工商文明、水利文化、移民文化、民俗文化以及宗教文化等[1]。

二、历史文化保护

天府新区传承成都历史文化名城的文化内涵与特色，整体城市形态营造应严格保护、妥善利用历史街区、遗迹遗址、名人故居等历史文化资源，合理利用各种自然景观和人文景观，整治、恢复和展示历史文化感知元素，深入挖掘天府新区的历史文化内涵和特色[2]，延续地域特征和文化魅力，切实保护历史文化，构建由物质文化遗产（包括：自然环境要素与人工环境要素）、非物质文化遗产和文化内涵组成的历史文化保护体系。

规划形成"一核、一带、四廊、多片"的保护结构。其中"一核"是黄龙溪历史文化名镇，"一带"是龙泉山文化景观带，"四廊"是依托河流水系、主要道路形成的四条历史文化廊道，串联分散的历史文化资源，"多片"是多处历史文化资源聚集的历史文化片区和历史地段。

保护真实载体和历史环境，促进历史文化资源的合理利用。对黄龙溪古镇、34处文物保护单位、469处三普文物点，2处风景名胜区、233处古树名木，以及3处列入保护名录的非物质文化遗产进行法定保护。对历史建筑、4处未列入保护名录的非物质文化遗产和137处林盘进行公布保护。对5处历史地段以及山水格局、田园景观等自然环境要素进行控制保护（图10–45）。

三、历史文化展示

（一）展示主题及结构

历史文化展示是天府新区成都部分历史文化保护规划的重要补充，展示利用体

---

① 薛爽，李媚．天府新区历史文化保护规划浅析 [J]．四川建筑，2013，33（06）：19–22.
② 莫林芳．桂林主城区山水景观初探 [D]．北京：北京林业大学，2015.

图 10-45　历史文化保护规划图

图片来源：四川省成都天府新区总体规划，中国城市规划设计研究院、四川省城乡规划设计研究院、
成都市规划设计研究院，2015.

系与保护体系相辅相成，共同构成完整的天府新区成都部分历史文化保护框架。考
虑文化展示需求，天府新区历史文化展示利用体系的展示要素主要包括：历史文化
资源、历史文化博览设施和历史文化公园与标识 3 个方面。

　　根据天府新区历史文化资源和现有条件，规划确定突出古蜀文明、农耕文明、
工商文明、水利文化、移民文化、民俗文化、宗教文化等主题。同时，在现有历史
文化资源分布的基础上，依托自然山水环境，通过水系、山脉、绿道等串联，规划

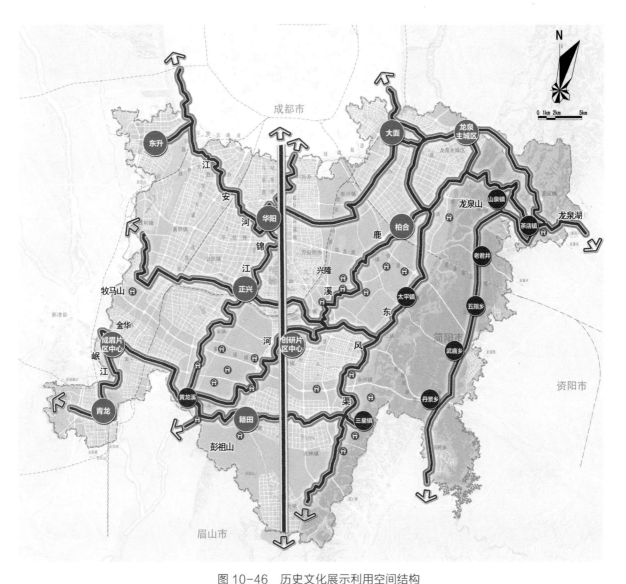

图 10-46 历史文化展示利用空间结构
图片来源：四川省成都天府新区总体规划，中国城市规划设计研究院、四川省城乡规划设计研究院、
成都市规划设计研究院，2011.

形成"一轴、六带、多点"的展示结构，全面展示天府新区历史文化特色 [①]。其中：
"一轴"指以天府大道为基础的城市文化轴，"六带"指串联天府新区历史文化资源
的六条历史文化展示带，"多点"指展示功能区、特色城镇、新型农村社区历史文
化特色的历史资源聚集点（图 10-46 ）。

① 薛爽，李媚. 天府新区历史文化保护规划浅析 [J]. 四川建筑，2013，33（06）：19-22.

（二）展示内容

规划不仅展示现存的历史文化资源本身，还将以历史文化博物展览设施、历史文化公园与标识等方式对潜在历史文化资源进行全方位的挖掘和打造，通过历史文化展示带的串联和组织，形成完整的展示利用体系（图 10-47）。

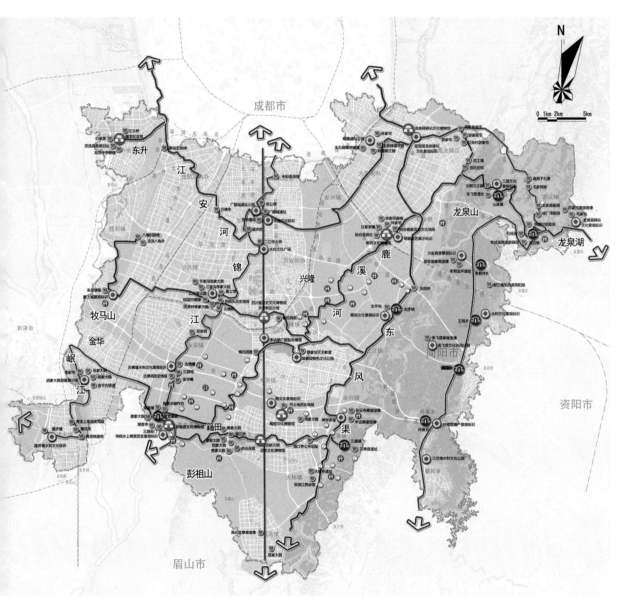

图 10-47　历史文化展示利用规划图

图片来源：四川省成都天府新区总体规划，中国城市规划设计研究院、四川省城乡规划设计研究院、成都市规划设计研究院，2011.

城市文化轴按照所属片区进行分段，每段均包括历史文化资源、文博展览设施及历史文化公园与标识 3 类展示要素，展示内容与各段文化内涵相契合。

历史文化展示带串联若干重要节点，依托绿道，整合沿途各类资源，并规划游览线路，形成连续文化景观旅游带，配备相应的历史文化解说系统、解说主题和解说手段，打造天府历史文化精品游线。①

特色城镇包括：历史文化名镇 1 处（黄龙溪古镇）和历史文化特色镇 4 处。各镇深度挖掘当地历史文化资源，与当地自然资源及主导产业结合，形成文史辉映、农商相融的特色镇旅游体系，以发展特色农贸与乡村休闲旅游产业为主。其中，作为天府新区成都部分内唯一一处历史文化名镇黄龙溪镇位于锦江、赤水河与鹿溪河交界处，自然风光优美，史上曾为南丝绸之路重要的水运商贸集散地，是水利文明与工商文明的重要发源与传承之地，且已经具备较好的文化旅游基础。规划通过对黄龙溪的历史文化旅游资源进行优化与升华，丰富原有项目内容，提升历史文化旅游产业等级，以期延续传统商贸文化，重现舟楫如林，商贾云集的盛世之景（图 10–48）。

本章参考文献：

[1] （英）爱德华·泰勒.原始文化 [M].连树声译.南宁：广西师范大学出版社，2005.

[2] 任致远.城市文化：城市科学发展的精神支柱 [J].城市发展研究，2012，19（1）：19–23.

[3] 罗国杰.中国传统文化与 21 世纪人才培养 [J].学习与研究，2006（6）：50.

[4] 刘梦溪.百年中国：文化传统的流失与重建 [N].文汇报，2005–12–4（6）.

[5] 任致远.关于城市文化发展的思考 [J].城市发展研究，2012（5）：50–54.

[6] 单霁翔.城市文化与传统文化、地域文化和文化多样性 [J].南方文物，2007（2）：2–28.

[7] 李薇.经典阅读文库——山海经 [M].吉林：延边人民出版社.

[8] 子德.碰撞：东方伊甸园 [M].成都：四川文艺出版社.

[9] 林向.论古蜀文化区，三星堆与巴蜀文化 [M].成都：巴蜀书社，1994.

[10] 舒波.成都平原农业景观研究 [D].成都：西南交通大学，2011.

[11] 四川省测绘地理信息局，民政厅，国土资源厅.四川省地理省情公报（2012）.2012.12.

[12] 袁琳.心灵境界与人居胜境——以古代成都为例论一种深层生态实践 [J].中国园林，2014：32–36.

[13] 葛承雍.秦陇文化的地域特色与历史地位 [J].人文杂志，1998（01）：78–85.

① 殷洁，李媚.论城市新区的历史文化展示带构建——以四川省成都天府新区为例 [C].中国城市规划学会.城市时代，协同规划——2013 中国城市规划年会论文集（11- 文化遗产保护与城市更新）2013：920–926.

图 10-48　黄龙溪古镇风貌和非遗表演

图片来源：上一 https://you.ctrip.com/sight/ganzi754/22176-dianping3408318.html.，
下二 http://www.sohu.com/a/258227402_383514.

[14] 全峰梅 . 基于增强区域竞争力的城乡风貌特色塑造——以广西北部湾经济区城乡风貌特色塑造为例 [J]. 广西城镇建设, 2011（11）: 48-53.

[15] 范嗣斌, 邓东, 孙彤, 朱子瑜 . 总体城市设计方法初探——以绵阳市总体城市设计为例 [C]. 中国城市规划学会（Urban Planning Society of China）.2004 城市规划年会论文集（上）. 2004: 436-442.

[16] 孙大远 . 川西林盘景观资源保护与发展模式研究 [D]. 成都: 四川农业大学, 2011.

[17] 黄晓兰 . 以"小组微生"模式促进新农村建设——成都市的探索与实践 [J]. 中国土地, 2017（01）: 43-45.

[18] 朱志宏 . 统筹城乡改革试验的新突破 [J]. 中国经贸导刊, 2016（13）: 35-36.

[19] 成都市规划管理局 . 成都市城镇及村庄规划管理技术规定（2015）. 2015.

[20] 成都市规划管理局, 成都市城乡建设委员会 . 成都市社会主义新农村规划建设技术导则（试行）. 2009.

[21] 王峰玉, 陈延辉 . 川西林盘聚落规划探索及对新型农村社区建设的启示 [J]. 现代城市研究, 2013, 28（08）: 25-29.

[22] 成都市交通运输委员会 . 成都市地方公路设计技术导则（试行）. 2014-02.

[23] 薛爽, 李媚 . 天府新区历史文化保护规划浅析 [J]. 四川建筑, 2013, 33（06）: 19-22.

[24] 莫林芳 . 桂林主城区山水景观初探 [D]. 北京: 北京林业大学, 2015.

[25] 殷洁, 李媚 . 论城市新区的历史文化展示带构建——以四川省成都天府新区为例 [C]. 中国城市规划学会 . 城市时代, 协同规划——2013 中国城市规划年会论文集（11- 文化遗产保护与城市更新）: 2013: 920-926.

第三篇

规划成效

03
PART

理论创新的规划实施

第一节 规划编制与实施过程

一、2010 年版规划

2010 年末，四川省人民政府做出了规划建设四川省成都天府新区的重大战略决策。2011 年 5 月，成渝经济区区域规划正式获得国家批复，批复中肯定了四川省有关天府新区建设的战略构想。2011 年 11 月，《四川省成都天府新区总体规划（2010—2030）》由四川省政府正式批准实施。按照总体规划确定的方向和框架，天府新区相继编制完成了分区规划、专项规划、控制性详细规划和城市设计等工作，形成了完整的规划体系（表 11-1）。

天府新区各级各类规划编制情况表　　　　　　　　　　　　　表 11-1

规划层次和类型	规划名称
总体规划	天府新区总体规划
分区规划	成都部分分区规划
	眉山部分分区规划
	"两湖一山"国际旅游功能区分区规划
控制性详细规划	天府新城、创新研发产业功能区、空港高技术产业功能区、成眉战略新兴功能区、龙泉高端制造产业功能区、现代农业科技功能区、青龙片区，视高片区，三岔湖起步区
交通专项规划	天府新区综合交通规划
	天府新区轨道交通线网规划
	天府新区直管区综合交通体系概念规划设计深化
	天府新区直管区现代有轨电车线网规划
市政专项规划	天府新区成都部分燃气设施布局规划
	天府新区加油加气站布局规划
	天府新区成都部分电力设施布局规划

续表

规划层次和类型	规划名称
市政专项规划	天府新区成都部分消防规划
生态专项规划	天府新区生态绿地系统与水系规划
	天府新区成都分区生态环境与绿地系统控制规划
	天府新区直管区河湖水系规划

　　规划在坚持建设国家创新型城市的总体要求和探索具有示范意义的新区规划建设理念的指导思想下，提出天府新区应承担"内陆开放门户、国家增长引擎、区域辐射中心和科学发展示范"国家战略使命,明确以现代制造业为主、高端服务业集聚、宜业宜商宜居的国际化现代新城区的发展定位和"一门户、两基地、两中心"的核心功能，[①] 构建"一带两翼、一城六区"的新区空间结构。[②] 最终，天府新区形成横跨成都、眉山、资阳三市，总面积 1578km^2 的规划范围。其中规划城镇建设用地近期 350km^2，中期 500km^2，远期 650km^2；规划城镇人口规模近期 280 万，中期 470 万 ~ 520 万，远期 580 万 ~ 630 万。

　　天府新区的规划建设对于推动新一轮西部大开发，培育新的经济增长极，带动全省乃至整个西部地区经济社会发展必将带来巨大的促进作用。在相关规划的指引下，天府新区建设实施有序推进，新区整体框架初步显现：一是，产业项目快速集聚，高技术产业和高端制造业基地奠定基础，经济增长目标基本实现，促进了成都的产业转型升级，有力地拉动了眉山、资阳两市经济发展。二是，各片区建设用地拓展明显，总体规划确定的"一带两翼、一城六区"总体结构逐步形成。三是，重大基础设施和公共服务设施建设快速推进，"三纵一横"骨干道路基本形成，西部国际博览城等重大项目开工，兴隆湖生态水环境综合治理项目、锦江生态带整治工程加快建设。四是，"省规划市实施"体制机制初步建立，成都片区、眉山片区管理委员会成立，成都直管区划定，省政府先后出台了 10 条和 23 条支持政策，成都、眉山两市也分别出台了相应的支持政策。[③]

[①] "一门户"：内陆开放门户；"两基地"：高技术产业基地、高端制造业基地；"两中心"：国家自主创新中心、西部高端服务业中心。

[②] 一带：居中的高端服务功能集聚带；两翼：东西两翼的产业功能带；一城：天府新城；六区：成眉战略新兴产业功能区、空港高技术产业功能区、龙泉高端制造产业功能区、创新研发产业功能区、南部现代农业科技功能区和两湖一山国际旅游文化功能区。

[③] 四川省住房和城乡建设厅.四川天府新区总体规划（2010—2030 年）（2015 年版）原总体规划实施评估.2015.

二、2015 年版规划

在 2010 年版规划实施过程中，全国、全省发展形势和要求发生重大变化。一是，党的"十八大"作出"五位一体"战略部署，中央城市工作会议明确了"尊重、顺应城市发展规律"的城市工作总体思路，四川省委十届三次全会提出实施"三大发展战略"、实现"两个跨越"的发展目标，天府新区的发展必须深入贯彻落实国家和全省发展部署。二是，国家新型城镇化规划以及"一带一路"、长江经济带等国家重大战略陆续出台，天府新区正式获批为国家级新区，这些都对天府新区的发展模式和功能定位提出了更高要求。三是，中国第四个国家级国际航空枢纽天府国际机场、中欧产业园等多个重大项目相继落户天府新区，这将对天府新区的产业发展、空间结构、基础设施产生较大的影响。四是，由于管理体制和配套政策措施等多方面的原因，总体规划实施过程中出现了实施与规划不一致、规划意图未得到有效实现的情况。因此，在以新理念引领生态文明建设的时代背景下，迫切要求天府新区在增长动力、产业结构、社会民生等多方面积极适应并作出相应调整。

2014 年 10 月，天府新区获批为国家级新区后，四川省委省政府出台了《关于加快推进四川天府新区建设的指导意见》，要求"按照国务院批复要求，进一步明晰和优化天府新区各区域功能定位和主导产业，开展天府新区规划实施情况评估，修订完善天府新区总体规划、专项规划、分区规划和控制性详细规划，加强城市设计。"2014 年 11 月，四川省住房和城乡建设厅组织开展了"天府新区总体规划实施评估和完善"工作，并形成了《四川省成都天府新区总体规划（2010—2030）》（2015年版）（以下简称"2015 年版"）。

2015 年版总规重点评估了原总体规划确定的总体定位、发展目标、空间结构和规划理念的适应性。同时，针对各片区规划实施过程中出现的"新问题"和"新诉求"，即从具体实施的层面，评估原总体规划专项内容的适应性。总的来说，总体规划功能定位、空间结构、规划理念比较符合国家级新区要求、符合国家新型城镇化规划要求，而发展目标、用地结构存在人口用地经济指标偏高、产业用地指标偏高等问题。通过"国家和全省发展的新形势新要求、各片区规划实施过程中出现的新问题和新诉求"两个视角的评估，分别从总体定位、产业结构、用地规模、生态格局、功能布局、支撑体系等方面对总体规划修改完善提出建议（表 11-2）。

天府新区 2015 年版总规调整对比表　　　　　　　　　　表 11-2

对象	2010 年版总规	2015 年版总规
总体规划功能定位	以现代制造业为主	以现代制造业、高端服务业"双轮驱动"
	内陆开放门户	内陆开放型经济高地
总体规划发展目标	常住人口，2020 年达 500 万 ~ 550 万人；2030 年达 600 万 ~ 650 万人	常住人口，2020 年达 350 万人；2030 年达 500 万人
	城镇建设用地，2020 年达 350km²；2030 年达 500km²	城镇建设用地，2020 年达 400km²；2030 年达 580km²
	GDP 目标，2020 年 6500 亿元，增速 23.8%；2030 年 12000 亿元，增速 6.3%	GDP 目标，2020 年 4200 亿元，增速 16%；2030 年 10000 亿元，增速 9%
	总规产业结构，2020 年达 5：55：40；2030 年三产 50% 以上	总规产业结构，2020 年达 2：53：45；2030 年三产 60% 以上
总体规划空间结构	现代农业科技功能区	南部生物科技研究和健康产业功能区
总体规划用地指标	工业用地比重 25.7%	工业用地比重 16.0%
总体规划规划理念	从产业集聚、内陆开放、城乡统筹、区域合作、新区建设等领域探索具有推广和示范意义的新路径和新模式	进一步深化"产城融合"的实施激励和管控措施、生态绿地和建筑风貌的管控措施、村镇建设管控和乡村文化保护措施等

　　具体看，新常态要求产业结构升级，"一带一路"倡议要求开放职能提升，国家级新区战略要求发挥辐射和示范作用，全省"三大发展战略"要求实施创新驱动，在这些要求下，天府新区的功能定位应进一步调整、提升，调整提升的方向包括从"以现代制造业为主"调整为现代制造业、高端服务业"双轮驱动"，从"内陆开放门户"提升为"内陆开放型经济高地"，并进一步明确和突出创新中心职能。在发展目标方面，应落实国家严格控制 500 万人口以上特大城市规模的政策，并根据新常态下经济增长从高速转向中高速并侧重于结构提升的趋势，调整新区的人口、建设用地和经济增长指标。同时，对接国家新型城镇化规划指标体系，并落实开放、创新职能要求，进一步完善总体规划发展指标体系。在空间结构方面，应保持"一带两翼、一城六区"结构的稳定性。其中，南部现代农业科技功能区的视高片区产业实际发展与规划定位不符、视高以北片区缺乏农业科技项目支撑，应对其功能定位作适当调整。在用地指标方面，应根据国家建设用地标准和新型城镇化规划要求，并响应功能定位从现代制造业为主调整为现代制造业和高端服务业双轮驱动的要求，适当调低工业用地比重，增加生活和服务用地比重。在规划理念方面，应进一步深化规划理念的实施和管控，主要包括"产城融合"的实施激励和管控措施、生态绿地和建筑风貌的管控措施、村镇建设管控和乡村文化保护措施等方面。通过对总体规划

的优化提升，凸显了四川天府新区在国家战略中的重大意义，并对四川天府新区的发展方式提出了更高要求 ①。

三、规划实施情况 ②

四川天府新区始终坚持世界眼光、国际标准、区域特色、高点定位，新区取得了重要阶段性发展成效。近年来，天府新区遵循习近平总书记重要指示精神，认真落实省委省政府决策部署，加快打造新时代公园城市典范和国家级新区高质量发展样板，区域地位不断提升，已成为做强成都"主干"、引领带动全省区域协同发展、实现省委"一干多支、五区协同"区域发展新格局的新引擎，成眉同城一体化区域协同发展核心区、成都"南拓"高质量发展示范区。2020 年 1 月，中央作出推动成渝地区双城经济圈建设重大战略决策，新区又承担起参与打造中国区域增长"第四极"的光荣使命（图 11-1）。

（1）生态建设初见成效。天府新区以建设践行新发展理念为先导，坚持"绿水青山就是金山银山"，独创的"三七用地"的规划标准为新区公园城市发展打下了

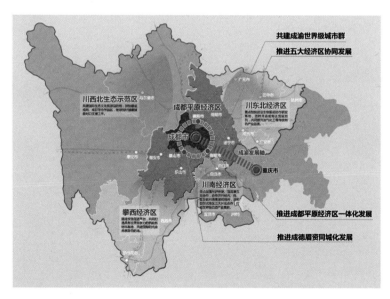

图 11-1　天府新区在系列战略部署中的空间格局

图片来源：成都市规划设计研究院

---

① 四川省住房和城乡建设厅 . 四川天府新区总体规划（2010-2030 年）（2015 年版）. 原总体规划实施评估 . 2015.
② 规划实施情况的相关数据如果特别说明，均来源于：四川省自然资源厅 . 四川天府新区国土空间开发保护现状评估报告 . 2020.5.

良好生态本底，成为国家级新区城市建设的典范，得到了联合国人居署等考察人员的充分肯定，成为习近平总书记视察天府新区提出"公园城市"概念的诞生地。同时，强化山体保护，龙泉山城市森林公园实施增绿增景 10 万亩；强化白鹤滩湿地公园、龙泉花果山风景名胜区和自然保护地等保护（图 11-2）；强化国土空间治理和修复，2014 ～ 2019 年天府新区通过退耕还林和复垦现状建设用地，累计实施国土空间生态修复面积共计 30.91km²，自然资源生态修复治理成效显著，生态环境品质逐渐提升（图 11-3）。

图 11-2　天府新区兴隆湖实景图
图片来源：朱勇　拍摄

（2）经济发展强劲增长。地区生产总值（GDP）5 年来累计完成 1.38 万亿元，年均增长 8.9%（图 11-4），从 2015 年的 1810.5 亿元，在国家级新区中排名第六，于 2019 年增长到 3270 亿元，并从 2018 年开始持续在国家级新区中排位第 5 位。固定资产投资 5 年来累计完成 1.06 万亿元，年均增长 19.3%。新增各类市场主体近 6.6 万户，年均增长 20%，培育国家高新技术企业 165 家，培育壮大规模以上工业企业 750 家，累计引入股权投资基金等新兴金融企业 630 家，管理资金规模突破 5500 亿元。随着国家自由贸易区、国家级临空经济区建设新机遇，对外开放水平将进一步提升，在国家级新区中的地位不断巩固和提升。

图 11-3　天府新区优越的城市生态环境品质

图片来源：朱勇　拍摄

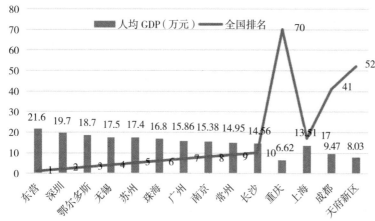

图 11-4 天府新区经济发展数据分析

图片来源：根据相关数据绘制

（3）现代产业体系基本构建。5 年来，天府新区着眼做大高质量发展增量，集聚规上工业企业 743 家，形成汽车制造、电子信息 2 个千亿级支柱产业，培育出计算机产业、电气制造业等 8 个百亿级产业，构建了以先进制造业、现代服务业和新兴产业为支撑的产业体系，初步建成具竞争力的现代高端产业集聚区，成为四川转型发展新引擎。近年来，天府新区产业能级不断提升，已签约落地安谋中国、商汤科技、莱茵集团等省市重点项目个数居于全市前列。其中成都科学城集聚国家级创新平台 16 个、校院地协同创新项目 39 个、重大科技基础设施及交叉研究平台 7 个、新经济企业总数累计 10340 家（图 11-5）；天府总部商务区集聚招商局、正大集团等行业巨头和区域总部近 100 家，天府国际会议中心主体完工（图 11-6），西博城通过国际展览联盟 UFI 认证；天府文创城引入天府影都、意大利波捷特功能型总部等重点产业项目 30 多个。

图 11-5 天府新区创新平台天府数字谷

图片来源：朱勇 拍摄

图 11-6 在建中的天府新区天府国际会议中心

图片来源：朱勇 拍摄

（4）社会民生事业大步发展。天府新区致力于民生福祉，推进社会领域建设，城镇化率年均提供 5 个百分点，开启了从农村向大城市的转变历程，广大新农民转变为新市民，新区学校医院建校建院数量高速增长（图 11-7、图 11-8），办学、办医条件不断改善，吸引了全国全世界大量青年人才和高学历人才落户，极大增添了发展活力动力。截至 2019 年底，人口快速集聚，新区累计吸引本科及以上学历人才落户 13.86 万人，常住人口超过 338 万人，实际服务人口超过 450 万人。

图 11-7　天府新区居
住及教育配套
图片来源：朱勇　拍摄

（a）

图 11-8　天府新区华
西医院
（a）效果图；（b）建设
图
图片来源：（a）源于华
西医院建设项目；（b）朱
勇　拍摄

（b）

（5）基础设施建设稳步推进。统筹近中期和长期关系，尤其是城市交通和地下管廊等基础设施建设，不断完善城市功能、提高城市品质，全面提升综合承载能力。5年来，加快修通骨架路网，建设100余座桥梁（图11-9）；坚持TOD综合开发，加快推进轨道成网；按照邻避设施先行原则，建设地下管线380余km、污水管网420km，其中新区地下综合管廊建设模式作为未来城市的图片，入选全国庆祝新中国成立70周年大型成就展（图11-10）。

图11-9　天府新区百里中轴天府大道建设实景

图片来源：天府新区自然资源和规建局提供

（a）　　　　　　　　　　　　　　　　（b）

图11-10　天府新区综合管廊

（a）实景；（b）电子化管理实景

图片来源：天府新区自然资源和规建局提供

（6）制度机制建设不断优化。推进"多证合一"改革提高行政效能，企业开办时间压缩至4h，项目审批事项压缩至90个工作日，全面开通网上办理业务，形成全税种电子退税、集群注册企业"信用预审"监管模式、证照通"1+X"审批模式改革等27个创新案例，营商环境逐步提升。深化简政放权，以制度创新迸发活力，以方法创新解决时效，加快形成职责明晰、主动作为、协调有力、长效管用的运行体系和工作机制。

第二节　生态理性规划理论的实践总结

2015年12月，中央城市工作会议的召开为我国的城市规划工作进一步指明了方向，并且进一步明确了"一尊重五统筹"的总体要求。按照新发展理念和生态文明建设的思想，重新审视天府新区既有的规划理念，主要有以下6个方面的理念创新。

一、聚焦国家战略、突出生态价值

在人类200多年的现代化进程中，工业文明在创造巨大物质财富的同时加速了对自然资源的攫取，破坏了地球生态系统原有的循环和平衡，造成人与自然关系的高度紧张。党的"十八大"以来，以习近平同志为核心的党中央立足新时代我国社会主要矛盾变化，适应和把握我国经济发展进入新常态的趋势性特征，把生态文明建设作为统筹推进"五位一体"总体布局和协调推进"四个全面"战略布局的重要内容，把绿色发展作为新发展理念的组成部分，采取一系列根本性、开创性、长远性重大举措，推动生态环境保护从认识到实践发生历史性、转折性、全局性变化，形成了习近平生态文明思想[①]。这一思想和世界可持续发展理念、联合国2030年可持续发展议程，对于构建人类命运共同体目标相近、理念相通，是推动新时代高质量发展的科学理论体系，是关于人与自然关系最为系统、最为全面、最为深邃、最为开放的理论体系和话语体系，是新时代推进生态文明和美丽中国建设的根本遵循[②]。

加快推进生态文明城市建设，是城市全面融入全球化、塑造竞争新优势的外部

---

① 张友国. 新时代生态文明建设的新作为 [J]. 红旗文稿，2019（005）：22-25.
② 黄承梁. 走向社会主义生态文明新时代 [J]. 党的文献，2019（005）：12-15.

要求，也是城市可持续发展的必由之路①。而城市规划作为政府对空间资源要素配置不断优化的政策工具、对城乡空间布局和人居环境优化调整的纲领性文件，既是国家可持续发展的调控方式之一，也是推进建设生态文明系统的必要一环。因此，城乡规划工作应当始终坚持生态文明理念，顺应城市工作新形势、改革发展新要求、人民群众新期待，在"认识、尊重、顺应城市发展规律"的基础上，遵循"理性规划"，努力提高规划的合理性②。

作为现代学科和实践的城乡规划，其形成和发展始终有理性思想贯穿其中。正如吴志强院士提出的天人合一、系统和谐和代际永续的生态理性内核，理性规划应坚持人与自然和谐共生的生态理性基础上，发挥生态区位价值，实现现代产业、现代生活、现代都市"三位一体"的协调发展，并通过资源要素、产业功能、城市空间的集聚发展不断提升城市能级实现引领辐射带动，推动新区高质量发展、可持续发展。

天府新区的发展正是在这一时代背景下，聚焦生态文明建设，承载国家重大发展和改革开放战略使命，以生态理性规划为基础，走生态优先、绿色发展为导向的高质量发展新路子。一方面，天府新区不是简单建设一个诸如经济技术开发区、高新技术产业开发区、投资区、工业园区的巨型"园区"，也不是单纯建设没有产业支撑、仅在物质形态上拓展的城市，而是在"生态理性"理论指导之下，创新城市发展模式，全面支撑四川天府新区发展成为内陆开放门户、国家新的经济增长极、区域辐射中心和科学发展示范③。另一方面，天府新区将生态理性规划贯穿于新区选址、用地规模、城市布局、城市结构、人居环境等整个规划过程，全面指引了天府新区的建设发展，形成了国家级新区高质量发展样板。2018年2月11日，习近平总书记视察天府新区，提出"天府新区是'一带一路'建设和长江经济带发展的重要节点，一定要规划好、建设好，特别是要突出公园城市特点，把生态价值考虑进去，努力打造新的增长极，建设内陆开放经济高地"。同年，习近平总书记在深入推动长江经济带发展座谈会上的讲话指出："我去四川调研时，看到天府新区生态环境很好，要取得这样的成效是需要总体谋划、久久为功的。"总书记系列表述，充分肯定了天府新区建设成效。

① 滕堂伟.中国生态文明建设：基本架构，战略规划与建设模式[J].中国城市研究，2014.
② 孙施文.中国城市规划的理性思维的困境[J].城市规划学刊，2007（02）：1-8.
③ 一是，内陆开放门户，即内陆世界级城市、城镇群对外开放的支撑平台。二是，国家新的经济增长极，引领西部发展的重要经济中心。三是，区域辐射中心，即西部经济发展高地，辐射大西南、带动大西部。最后是科学发展示范，即探索新的发展模式，体现科学发展的示范型新区。

二、避让良田沃土、选址丘区建设

自古以来，城市选址基本位于地形平坦开阔的平原地区，这是科学理性思维和生态伦理思想自然选择的结果。平原地区（绝大多数地区为河流中下游两岸的冲积平原）地形平坦开阔，土壤深厚肥沃，加之水源充足，便于农耕，且有利于交通联系和节省建筑投资，是城市发育的理想环境。因此，"凡立国都，非于大山之下，必于广川之上"，我国古代的著名城市，特别是统一王朝的几大都城，无不位于平原上。甚至疆域面积较小的区域性政权的都城，差不多也都位于境内较大的平原上。时至今日，我国城市建设也主要集中在平原地区，东北平原、华北平原、长江中下游平原、关中平原、珠江三角洲平原以及成都平原等地区几乎集中了我国 80% 以上的国土开发强度。

生态理性是以构建基于生态文明的城乡整体系统最优的人居环境为价值取向的城乡规划。在城市选址阶段，规划要强化生态观、自然观与发展观融合，体现"价值理性"和"整体最优"生态理性规划原则，按照"符合城市总体规划所确定的城市发展方向、考虑城镇群发展优势区域、利用现有产业支撑、结合交通等基础设施条件、场地要有相应的资源环境承载能力、有利于形成良好的生态环境格局、建设成本具有比较优势"的新区选址规律，为实现生产、生活、生态空间有机统筹及国土空间资源永续利用奠定基础[①]。

有鉴于此，天府新区在选址之初便将严格保护耕地和基本农田，特别是优先保护良田沃土作为选址的首要原则。天府新区的选址避开了成都西部、北部区域，该区域地处都江堰精华灌区，是成都平原最为优质的良田集中地，同时也是成都的水源涵养地和生态保护区域，对川中丘陵地区农业生产影响巨大，历史影响十分深远。而新区规划范围所在的成都东部、南部区域，地形以浅丘、台地和山地为主，城镇建设空间除现状建成区外，新增部分主要集中在浅丘区域，拓展空间充足，占用基本农田较少。

这样的选址理念，突破了以往城市建设选址平原的传统思路，转向浅丘地区拓展城市空间，并且将保护良田沃土作为首要原则，置于发展基础、区域带动、产业支撑、生态宜居等各类选址原则之前，充分体现了生态文明建设的思想精髓，有利于从根本上优化国土空间开发格局，加快形成人与自然和谐发展的现代化城市建设

① 高小平.生态理性的生产与再生产——中国城市环境治理 40 年评介 [J].中国行政管理，2020（03）：147.

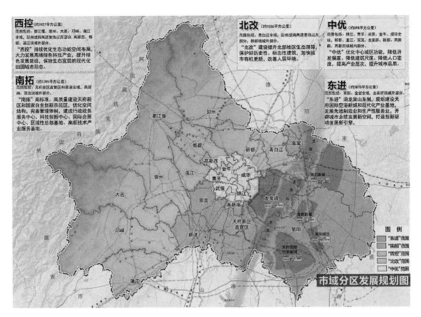

图 11-11　成都市域分区发展规划示意图

图片来源：成都市规划设计研究院

新格局，对于后来的新区选址和其他城市空间布局优化也具有积极的借鉴意义。

　　天府新区的战略性选址和高质量发展，引领成都城市发展继续向东、向南拓展。新一轮的成都市城市总体规划明确提出："东进、南拓、西控、北改、中优"差异化的区域发展战略（图 11-11）[①]。其中，西控主要是为了最大限度地保护都江堰精华灌区的良田沃土，加强生态环境和历史文化保护，发展绿色产业，严格管控西部区域的城乡建设用地规模和国土开发强度。而东进则是抓住天府国际机场建设、简阳划归成都代管的历史机遇，向东跨过龙泉山拓展城市新空间，加快推进成渝相向发展。龙泉山以东的区域以丘陵地形为主，以龙泉山作为防止与中心城区粘连发展的天然生态隔离，将承载未来成都的城市永续拓展空间。可以说，"避让良田沃土、选址丘区建设"的规划理念进一步上升为成都的城市空间发展战略。

三、生态保护优先、短板控制规模

　　生态理性规划以生态文明价值为导向，以资源约束为前提，借助科学技术手段，从资源承载力角度出发确定城市规模，遵循资源约束和生态优先原则，综合考虑土

---

① 东进南拓西控北改中优，让成都更"成都"[J]. 领导决策信息，2017（20）：18-19.

地、水资源、生态等自然要素的承载能力，在城市建设不对环境造成破坏的前提下预测人口和建设用地规模，并以承载力短板控制城市规模，力求城市建设不超过区域自然环境的承载能力，以实现国土资源的永续利用。

天府新区的建设实践，遵循了突出生态价值和优先保护原则，按照突出生态功能价值、优先保护生态空间的理念，规划以"山、水、田、林、湖、草"为生态本底条件，构建出"三山、四河、两湖"的自然格局，形成"一带两楔九廊多网"的生态网络，整体上保证了天府新区良好的生态格局。例如，位于天府新城和龙泉区之间的区域和南侧文化休闲生态功能区域被优先划定为非城市建设用地范围，并被规划为两个大型楔形生态服务绿带，作为超大城市的巨型"通风口"进行刚性管控，在总体格局上保障了天府新区高品质的人居环境（图11-12）。由于天府新区生态廊道和水系的开放性较强，在2015年版规划调整中，针对天府新区1578km²规划范围周边开发冲动大、存在无序建设风险、可能影响天府新区生态格局和环境质量的趋势，特别划定1100km²的协调管控区，对龙泉山、牧马山余脉生态屏障及龙泉湖、三岔湖和黑龙滩水源地等敏感地区加强规划管控，区域内强调生态服务主体功能，严格生态保护，以生态保育、休闲旅游和生态农业为主。

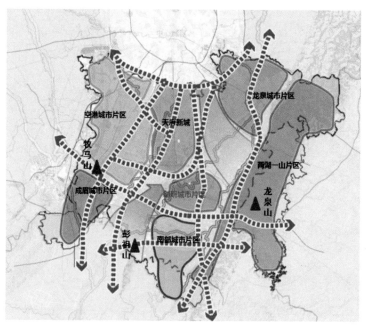

图11-12 天府新区区域生态安全格局示意图

图片来源：四川省成都天府新区总体规划（2010—2030）

天府新区规划范围 1578km²，仅从经济学"投入—产出"因素考虑，城市建设用地规模越大，短期内获得的直接经济回报越多。而天府新区坚持以资源约束为前提条件、以承载能力为发展限制、以资源短板为用地控制的生态规划理念，选取土地承载能力、生态承载能力、水资源承载能力等多要素叠加，通过承载能力短板控制，以天府新区水资源支撑能力为基准，考虑到水资源可能随区域调水工程的实施会有所增加和城市发展的不确定性，合理确定天府新区的城市规模（表 11-3）。其中，城市人口规模控制在 600 万 ~ 650 万，用地规模为 650km²。

天府新区城市规模研究 表 11-3

评价要素	评价方法	城市规模
土地承载能力	工程地质、地形、水文气象、自然生态和人为影响等多要素叠加开展适宜性评价	适宜建设用地和可建设用地共 921km²（分别为 832km² 和 89km²），可承载人口 950 万左右
生态承载能力	水土流失敏感性、生态敏感性、酸雨敏感性、城市热岛敏感性四个要素的叠加综合评价	高度敏感、中等敏感、轻度敏感和不敏感，分别为 285、269、379、645km²，其中，中轻度敏感和不敏感区总面积约为 1024km²，表明天府新区范围内总体生态承载力较高，可承载人口在 1000 万以上
水资源承载能力	按照天府新区主要用水指标测算人口容量	到 2020 年天府新区流域范围内可供水量为 13 亿 m³，能支撑建设规模 550km²，在高等节水水平下能支撑人口 620 万人
结论	基于承载能力短板控制原则，考虑相关不确定因素综合确定	天府新区水资源支撑能力最小，基于承载能力短板控制的原则，考虑到水资源可能随区域调水工程的实施会有所增加，同时考虑到城市发展的不确定性，城市人口规模控制在 600 万 ~ 650 万，用地规模为 650km²

此后，2015 年版总规按照《国家新型城镇化规划（2014-2020 年）》提出"严格控制城区人口 500 万以上的特大城市人口规模"的要求，参考高速发展时期浦东新区、滨海新区两个发展较早的国家级新区的人口增速，以及水资源、水环境对人口的承载能力的约束等，将原总体规划人口规模调减为：规划 2020 年常住人口为 350 万人，2030 年为 500 万；规划 2020 年城镇人口为 320 万人，2030 年为 480 万人。随着常住人口总量调减为 500 万人，城镇建设用地相应调减到 580km²。

四、组合城市形态、产城单元布局

天府新区在规划总体布局遵循整体性、约束性、适应性、地域性的生态理性规划原则，增强城市人工系统与自然系统相互适应的能力，避免城市发展过程中出现无序蔓延、交通拥堵、洪涝严重、环境污染等城市病。同时，提升价值理性应有地位，重拾对公平、保护、个体的尊重，以产城单元理念保障生态生活生产融合，避免过去新区普遍存在的重产业轻配套的问题。

在布局理念上，天府新区杜绝了资源最省、见效最快的沿现有建成区道路等基础设施进行向外拓展的"摊大饼"式规划布局方式，而是通过梳理已有建设用地，探讨相对理想的生态环境空间模式，如：辨识出超大城市所必备的通风廊道空间，划定区域生态空间边界，并优先将其作为非建设的生态用地予以刚性保护。优先规划刚性保护的生态空间之后，形成了"零星"的用地条件。由于场地尺度巨大，规划因势利导地运用产城融合理念，采取大分散、小集中的思路，创造性地构建出"组合型城市"布局形态，即"一带两翼、一城六区"的天府新区空间结构，各片区均有特色鲜明的主导产业定位，片区间功能互补、联系便捷，遏制了城市连片"摊大饼"，防止产生"城市病"（图11-13）。

天府新区"一城六区"除两湖一山国际旅游文化功能区外，规划建设用地面积在 50～160km² 之间，相当于中等城市或Ⅱ型大城市规模。天府新区规划创新思路是进一步将 650km² 建设用划分为 35 个产城一体单元，每个单元 20km² 左右，相当于Ⅰ型小城市规模。规划有相应产业引导，具有相对完整的生产、生活及生态功能，通过有机、低碳、高效的方式组织城市各项功能空间，相对独立地承担城市各项职

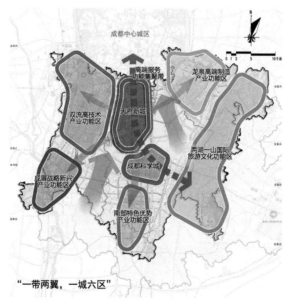

图 11-13 天府新区空间格局图

图片来源：四川省成都天府新区总体规划（2010—2030）（2015 版）

图 11-14　天府新区产城一体单元建设实景
图片来源：天府新区自然资源和规建局信息中心

能，60% 以上的居民在本单元就业，并提供Ⅰ型小城市应该具备的教育、医疗、体育、文化和商业、金融等配套服务（图 11-14）。

"产城一体单元"是在天府新区规划实践过程中提出的新概念，实现城市产城一体发展的基本空间引导单元，实现各项功能（包括产业功能）相对均衡，提供了一种现代产业发展的创新空间模式，构建了一定地域的日常生活生产系统，建立了城市低碳发展的微平衡系统单元，对于合理引导产业发展、社会发展以及环境保护等方面具有很强的现实意义。天府新区按照这一理念开发建设，将天府新区划分了 35 个产城单元，每个产城单元有自己的产业，通过就业岗位的计算，来测算需要配多少居住用地，然后给居住人口配以各种完善的配套设施，以产城单元来落实配套，实现居住人口就近就业，生产生活协调发展。同时，单元内部交通主要依靠步行和非机动车，极大地减少了私人使用机动通勤和跨片区交通出行的必要，在源头上控制交通拥堵和机动车尾气污染，具有功能复合、职住平衡、绿色交通、配套完善、布局融合的特征（图 11-15）①。

---

① 胡滨，邱建，曾九利，汪小琦. 产城一体单元规划方法及其应用——以四川省成都天府新区为例 [J]. 城市规划，2013，37（08）：79-83.

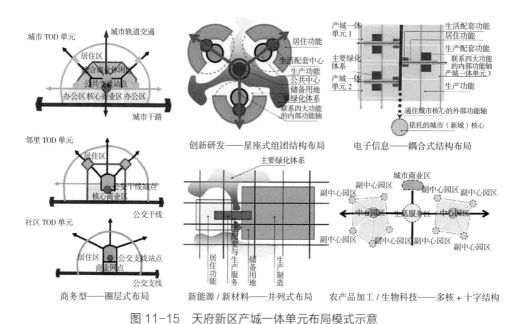

图 11-15　天府新区产城一体单元布局模式示意

图片来源：四川天府新区产城一体深化研究专题报告，成都市规划设计研究院，2011 年.

五、山水城市交融、绿色宜居环境

生态理性规划重视多种不确定扰动因素，关注城市应对不确定扰动的能力，在破解交通堵塞、生态破坏和公共安全等城市问题方面，均应以适应性为原则，增强城市人工系统与自然系统相互适应的能力。天府新区以"城乡整体系统最优的人居环境"为核心价值导向，建设"绿色城市"和"韧性城市"，构建绿色韧性支撑体系、保障城乡生态安全为底线，实现生产空间集约高效、生活空间宜居适度、生态空间山青水秀，推动城市更高质量、更有效率、更可持续的发展。

天府新区秉承"生态立区"理念，强调城市与自然共生，通过建立山水生态大格局，让山水风光融入城市，努力把生态价值发挥到最大。在天府新区规划的1578km² 土地上，生态、农业、河流湖泊用地占比60%以上，城市建设用地只占不到40%。天府新区围绕山、水、田、林做文章，形成了"一山、两楔、三廊、五河、六湖、多渠"生态景观格局。构建"一带引领、双轴拓展、三川交融"的城乡发展战略，勾画出"生态文明、全域时空"两个重点方向。同时，将公园绿地与湖泊有机结合，形成"500m 见绿，1000m 见水"城市生态绿地系统。截至 2017 年底，天府新区投入 400 多亿用于生态基础设施建设，打造了兴隆湖、锦江生态带、鹿溪河生态区、

图 11-16 天府新区锦江生态带实景图

图片来源：朱勇 拍摄

天府智谷绿道、天府公园等一批重大生态项目（图 11-16）。强化山体保护，龙泉山城市森林公园实施增绿增景 10 万亩；强化国土空间治理和修复，2014 ~ 2019 年天府新区通过退耕还林和复垦现状建设用地，累计实施国土空间生态修复面积共计 30.91km²，自然资源生态修复治理成效显著[①]。

在绿色宜居环境营造方面：一是，公交优先的理念，天府新区着力建设集约高效的绿色交通体系，城市公交分担率达 50% 以上，实现无缝换乘，形成完善的绿色公交网络，让公共交通成为市民日常出行的首选。二是，按照韧性城市建设要求，构建创新生态高效的雨水排放系统，提高天府新区抗内涝风险能力。三是，通过产业控制、水污染防治、垃圾处理、大气污染防治、噪声污染防治以及电磁辐射污染防治 6 个方面降低环境污染。通过一系列努力，天府新区万元 GDP 水耗从 2015 年的 44.55m³/ 万元下降到 2018 年的 32.86m³/ 万元，低于成都市（36.5m³/ 万元）。2018 年天府新区万元 GDP 能耗为 0.21t 标准煤，已提前完成 2020 年 0.5t 标准煤 / 万元的规划目标值，低于 2018 年国家高新区工业企业万元能耗（0.488t 标准煤）。优良天数由 2015 年的 168d 增加至 2019 年的 260d，"新区蓝"已成为人们口中的热词（图 11-17），绿色宜居环境为天府新区带来更大吸引力。[①]

六、传承历史文化、彰显地域特色

地域性是城市的基本属性之一，是人类社会经济与聚落形态在长时期与自然相适应过程中相互作用的累计结果，具有时间与空间的限定和自我更新的特征。生态

---

① 四川省自然资源厅 . 四川天府新区国土空间开发保护现状评估报告 . 2020.

图 11-17　天府新区"天府蓝"

图片来源：朱勇　拍摄

理性规划基于对地形、气候、生物和文化群落等地域性环境的尊重，在生态理性视角下，从广度与深度上坚持地域性原则，把握地域性要素，提出基于生态理性的全球化和地域性共处、技术性与地域性并进的规划策略，肩负保护历史遗产、传承地域文化的使命，塑造具有地域特色的城乡风貌。

　　天府新区地貌特征丰富，总体生态环境良好，规划范围内用地条件以台地、丘陵为主。通过前述刚性保护生态空间，"一带两翼、一城六区"空间结构形成的"组合型城市"布局形态，在整体规划格局上形成了良好的生态本底（图 11-18），为构筑优越的人居环境创造了条件。

图 11-18　天府新区整体生态格局效果图

图片来源：成都市规划设计研究院

值得强调的是，成都平原是蜀文明的发祥地，历史遗存丰富。天府新区规划深入发掘优秀人居文化传统，传承和体现了地域历史文化。例如，运用大地景观规划设计方法，以两楔生态服务区为依托，允分利用天然植被，尊重自然田园环境并与之和谐共存，保护非建设用地内极具特色的村庄、林盘与其优美的周边环境格局，维持原有的宜人尺度、乡土气息和文化氛围，集中连片体现田园风光，继承川西平原农业景观特征，将现代文明建立在传统的自然生态本底上，构建人文与生态和谐、都市与自然共融、现代与传统呼应的人居环境。

成都具有乐观包容的文化传统和优雅闲适的生活态度，规划充分尊重这一独特的城市特质。例如，在建设用地安排中，绿地与广场用地占到16%（2015年调整为17%），在这些用地里高标准配置公园绿地、水面、城市广场等休闲空间，保证居民能"500m见公共绿地，1000m见公共水体"，即使在高楼林立的CBD地段的公共空间规划中，也为市民提供了地域气息浓厚的休闲环境。

第三节　生态理性规划理论的实践成效

一、产业发展开放创新

四川天府新区坚持创新驱动发展，经济保持平稳增长，产业集聚效应显现，开放型经济体系完善，呈现出良好的产业发展态势。

进出口和外商投资快速发展，门户地位不断增强。2014年空保税物流中心（B型）获批（图11-19），天府新区海关成立。电子、汽车两大千亿产业基地初具规模，总

图11-19　成都空港保税物流中心（B型）实景

图片来源：天府新区自然资源和规建局提供

体上实现了产业的"集聚发展"。吸引阿里巴巴等地区运营总部、中科院等大企业区域总部和研发基地落户,高端服务和创新中心发展势头良好。

创新投入逐步增强,创新领军企业快速集聚。依托成都科学城建设,积极争创综合性国家科学中心。研究与试验发展经费投入强度(R&D)由 2014 年的 0.48 提升到 1.52。创新人才储备逐渐加大,创新产出水平显著提升。出台《天府新区成都直管区"天府英才计划"实施办法》和《天府英才计划考核办法》,2019 年全年引育院士、"国千""青千""蓉漂计划"等专家 35 名、团队 5 支。吸引省级以上科研机构数量超过 200 家,推动万人发明专利拥有量提升为 40.13 件,远高于四川省(6.3 件)和成都市(22 件)。2018 年新增大学生落户 10.3 万人,占当年成都市的 36%。[①]

二、空间建设亲水亲绿

天府新区目前尚处于建设初期、基础夯实阶段,但"一带两翼、一城六区"的空间结构已初具雏形。从形态上看,坚持"生态优先",新增城镇建设用地向各城市组团内集聚,未出现摊大饼和侵占蚕食生态地区现象,维持了开放式、弹性化空间结构,新区良好的生态绿地本底得以维护,体现了"把城市建在公园里"的理念(图 11-20)。从功能上看,坚持"公共优先"原则,"一城六区"总体上同步推进,形成了"1+6"就业和居住相对平衡的产城单元,产城融合格局已经基本形成。其天府新区中央商务区增大量商务办公、文化会展等高端服务功能和高品质居住片区(图 11-21),组团框架已趋于完备;成都科学城依托兴隆湖建设逐步聚集起一批科技研发、孵化中试、文化创意等项目(图 11-22);双流高新技术产业功能区、龙泉高端制造产业功能区、成眉战略新兴产业功能区在原有基础上不断进行产业功能优化和城市功能提升;两湖一山国际旅游文化功能区不断提升生态建设和旅游服务水平;南部特色产业功能区作为天府新区特色优势产业拓展区,其建设状况较其他组团缓慢。

三、综合交通外连内畅

目前,天府新区综合交通运输体系初步形成,城市骨架道路网已基本形成,初步构建外连内畅的交通体系。

---

① 四川省自然资源厅. 四川天府新区国土空间开发保护现状评估报告. 2020.

图 11-20　从龙泉山俯瞰天府新区亲水亲绿布局模式
图片来源：朱勇　拍摄

图 11-21　天府新区高品质居住环境（蔚蓝卡地亚）
图片来源：朱勇　拍摄

图 11-22　天府新区公园化环境创新平台

图片来源：朱勇　拍摄

　　一方面，对外交通能级不断提升。在航空方面，双流机场国际通航城市数量 78 个，国内通航城市数量 131 个，开通国际（地区）航线 358 条居中西部第一位，年旅客吞吐量 5584.38 万人次，位列全国第四；毗邻的天府国际机场预计 2021 年开通，建成后成都将成为中西部地区唯一拥有双机场的城市（图 11-23）。铁路方面，建成高

图 11-23　在建中的成都天府国际机场

图片来源：成都东部新区幺园城市建设局

图 11-24　2018 年开通的成仁高速（天府新区）

图片来源：朱勇　拍摄

铁站两个，已开通成绵乐城际高铁、成渝客专和普兴、新兴、青龙三个铁路货运场站；规划建设天府新站，规模 15 台 28 线，建成后天府新区将成为高铁站数量最多的国家级新区。公路方面，规划"两横四纵"高速公路网已按规划形成，正加快建设天府机场高速公路（图 11-24）。内河航运方面，与泸州、宜宾、乐山等港口建立了较好的通道联系。

另一方面，对内交通的骨架道路网已基本形成。道路方面，天府大道、剑南大道、梓州大道、武汉路和科学城中路等核心区骨干路网铺就形成（图 11-25），建成农村富民公路 130km，新开及优化乡村（社区）公交线路 30 条里程 391km，地铁 6、18、19 号线加快推进（图 11-26）；按照从"增量"到"提质"思路，构建"轨道 + 公交 + 自行车 + 行人"绿色慢行交通体系，满足人性化的交通需求（图 11-27）。

图 11-25　天府大道夜景

图片来源：天府新区自然资源和规划建设局信息中心

图 11-26　天府新区西部博览城地铁站

图片来源：朱勇　拍摄

图 11-27　天府新区绿道实景

图片来源：朱勇　拍摄

四、重大设施统筹支撑

天府新区按照"超前性、前瞻性、统筹性"的建设目标，以"多点开发、全域协同"的建设模式，全面推动天府总部商务区全面起势（图 11-28）、推动成都科学城提能升级（图 11-29）、推动天府文创城突破发展、提升新兴产业园承载能力和推进乡村振兴战略，并进一步加强邻避设施配套建设。坚持统筹发展共享发展，以高品质公共服务基础设施建设目标为依托，促进基本公共服务均等化，努力满足新区人民对美好生活的向往（图 11-30）。

五、生态建设绿色低碳

天府新区始终坚持把"生态优先、绿色发展"作为核心理念融入规划建设全过程，坚持以山、水、林、田、城、景为整体的生态系统一体化设计，强化开发边界管控，优化完善大美城市格局，让城市从自然山水中"生长"出来（图 11-31）。同时，针对城市生态建设的薄弱环节，大力实施森林城市建设、重要节点"增花添彩"

图 11-28　天府总部商务区全面起势

图片来源：天府新区自然资源和规划建设局信息中心

图 11-29　成都科学城夜景

图片来源：朱勇　拍摄

图 11-30　天府新区"最美书店"

图片来源：朱勇　拍摄

图 11-31　天府新区城绿相融的大美城市格局（鹿溪智谷）

图片来源：天府新区自然资源和规划建设局信息中心

工程、水环境整治工程，夯实以水为核心的生态和景观本底，构建以河为廊、以山为屏、以绿带为脉的"蓝绿交织"的生态基底（图11-32）。

同时，大力推广使用地热、太阳能等清洁能源，构建高效能源体系，并明确政府投资项目率先示范，全部采用清洁能源。积极推行绿色建造技术，加紧编制《绿色建筑导则》，政府投资的公共建筑严格按照绿色建筑标准建造（图11-33）。

图 11-32　天府新区黄龙溪欢乐田园

图片来源：网络

图 11-33　获得绿色建筑 LEED 金级认证的新川创新科技园内新川荟[①]

图片来源：朱勇　拍摄

---

① 新川荟项目在满足可持续发展的建筑位置、水的利用效率、能源与环境、材料与资源、室内空气质量以及设计创新这 6 项共 7 个要求的基础上，对 69 个小项分别评估打分，获得 LEED 认证金级。

六、城乡发展全面融合

　　成都作为全国统筹城乡综合配套改革试验区和全国农村改革试验区，天府新区积极响应国家战略，遵循客观规律，着力从城乡统筹加速迈向城乡融合，打破城乡二元结构，探索从农业多功能性拓展进入农村多功能性拓展的新阶段，使乡村已经由功能单一、脱离城市的边缘地带，转变为承接城区功能、延伸城市形态的广阔腹地。同时，以特色镇与川西林盘为建设重点，从整洁村貌到文明乡风、从增收致富到创业奔小康，探索乡村生态价值转化，实现城乡融合发展。如：以天府童村、新村房竹岭、太平镇香薰山谷等川西林盘项目（图 11-34 ~ 图 11-36）。同时，按照"韧性

图 11-34　水天一色的天府童村亲子研学川西林盘项目实景

图片来源：李婧　拍摄

图 11-35 三星街道南新村房竹岭

图片来源：天府新区自然资源和规划建设局提供

图 11-36 太平镇香薰山谷

图片来源：天府新区自然资源和规划建设局提供

城市"理念，建设智慧化、立体化、低碳化的智慧绿色韧性城市安全体系，是国内最早开展全系统城市安全规划的城市。

七、实施管理智能理性

"三分规划，七分管理"。生态理性规划理念需要通过项目实施加以实现，科学的规划管控是美好蓝图变为美好现实的前提条件。其中，现代科学技术的应用是重要支撑。

天府新区积极探索智能技术运用和网络平台全流程构建，应用大数据、云计算、移动互联网、物联网等智能技术工具和手段，通过"项目策划生成—立项用地规划许可—工程建设许可—施工许可—竣工验收"全流程数字规划管理，实现了不同部门管理职能的整合，优化了项目审批程序，对居住、产业及城市基础设施和公共服务、生态建设等规划项目的实施进行科学监控，既保证了落地项目的合规性，又维护了城市规划的严肃性，还确保了规划项目实施的程序合法性和运行高效性。值得一提的是，智能管理为天府新区公共空间特别是以"山、水、田、林、湖"为生态本底的非城市建设用地的规划有效管控，提供了强有力的技术保障；为市政交通、能耗、环境、商业和公共安全等规划实施问题的协同解决提供了技术支撑（图 11-37）。

政策措施的配套供给还为天府新区规划管理实施提供了依据，例如，四川省出台的《关于加快天府新区高质量发展的意见》，明确生态保护和人居环境并重，强调构建生态、功能、交通、产业、生活"五大绿色体系"，确定了规划建设和生态管控的总体目标。另外，管理体制机制的创新为实现高质量、高效率的规划管理提供了制度保障。天府新区实行"省统筹、市实施"的"1+2"管理体制，即四川省天府新区建设领导小组统筹管理成都、眉山两市管委会。成都天府新区直管区实行大部制、扁平化和产业服务专业化的管理体制，逐步建立"管委会统领、公园城市建设管理局工作统筹、公园城市研究院技术牵总、各部门协同联动"的工作机制，有效保证了规划的理性实施。

八、片区建设成效显现

天府新区各片区的具体规划实施建设工作由属地政府负责，2013 年 12 月天府

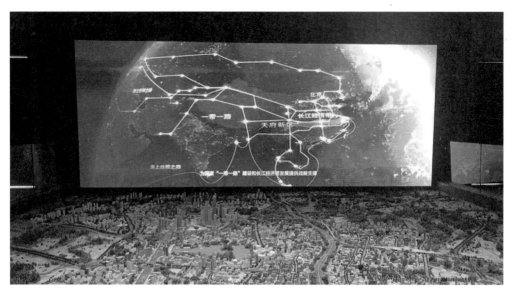

图 11-37　天府新区科学城智慧城市安全平台

图片来源：天府新区自然资源和规划建设局提供

新区成都直管区成立，作为准县级行政区代为管理服务从双流县划出的新兴、万安等 11 个镇和剑南大道南段（元华路）以东的华阳街道、正兴镇范围内的规划建设及社会与公共服务等事务。

（一）天府新区直管区

坚定推动天府总部商务区建设全面起势，创新提出 CBP（中央商务公园）发展新范式，实施 POD（公园引导开发）+TOD（轨道交通引领开发）+VOD（活

力引导开发）规划策略，加快引进高能级总部项目和知名会展机构项目建设，做强极核功能。2019 年常住人口达到 67.3 万人，GDP 达到 429.1 亿元，第三产业占比 65.9%，固定资产投资 472.7 亿元居各片区第一。全力促进成都科学城提能发展，增强原始创新能力，积极争创综合性国家科学中心，一大批重大科技基础设施及研究基地、国家级创新平台、校院地协同创新项目落地实施。推动天府文创城全面起步，骨干路网等基础设施加快推进，中意文化创新产业园、雁栖湖文创生态带、国际文博旅游区同步高水平推进。同时，直管区注重公共服务和生态建设，打造公园城市基底，重点打造麓湖、兴隆湖、中央商务区公园等公园城市建设示范区，公园城市特色初步呈现。由于前期大量铺设基础设施和公共服务设施，2018 年人均城镇用地为 165.18m²/ 人，比 2014 年的 200.4m²/ 人下降了 17.57%（图 11-38）。

直管区内高质量实施生态环境建设，投入超过 400 亿元，形成绿地湿地 1.5 万亩、河湖水体 1.3 万亩；高标准推进基础设施建设，建成道路 500 余 km²，形成"六纵六横"路网体系，地铁线网地铁 1 号、5 号线已开通运营，6 号、18 号线预计 2020 年底通车；高水平开展公服配套建设，新建 51 所学校、幼儿园，新建、改（扩）建 21 个医疗卫生机构，开工建设人才公寓 156 万 m²（图 11-39）。

（二）高新片区

2019 年，成都高新区实现地区生产总值 2285.6 亿元，同比增长 8.4%，成为四川省首家地区生产总值破 2000 亿园区；2020 年上半年实现产业增加值 1191.4 亿元，

图 11-38 天府新区兴隆湖全景图
图片来源：天府新区自然资源和规划建设局信息中心

图 11-39　天府新区鹿溪河水生态治理成效
图片来源：朱勇　拍摄

同比增长 7%，增速高于省市同期水平。截至 2019 年底，聚集市场主体 19.27 万家，其中企业 13.87 万家，科技型企业 4.5 万户，上市企业近 40 家，新三板累计挂牌企业 126 家，经认定的高新技术企业 2193 家，专利授权量达 12229 件，万人有效发明专利达 165.4 件[①]。

天府新区高新南片区是成都新经济活力区的主要载体，涵盖成都新经济活力区和交子公园金融商务区高新片区，重点发展 5G 与人工智能、网络视听与数字文创等产业，建成成都金融城、瞪羚谷、AI 创新中心、新川创新科技园、中国—欧洲中心、骑龙湾、天府软件园等多元化产业社区（图 11-40），交子大道片区、铁像寺水街片区等重点示范街区（图 11-41），初步建成国家高质量发展示范区。

（三）双流片区

双流片区是国家级临空经济示范区、国家级天府新区的重要承载地，中国四川自由贸易试验区的核心区域。

片区紧扣高质量建设国家级临空经济示范区、打造中国航空经济之都，依托其优良的生态环境（图 11-42）、突出的交通优势、深厚的文化底蕴、丰富的科教资源

[①] 数据来源于成都高新区官网，包括：高新南区（成都新经济活力区、交子公园金融商务区）、高新西区（电子信息产业功能区）、成都天府国际生物城和未来科技城。其中仅高新南区属于天府新区范围。

图 11-40　天府新区高新片区金融城实景

图片来源：成都高新区发展改革和规划管理局

图 11-41　铁像寺水街

图片来源：朱勇　拍摄

和强劲的产业基础（表 11-4），先后荣获综合实力全国百强区（第 32 位）、全国营商环境百佳示范区（第 16 位）、全国临空经济示范区（全国共 12 个）、中国全面小康示范县市和四川省县域经济发展强区等荣誉（图 11-43）。其中，2019 年，市场主体活跃，拥有各类企业 85000 家，拥有六类五百强企业百余家、"四上"企业 647 家，全区实现地区生产总值 962.05 亿元，增长 8.8%，固定资产投资增长 16.9%，社会消费品零售总额 223.37 亿元，增长 10.5%。①

天府新区双流片区发展基础 表 11-4

生态环境优良		全区绿地面积 6 万余亩，绿化覆盖率达 50%，规划建设 10km² 亚洲最大的城市中心湿地——空港中央公园，我们依托牧马山系的天然绿色屏障，打造 27km² 牧马山城市森林公园、10km² 空港花田以及 913km² 天府绿道贯穿全域，形成全国首屈一指的生态绿肺、休闲胜地
交通优势突出		坐拥全球 30 强、全国第四大航空枢纽——双流国际机场，被誉为天府"第一门户"，通航航线 335 条，国际（地区）航线 114 条、通达全球五大洲 200 余个城市，已形成"国际多直达、国内满覆盖"的航空运输体系。2018 年，双流国际机场客货吞吐量分别达 5295 万人次、66.51 万 t，稳居中西部第一。区内规划和在建地铁线路 17 条，里程达 205km，站点 77 个，是成都规划地铁最多、里程最长的中心城区。同时，京昆高速等多条高速公路穿境而过，直连直通蓉欧快铁的综保铁路专线即将开通
文化底蕴深厚		双流古称广都，距今已有 2300 多年的建成历史，这里是古蜀农耕文明的发源地、古蜀王蚕丛在这里开国建都、教民农桑；这里是三国文化传承地，诸葛亮在这里秣马厉兵、运筹千里；这里有天府第一名镇黄龙溪，"日有千人拱手，夜有万盏明灯"的盛况千年延续
科教资源丰富		拥有四川大学、西南民族大学等 6 所知名高校，科研及教师资源万余名，在校本科及以上大学生 10 万余名。聚集中国工程物理研究院、中国核动力研究院、香港城市大学研究院、电子科技大学研究院等科研院所 34 所，教育科研优势和高端人才资源在中西部地区首屈一指。专业载体完备，高水平配置标准化厂房，拥有军民融合、新经济、主导产业等专业特色楼宇 100 万 m²。规划修建"人才公寓"1.7 万套，全力为高端产业、高层次人才入驻提供优质的发展空间。公建配套完善，拥有国际知名的威斯敏斯特公学及双流中学、棠湖中学等国家级重点中学，区内每年为适龄学生提供学位 13 万余座；拥有国际五项赛事中心、国家羽毛球训练基地、四川国际网球中心、双流体育中心等一流运动场馆设施以及华西国际医院等优质医疗配套和万达广场、九龙仓奥特莱斯等时尚特色消费商圈
产业基础强劲	电子信息产业	计算机整机制造集群：仁宝、纬创两大龙头企业
		芯片及传感器研发制造集群：嘉石科技、阿艾夫等
		云计算服务中心：中国移动 IDC、中国联通 IDC 等
		通信传输设备产业：新易盛、金亚科技等
		运营服务供应商：感知中国、北京力鑫等
		创新服务平台：电子科大研究院、成都信息工程学院研究院等

① 资料来源：成都市双流区人民政府工作报告（2020 年），其中，部分数据为双流区域统计数据。

续表

产业基础 强劲	新能源 产业	太阳能产业集群：以天威新能源、汉能光伏为龙头，以禅德太阳能、旭双太阳能等为骨干，以正洁科技砂浆回收等为配套
		民用核能产业集群：以中国核动力研究院、核工业西南物理研究院等科研院所为依托，以川开集团、瑞迪机械等为代表
		动力与储能电池产业集群：以成都佳电等为代表的风能产业集群

注：数据来源于成都市双流区投促局和天府新区总规评估。

（四）龙泉片区

龙泉片区位于成都平原东缘，沿五环路和成简路主要发展轴线向四周拓展，依托生态环境优美资源优势，形成了产业优势明显、经济实力强劲、历史文化悠久、交通便捷畅达的现代化城区（表11-5），荣获工信部授予的中德智能网联汽车示范基地和国务院正式命名的"中国水蜜桃之乡"（图11-42、图11-43）。近十年来，龙泉片区作为国家级经开区——成都经开区、天府新区·龙泉高端制造产业功能区（图11-44、图11-45）、成都中法生态园所在地，GDP总量以年均6.30%的增速增长，到2019年GDP总量达1045.02亿元（占龙泉驿全区的79.24%），现状规模

图 11-42　天府新区双流生态环境优良（凤翔湖公园）

图片来源：成都市双流区规划和自然资源局

图 11-43　天府新区双流空港高技术产业园
图片来源：成都市双流区规划和自然资源局

以上工业企业 272 个（产值 2109.10 亿元），高新技术企业数量 136 家（年均增速为
10.87%）。[①]

天府新区龙泉片区发展基础　　　　　　　　　　　　　　　　　　　　表 11-5

生态环境优美	生态本底厚实，山区面积 247km²，森林覆盖率达 41.8%，空气质量优良率常年达到或接近国家一级标准，是四川省花果山风景名胜区和天府新区"两湖一山"国际旅游文化功能区主体区域，正加快建设龙泉山城市森林公园。旅游资源丰富，千年古刹石经寺、最美地宫明蜀王陵、"天下客家"洛带古镇、龙泉湖等风景名胜众多，"国际桃花节"中外知名，先后被授予国家级生态区、省级环境优美示范县城等称号
产业优势明显	本区是成都汽车产业功能区所在地和全省全市汽车产业发展核心区，聚集了一汽大众（新捷达、新速腾）、一汽丰田（普拉多、考斯特）、东风神龙（标致 4008/5008、雪铁龙天逸、全球鹰 GX7）、吉利/沃尔沃（S60L、XC60、插电式混合动力）等 11 家整车企业，雷丁野马、中植一客等 8 家企业有新能源汽车产品，基本形成轿车、SUV、商用车、专用车等全系列整车产品体系，整车产能突破 200 万辆；聚集了德国大陆、博世底盘等 300 余家零部件企业以及孔辉科技、威马（全球研发中心）一批汽车产业高端和后市场项目，汽车产业全产业链发展，产业生态圈初步构建。2018 年，实现整车产量 123.7 万辆、汽车制造业产值 1767 亿元，是中国第六大汽车产业基地
经济实力强劲	2018 年，实现地区生产总值 1302.78 亿元，工业总产值 2267.5 亿元，全口径税收收入 374.22 亿元，一般公共预算收入 85.8 亿元，地方税收实得 73.7 亿元，城乡居民人均可支配收入分别达 42128 元、27742 元，经济总量连续 5 年位居四川省县域经济首位，综合实力位居全国 219 家国家级经开区第 19 位、全国百强区第 28 位，荣获全国工业百强区第 21 强、国家新型工业化汽车产业示范基地、国家生态工业示范园区、全省县域经济发展模范区（县）等称号
历史文化悠久	有近 600 年的置县史，原为古蜀国东部辖地，唐代为东阳县、灵池县治地，宋代改为灵泉县、属成都府，元时设陆路驿站，明正德八年（公元 1513 年）置龙泉镇巡检司，设国家级驿站"龙泉驿"，中华人民共和国成立后分属简阳、华阳两县，1960 年 2 月经国务院批准设立成都市龙泉驿区
交通便捷畅达	历来为蓉城门户、川渝要津，自古有"川东首驿"和"巴蜀门户"之称，是成渝经济走廊的桥头堡。区政府驻地距成都市中心天府广场约 20km，距双流国际机场、天府国际机场分别约 30km，紧邻成都国际铁路港、成都东客站，成都公路口岸就地通关，地铁 2 号线、4 号线直达城区，区内成渝、成安渝等"四纵三横"高速路网畅联

注：资料来源于龙泉驿区人民政府网，部分数据为龙泉驿区全区资料。

---

①　四川省自然资源厅. 四川天府新区国土空间开发保护现状评估报告. 2020.

图 11-44　天府新区龙泉片区桃花故里旅游景区实景
图片来源：成都市龙泉驿区规划和自然资源局

图 11-45　天府新区龙泉片区国际汽车城实景
图片来源：成都市龙泉驿区规划和自然资源局

（五）新津片区

新津县依托天府新区和两大功能区①的带动作用，着力优化"一心、两轴、三区"②的区域空间发展布局，正在加快把天府新区新津区域打造成产城一体的"成南新中心、创新公园城"。近年来，全面强化基础设施支撑，投入13.3亿元，建成货运大道等骨架道路20余km，区域环状路网基本形成；实施3座变电站建设，建成水、电、气、通信等各类管网60余km；2012年底前启动生活配套区建设，增强区域内市政配套、公共服务功能。加速产业项目聚集，起步区内已落户中材西部新材料产业基地、新筑路桥轨道交通产业园、林海卫星通信材料基地、长阳科技新材料基地、方大西部新材料基地、中粮西部产业化基地、普洛斯现代物流等项目39个，总投资约350亿元。截至2019年，实现地区生产总值374.7亿元，一般公共预算收入27.6亿元，固定资产投资285.4亿元，社会消费品零售总额94.2亿元，连续6年位居四川省十强县行列，位居全国中小城市投资潜力百强县市第13位、全国绿色发展百强县市第51位、全国新型城镇化质量百强县第78位。当前，正依托天府智能制造产业园、中国天府农业博览园、天府牧马山国际商旅区、新津梨花溪文化旅游区"两园两区"，着力构建以智能交通装备、绿色食品、智能家居、文创旅游、新商贸、新商旅、博览农业、高科技农业、休闲农业为主导的现代化产业体系，推动经济高质量发展（图11–46、图11–47）。③

（六）青龙片区

青龙片区地处眉山市彭山区，全面启动建设以来，立足成德绵眉乐发展轴，推动智能化创新型园区建设，重点发展装备制造、先进材料、高端服务业等产业，沿工业大道西侧拓展以新材料制造业为主的工业用地；沿青龙大道南侧拓展以青龙国际物流商贸城为主的物流用地。2015年，天府新区青龙物流园投资2.8亿元修建的铁路以及货运站投入使用，青龙铁路年货运量突破1000万t，成为成昆线上第二大货运站。与此同时，青龙物流园园区货物零公里接入全国铁路网，也因此让当当网、中化集团、中国邮政、中储粮、云天化集团等一批大企业把这里当成大宗货物的集散中心，天府青龙也当之无愧成为四川最大的粮食交易基地与化肥交易基地。截至2018年，青龙片区先后共引进青岛海尔、联合利华、林德气体、格力电工、苏宁云商等企业200家，其中规模企业61家，世界500强企业13家，国内外知名企业28家。

---

① 两大功能区为新材料产业功能区和国际铁路枢纽及现代物流功能区两个市级战略功能区。
② "一心、两轴、三区"即产业新城中心，现代产业功能轴和生活配套功能轴，生产制造区、贸易博览区和生活配套区。
③ 资料来源于《成都市新津县人民政府工作报告》（2020年），其中，部分数据为新津全域统计数据。

图 11-46　天府新区新津片区城市风貌
图片来源：成都市新津区规划和自然资源局

图 11-47　天府新区新津片区中国天府农业博览园
图片来源：成都市新津区规划和自然资源局

规上工业总产值200.89亿元,同比增长20.02%;规上工业主营业务收入188.26亿元,同比增长19.1%;规上工业应交增值税5.25亿元[①]（图11-48～图11-50）。

图11-48　天府新区青龙片区俯瞰实景
图片来源：眉山市广播电视台

图11-49　天府新区青龙园区实景
图片来源：眉山市广播电视台

---

① 资料来源于《成都市眉山市人民政府工作报告》（2020年）。

图 11-50　天府新区青龙区域的湿地公园

图片来源：眉山市广播电视台

（七）视高片区

视高片区位于眉山市仁寿县，按照对接成眉协同发展轴，联动天府科学城和天府新区南部旅游文创片区，拓展创新创造、现代服务和文化创意等产业功能的发展要求，重点发展电子信息、数字经济、高端服务业等产业。2017 年眉山调整规划范围，提出高起点、高标准规划建设"环天府新区经济带"（天府新区眉山片区）[1]，其中 2018 年，天府新区眉山片区完成 GDP123.8 亿元、增速 10.1%；全社会固定资产投资 117.6 亿元，增速 33.3%，主要经济指标均呈两位数增长。引进 10 亿元以上重大项目 13 个，合同总金额 1729.8 亿元，其中第三产业项目 7 个，合同金额 1604.9亿元，约占总金额 92.78%[2]（图 11-51、图 11-52）。

（八）简阳片区

简阳片区利用"两湖一山"（龙泉湖、三岔湖、龙泉山）国际旅游文化功能区，

---

[1] 眉山市人民政府. 环天府新区问题. 2018.

[2] 资料来源于 2019 年 3 月 6 日四川在线刊登的天府新区眉山片区去年主要经济指标实现两位数增长——"领跑者"的三个动力源. 其中，部分数据为天府新区眉山片区总数据。

图 11-51　天府大道视高段实景
图片来源：朱勇　拍摄

图 11-52　天府新区视高片区城市建设实景
图片来源：朱勇　拍摄

打造集休闲度假、国际会议、文化交往、高端居住等功能为一体的世界级山地湖泊文化生态休闲度假目的地。目前，在"东进"战略的助推下，在天府国际机场、天府奥体城、空天产业园等重大项目建设带动下，简阳片区正加速生态、交通等基础设施建设，"天府明珠"三岔湖、"人间瑶池"龙泉湖、龙泉山城市森林公园等加快呈现（图 11-53）。

图 11-53　天府新区简阳片区三岔湖环湖路西段和成简快速通道建设实景

图片来源：朱勇　拍摄

2020 年 4 月 28 日，四川省人民政府同意设立成都东部新区，并于 2020 年 5 月 6 日正式挂牌。成都东部新区规划面积 729km²，包括简阳市所辖的 13 个镇（街道）所属行政区域，是国家向西向南开放新门户、成渝地区双城经济圈建设新平台、成德眉资同城化新支撑、新经济发展新引擎和彰显公园城市理念新家园。到 2035 年，常住人口达到 160 万人，地区生产总值达到 3200 亿元 [1]（图 11-54）。

成都东部新区建设有利于推动成都重庆相向发展，促进成渝地区双城经济圈建设战略实施。有利于打造改革开放新高地，加快推进新时代西部大开发形成新格局。

图 11-54　都市圈天府新区与东部新区空间格局

图片来源：成都市规划设计研究院

---

[1]　四川省发展改革委 .《成都东部新区总体方案》。

有利于做强成都主干，深入实施"一干多支"发展战略，加快成都平原经济区协同发展。有利于优化城市空间结构，建设全面体现新发展理念的国家中心城市，促进人与自然、城市和谐共生，探索现代化超大城市可持续发展新路径。当前，东部新区重大功能性、标志性项目加快推进，民航飞行学院、成都体育学院、吉利大学和天府奥体公园、沱江发展轴示范工程、国际合作教育园区以及三岔TOD（以公共交通为导向引领城市发展）项目、龙马湖商务区等项目启动实施。重大产业化项目加快集聚，已开工建设先进汽车科创空间、民航科技创新示范区、航空商贸产业园等项目，普洛斯、吉利集团、安博物流等世界500强企业顺利入驻，成功签约引进一大批产业化项目。成都天府国际机场将于2021年投入运营，达成铁路、遂成铁路和成渝客专通车运营，成自宜高铁加快建设，成达万高铁和成渝中线高铁前期工作加快推进，地铁18号线年内建成投运，地铁19号线二期建设全面启动，区域内路网骨架初步形成，成都第二绕城高速、成都平原经济区环线高速、成安渝高速、成渝高速通车运行（图11-55、图11-56）。

图 11-55　成都东部新区市民中心

图片来源：朱勇　拍摄

图 11-56　成都东部新区企业总部
图片来源：朱勇　拍摄

本章参考文献：

[1]　四川省住房和城乡建设厅. 四川天府新区总体规划（2010—2030 年）（2015 年版）原总体规划实施评估. 2015.

[2]　张友国. 新时代生态文明建设的新作为 [J]. 红旗文稿，2019，000（005）：22-25.

[3]　黄承梁. 走向社会主义生态文明新时代 [J]. 党的文献，2019，000（005）：12-15.

[4]　滕堂伟. 中国生态文明建设：基本架构，战略规划与建设模式 [J]. 中国城市研究，2014.

[5]　孙施文. 中国城市规划的理性思维的困境 [J]. 城市规划学刊，2007（02）：1-8.

[6]　高小平. 生态理性的生产与再生产——中国城市环境治理 40 年评介 [J]. 中国行政管理，2020（03）：147.

[7]　东进南拓西控北改中优，让成都更"成都" [J]. 领导决策信息，2017（20）：18-19.

[8]　胡滨，邱建，曾九利，汪小琦. 产城一体单元规划方法及其应用——以四川省成都天府新区为例 [J]. 城市规划，2013，37（08）：79-83.

[9]　四川省自然资源厅. 四川天府新区国土空间开发保护现状评估报告. 2020.

[10]　四川天府新区成都管委会环境保护和统筹城乡局，成都市风景园林规划设计院，成都天府新区规划设计研究院有限公司. 天府新区森林生态建设发展规划（2021～2035）. 2019.

[11] 中共四川省委四川省人民政府.中共四川省委四川省人民政府关于加快天府新区高质量发展的意见 [EB/OL]. [2019-06-10]. http：//www.sc.gov.cn/10462/10464/10797/2019/6/10/bdd778a08bcd42b18f9c40de5a3fa263.shtml.

[12] 四川天府新区成都管委会自然资源和规划建设局，成都市规划设计研究院.天府新区成都直管区公园城市水系统总体规划（含水系、防洪、排水专项规划）.2020.

[13] 四川天府新区成都管委会环境保护和统筹城乡局，中国水利水电科学研究院.四川天府新区成都直管区鹿溪河全流域水环境治理总体规划.2020.

[14] 成都市新津县人民政府.成都市新津县人民政府工作报告（2020年）.

[15] 成都市眉山市人民政府.成都市眉山市人民政府工作报告（2020年）.

[16] 眉山市人民政府. 环天府新区问题.2018.

[17] 天府新区眉山片区去年主要经济指标实现两位数增长——"领跑者"的三个动力源 [N/OL].四川在线，[2019-03-06].

[18] 四川省发展改革委.成都东部新区总体方案.